普通高等教育"十二五"规划教材

大学物理基础教程

主　编　王雅红　梁　红　韩　笑

副主编　刘　莹　袁　泉　王　琳

　　　　林欣悦　刘国松

U0249656

科学出版社

北　京

内 容 简 介

  本书是根据教育部高等学校非物理类专业物理基础课程教学指导分委员会 2010 年重新制订的《非物理类理工学科大学物理课程教学基本要求》及大学物理课程教学改革需要编写而成的.全书力图在切实加强基础理论的同时,突出培养学生分析问题、解决问题的能力和独立获取知识的能力.

  本书与中学物理课程衔接,包括力学、电磁学、波动光学及近代物理四部分.力学重点为机械振动和机械波;电磁学重点为静电场、稳恒磁场和电磁感应;波动光学的重点为光的干涉、衍射和偏振;近代物理包括狭义相对论及量子物理基础.参考学时为 56~72 学时.

  本书可作为工科大学各专业、理科与师范学校非物理专业及成人教育相关专业的大学生教材,也可供有兴趣者自学.

图书在版编目(CIP)数据

───────────────────────────────

大学物理基础教程/王雅红,梁红,韩笑主编.—北京:科学出版社,2013.1
 普通高等教育"十二五"规划教材
 ISBN 978-7-03-036184-4

 Ⅰ.①大…　Ⅱ.①王…②梁…③韩…　Ⅲ.物理学-高等学校-教材
Ⅳ.①O4

中国版本图书馆 CIP 数据核字(2012)第 297213 号

───────────────────────────────

责任编辑:昌　盛　王　刚/责任校对:赵桂芬
责任印制:徐晓晨/封面设计:迷底书装

科 学 出 版 社 出版
北京东黄城根北街 16 号
邮政编码:100717
http://www.sciencep.com

北京建宏印刷有限公司 印刷
科学出版社发行　各地新华书店经销

*

2013 年 1 月第 一 版　　开本:720×1000　B5
2021 年 7 月第七次印刷　　印张:19
字数:389 000

定价:49.00 元
(如有印装质量问题,我社负责调换)

前　言

物理学研究的是物质的基本结构及物质运动的普遍规律.它是一门严格的、精密的基础科学.物理学的新发现、所产生的新概念及新理论常常发展为新的学科或学科分支.它的基本概念、基本理论与实验方法向其他学科或技术领域的渗透总是毫无例外地促成该学科或技术领域发生革命性变化或里程碑式进步.历史上几次重要的技术革命都是以物理学的进步为先导的.例如,电磁学的产生与发展导致了电力技术和无线电技术的诞生,形成了电力与电子工业;放射性的发现导致了原子核科学的诞生与核能的利用,使人类进入了原子能时代;固体物理的发展导致了晶体管与集成电路的问世,进而形成了强大的微电子工业与计算机产业;激光的出现导致光纤通信与光盘存储等一系列光电子技术与产业的诞生.微电子、光电子、计算机及与之相匹配的软件正在使人类进入信息社会.

当前,科学技术发展的学科交叉与结合特征更为突出.物理学正在进一步与生物学、化学和材料科学结合,使后者的研究向更深的层次发展.因此可以毫不夸张地说,物理基础是学好各自然科学和工程技术科学的基础.工科大学生物理基础的厚薄将会影响他们日后的工作适应能力和发展后劲.物理学教育对于大学生素质教育的作用是任何学科都无法取代的.

在学习大学物理课时,不仅要掌握基本物理定理、定律等的内容和它们的适用条件,而且要注意学习如何运用定理、定律分析解决问题的思路和方法;不仅要孤立地掌握好一个一个定理、定律,而且要熟悉各章各节和各定理、定律之间的关系,从整体上理解和掌握物理学.

本书总结了教师们多年来从事大学物理课教学的经验,并汲取了国内外一些物理教材的优点,其主要特点如下:

1.参照教育部高等学校非物理类专业物理基础课程教学指导分委员会 2010年重新制订的《非物理类理工学科大学物理课程教学基本要求》精选了内容;编写中注意与中学物理的衔接,适当地提高了起点,全书从系统设置、内容安排到教学要求切合当前大学物理教学改革现状.

2.编写中注重物理概念的阐述,定理、定律等表述准确、清楚、简洁,文字流畅,易教、易学.

3.精选了例题、习题. 例题求解过程注意引导、培养学生科学思维的方法和分析问题、解决问题的能力;习题与理论配合较好,有难有易,数量适中.

本书第 1 章、第 2 章及附录、习题参考答案由哈尔滨学院梁红执笔,第 3 章、第 4 章、第 7 章由大连工业大学王雅红执笔,第 5 章由大连工业大学王琳执笔,第 6 章由沈阳大学韩笑、林欣悦执笔,第 8 章由辽宁工业大学袁泉执笔,第 9 章由长春工程学院刘莹、刘国松执笔,全书由大连工业大学王雅红定稿.大连大学安宏教授仔细审阅了本书.

由于编者水平有限,虽经反复审校,书中难免有疏漏和错误之处,敬请专家、同行和读者不吝指正.

编　者

2012 年 9 月

目　　录

前言

第1章　真空中的静电场 ……………………………………………… 1

1.1　电场强度　场强叠加原理 ……………………………………… 1

1.1.1　电荷　电荷守恒定律 ……………………………………… 1

1.1.2　库仑定律 …………………………………………………… 2

1.1.3　电场　场强叠加原理 ……………………………………… 4

1.2　电通量　高斯定理 ……………………………………………… 10

1.2.1　电场线 ……………………………………………………… 10

1.2.2　电通量 ……………………………………………………… 11

1.2.3　高斯定理 …………………………………………………… 12

1.2.4　应用高斯定理求电场强度 ………………………………… 14

1.3　静电场的环路定理 ……………………………………………… 18

1.3.1　静电场力的功 ……………………………………………… 19

1.3.2　静电场力的环路定理 ……………………………………… 20

1.4　电势能　电势 …………………………………………………… 20

1.4.1　电势能 ……………………………………………………… 20

1.4.2　电势 ………………………………………………………… 21

1.4.3　电势的计算 ………………………………………………… 22

1.5　电场强度与电势梯度 …………………………………………… 25

1.5.1　等势面 ……………………………………………………… 25

1.5.2　电势梯度 …………………………………………………… 26

本章要点 ………………………………………………………………… 28

习题 ……………………………………………………………………… 30

第2章　静电场中的导体与电介质 ··· 35

　2.1　静电场中的导体 ··· 35

　　2.1.1　静电平衡条件 ··· 35

　　2.1.2　静电平衡时导体上的电荷分布 ······························· 36

　　2.1.3　静电屏蔽 ··· 41

　2.2　静电场中的电介质 ··· 43

　　2.2.1　电介质的电极化现象 ··· 43

　　2.2.2　介电强度和介电损耗 ··· 45

　2.3　电位移　有电介质时的高斯定理 ····································· 46

　2.4　电容　电容器 ··· 48

　　2.4.1　孤立导体的电容 ··· 48

　　2.4.2　电容器的电容 ··· 49

　　2.4.3　电介质对电容器电容的影响 ····································· 49

　　2.4.4　几种典型电容器 ··· 50

　　2.4.5　电容器的联结 ··· 52

　2.5　静电场的能量 ··· 55

　本章要点 ··· 59

　习题 ··· 60

第3章　恒定磁场 ··· 65

　3.1　磁场　磁感应强度 ··· 65

　　3.1.1　磁现象 ··· 65

　　3.1.2　磁场　磁感应强度 ··· 66

　3.2　毕奥-萨伐尔定律 ··· 68

　　3.2.1　毕奥-萨伐尔定律 ··· 68

　　3.2.2　毕-萨定律的应用举例 ··· 69

　3.3　磁场高斯定理 ··· 74

　　3.3.1　磁感应线 ··· 74

　　3.3.2　磁通量 ··· 75

　　3.3.3　磁场的高斯定理 ··· 76

    3.4　安培环路定理 ·· 76

        3.4.1　安培环路定理 ·· 76

        3.4.2　安培环路定理的应用 ·································· 79

    3.5　磁场对电流的作用 ·· 84

        3.5.1　磁场对载流导线的作用 ······························ 84

        3.5.2　匀强磁场对平面载流线圈的作用 ···················· 86

    3.6　带电粒子在磁场中的运动 ·································· 88

        3.6.1　洛伦兹力 ··· 88

        3.6.2　带电粒子在均匀磁场中的运动 ···················· 89

        3.6.3　带电粒子在非均匀磁场中的运动 ·················· 91

        3.6.4　霍尔效应 ··· 92

    3.7　磁介质 ·· 94

        3.7.1　磁介质的分类 ·· 95

        3.7.2　顺磁质和抗磁质的磁化 ····························· 95

        3.7.3　磁介质中的安培环路定理　磁场强度 ············· 98

        3.7.4　铁磁质 ·· 102

  本章要点 ·· 104

  习题 ··· 106

第 4 章　电磁感应　电磁场 ·· 112

  4.1　电磁感应 ··· 112

        4.1.1　电磁感应现象 ·· 112

        4.1.2　电动势 ·· 113

        4.1.3　电磁感应定律 ·· 115

    4.2　感应电动势 ··· 117

        4.2.1　动生电动势 ··· 117

        4.2.2　感生电动势　感生电场 ····························· 120

        4.2.3　电子感应加速器 ····································· 122

    4.3　自感和互感 ··· 124

        4.3.1　自感 ··· 124

　　　4.3.2　互感 ·· 125

　4.4　磁场能量 ··· 127

　4.5　麦克斯韦电磁场理论简介 ··· 129

　　　4.5.1　位移电流 ··· 129

　　　4.5.2　麦克斯韦方程组的积分形式 ······························· 132

　本章要点 ··· 135

　习题 ·· 136

第 5 章　机械振动 ··· 140

　5.1　简谐运动 ··· 140

　　　5.1.1　简谐运动 ··· 141

　　　5.1.2　描述简谐振动的物理量 ·· 143

　5.2　简谐运动的旋转矢量表示 ·· 146

　　　5.2.1　简谐运动的旋转矢量表示法 ··································· 146

　　　5.2.2　相位差 ··· 148

　5.3　简谐运动的能量 ·· 149

　5.4　简谐运动的合成 ·· 150

　　　5.4.1　两个同方向同频率简谐运动的合成 ························· 150

　　　5.4.2　两个相互垂直的同频率简谐运动的合成 ··················· 151

　本章要点 ··· 154

　习题 ·· 156

第 6 章　机械波 ··· 160

　6.1　机械波的产生和传播 ·· 160

　　　6.1.1　机械波的产生和传播 ··· 160

　　　6.1.2　纵波和横波 ··· 161

　　　6.1.3　描述波动的三个基本物理量 ··································· 161

　　　6.1.4　波线、波面和波前 ·· 163

　6.2　平面简谐波的波函数 ·· 164

　　　6.2.1　平面简谐波的波函数 ··· 165

　　　6.2.2　波函数的物理意义 ··· 166

6.3　波的能量 …………………………………………………… 169

　6.3.1　波动能量的传播 ……………………………………… 169

　6.3.2　能流和能流密度 ……………………………………… 170

6.4　惠更斯原理 ………………………………………………… 171

　6.4.1　惠更斯原理 …………………………………………… 171

　6.4.2　惠更斯原理的应用 …………………………………… 173

6.5　波的干涉 …………………………………………………… 173

　6.5.1　波的叠加原理 ………………………………………… 173

　6.5.2　波的干涉 ……………………………………………… 174

6.6　驻波 ………………………………………………………… 176

6.7　多普勒效应 ………………………………………………… 177

　6.7.1　波源静止,观察者相对于介质运动 …………………… 178

　6.7.2　观察者静止,波源相对于介质运动 …………………… 178

　6.7.3　波源和观察者同时相对于介质运动 ………………… 179

本章要点 …………………………………………………………… 179

习题 ………………………………………………………………… 180

第7章　波动光学 ………………………………………………… 185

7.1　光是电磁波 ………………………………………………… 185

　7.1.1　电磁波 ………………………………………………… 185

　7.1.2　光是电磁波 …………………………………………… 188

　7.1.3　光程及光程差 ………………………………………… 189

7.2　相干光 ……………………………………………………… 190

　7.2.1　光的干涉现象 ………………………………………… 190

　7.2.2　相干条件 ……………………………………………… 190

7.3　杨氏双缝干涉 ……………………………………………… 192

7.4　薄膜干涉 …………………………………………………… 195

　7.4.1　薄透镜的等光程性 …………………………………… 195

　7.4.2　薄膜干涉 ……………………………………………… 196

　7.4.3　增透膜和增反膜 ……………………………………… 198

7.5　劈尖与牛顿环 ··· 199

　　7.5.1　劈尖干涉 ··· 200

　　7.5.2　牛顿环 ··· 201

7.6　迈克耳孙干涉仪 ··· 203

7.7　光的衍射 ··· 205

　　7.7.1　光的衍射现象 ··· 205

　　7.7.2　惠更斯-菲涅耳原理 ·· 206

7.8　夫琅禾费单缝衍射 ··· 207

　　7.8.1　单缝的夫琅禾费衍射现象 ··· 207

　　7.8.2　菲涅耳半波带法求极值 ··· 208

7.9　光栅衍射 ··· 211

　　7.9.1　光栅 ··· 211

　　7.9.2　光栅衍射条纹的形成 ··· 212

7.10　光的偏振性　马吕斯定律 ··· 215

　　7.10.1　自然光　偏振光 ·· 215

　　7.10.2　偏振片　起偏与检偏 ·· 217

　　7.10.3　马吕斯定律 ··· 218

7.11　反射光和折射光的偏振 ··· 219

　　7.11.1　反射和折射时的偏振 ·· 219

　　7.11.2　布儒斯特定律 ··· 219

本章要点 ·· 220

习题 ·· 222

第8章　狭义相对论 ·· 231

8.1　经典力学相对性原理　牛顿力学时空观 ······································ 231

　　8.1.1　经典力学相对性原理 ··· 231

　　8.1.2　牛顿力学时空观 ··· 232

8.2　狭义相对论基本原理　洛伦兹变换 ·· 232

　　8.2.1　狭义相对论两条基本原理 ··· 232

　　8.2.2　洛伦兹变换 ·· 233

8.3　狭义相对论时空观 ……………………………… 234

　8.3.1　长度收缩 ……………………………………… 234

　8.3.2　时间膨胀(或运动的时钟变慢) ……………… 236

　8.3.3　同时的相对性 ………………………………… 237

8.4　狭义相对论动力学的基本结论 ………………… 238

　8.4.1　质量与速度的关系 …………………………… 238

　8.4.2　相对论动力学的基本方程 …………………… 239

　8.4.3　质量与能量的关系 …………………………… 239

　8.4.4　动量与能量的关系 …………………………… 241

本章要点 …………………………………………………… 242

习题 ………………………………………………………… 243

第9章　量子物理基础 …………………………………… 246

9.1　黑体辐射　普朗克能量子假设 ………………… 246

　9.1.1　热辐射　黑体辐射基本规律 ………………… 246

　9.1.2　普朗克量子假说 ……………………………… 248

9.2　光的量子性 ……………………………………… 249

　9.2.1　光电效应 ……………………………………… 249

　9.2.2　爱因斯坦光子假说 …………………………… 251

　9.2.3　光的波粒二象性 ……………………………… 252

9.3　康普顿散射 ……………………………………… 252

9.4　实物粒子的波动性 ……………………………… 254

　9.4.1　德布罗意物质波 ……………………………… 254

　9.4.2　德布罗意波的统计解释 ……………………… 255

9.5　薛定谔方程 ……………………………………… 256

　9.5.1　不确定关系 …………………………………… 256

　9.5.2　波函数 ………………………………………… 256

　9.5.3　薛定谔方程 …………………………………… 257

9.6　氢原子理论 ……………………………………… 259

　9.6.1　氢原子光谱的实验规律 ……………………… 259

    9.6.2 玻尔的氢原子理论 ·· 260

    9.6.3 玻尔理论的成功和局限性 ·· 263

    9.6.4 氢原子光谱规律的量子力学解释 ······························ 264

  9.7 原子的壳层结构 ·· 266

  本章要点 ·· 267

  习题 ·· 269

参考文献 ·· 272

附录 ·· 273

  附录 A 希腊字母 ··· 273

  附录 B 一些基本物理常数 ·· 274

  附录 C 数学基础 ·· 275

习题参考答案 ··· 280

第 **1** 章 真空中的静电场

电磁运动是物质的一种基础运动形式.电磁相互作用是自然界已知的四种基本相互作用之一,也是人们认识得较深入的一种相互作用.在日常生活和生产活动中,在物质结构的深入认识中,都要涉及电磁运动,因此,理解和掌握电磁运动的基本规律,在理论和实践上都有极其重要的意义.

一般来说,运动电荷将同时激发电场和磁场,电场和磁场是相互关联的.但是,在某种情况下,例如当我们所研究的电荷相对某参考系静止时,电荷在这个静止参考系中就只激发电场,而无磁场,这个电场就是本章所要讨论的静电场.

本章的主要内容有:描述静电场的基本物理量电场强度和电势等;静电场的基本定律——库仑定律;静电场的两条基本定理——高斯定理和环路定理.

1.1 电场强度 场强叠加原理

1.1.1 电荷 电荷守恒定律

在 2000 多年前,希腊人就发现琥珀被毛织物摩擦后,能够吸引羽毛、草屑等轻小物体,后来发现玻璃棒、硬橡胶棒等用毛皮或丝绸摩擦后也能吸引轻小的物体.物体有了这种吸引轻小物体的性质,就说它带了电,或者说有了电荷.英文中 electricity(电)这个词来源于希腊文,原意是琥珀.所以,带电原来是"琥珀化"了的意思,表示物体处在一种特殊的状态.实验指出,两根用毛皮摩擦过的硬橡胶棒互相排斥;两根用丝绸摩擦过的玻璃棒也相互排斥;可是用毛皮摩擦过的硬橡胶棒与丝绸摩擦过的玻璃棒却互相吸引.这表明硬橡胶棒上的电荷和玻璃棒上的电荷是不同的.实验证明,所有其他物体不论用什么方法带电,所带的电荷或者与玻璃棒上的电荷相同,或者与硬橡胶棒上的电荷相同.这说明自然界中只存在两种电荷,而且同种电荷互相排斥,异种电荷互相吸引.富兰克林(B. Franklin)首先用正、负电荷的名称来区分两种电荷.人们在总结各种电现象后,在一个与外界没有电荷交换的系统内,正负电荷的代数和在任何物理过程中保持不变,这就是**电荷守恒定律**.近代科学实验证明,电荷守恒定律不仅在一切宏观过程中成立,而且为一切微观过程(如核反应和基本粒子过程)所普遍遵守.电荷守恒定律是物理学中普遍的基本定律之一.电荷另一重要特征是量子性.1906~1917 年,密立根(R.A.Millikan)用油滴法测定了电子的电荷.三次改进了实验方法,取得了上千次的测量数据,首先从实验上证明,微小粒子带电量的变化是不连续的,它只能是某个元电荷 e 的整数倍,这就是说粒子的电荷是量子化的,迄今所知,电子是自然界存在的最小负电荷,质子是最小正电荷.实验得出,质子与电子电量之差小于 $10^{-20}e$,通常认为它们的电量完全相等. e 的现代(1998 年)精确值为

$$e = 1.602176462 \times 10^{-19} \text{C}$$

式中,C(库仑)是电量的单位.

在研究宏观电磁现象时,所涉及的电荷通常总是电子电荷的许多倍.在这种情况下,可认为电荷连续分布在带电体上,而忽略电荷的量子性.

1.1.2　库仑定律

1785 年法国物理学家库仑用自制的精密扭秤确定了两点电荷间相互作用力与它们间距离平方成反比的关系.随后,德国的科学家高斯(K. F. Gauss)给出两点电荷间相互作用力与电量的定量关系.上述点电荷间相互作用规律称为**库仑定律**.

点电荷和质点一样也是一个理想的模型.当带电体的几何线度比起与其他带电体之间的距离充分小时,这时带电体的形状和电荷在其中的分布已无关紧要,则称此带电体为点电荷.

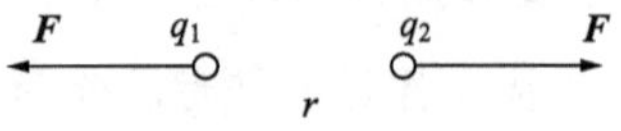

如图 1-1 所示,库仑定律可表述为:在真空中两个静止点电荷之间的相互作用力的大小,与它们的电量 q_1 和 q_2 的乘积成正比,与它们之间的距离 r 的平方成反比;作用力的方向沿着它们的连线,同号电荷相斥,异号电荷相吸.

图 1-1

若以 F 表示作用力的数值,则库仑定律的数学表示式为

$$F = k \frac{q_1 q_2}{r^2} \tag{1-1}$$

为了同时表示为 $\boldsymbol{F}$ 的大小和方向,可将式(1-1)写成矢量式

$$\boldsymbol{F} = k \frac{q_1 q_2}{r^2} \boldsymbol{e}_r \tag{1-2}$$

式中,$\boldsymbol{e}_r$ 为由施力电荷指向受力电荷的单位矢量.

在 SI 制中,将式(1-1)和式(1-2)中的比例系数 k 写成

$$k = \frac{1}{4\pi\varepsilon_0}$$

的形式,其中 ε_0 称为真空电容率或真空介电常量,2002 年推荐值为

$$\varepsilon_0 = 8.854187817 \times 10^{-12} \mathrm{C}^2 \cdot \mathrm{N}^{-1} \cdot \mathrm{m}^{-2}$$

因此,在 SI 制中,库仑定律可写成

$$\boldsymbol{F} = \frac{1}{4\pi\varepsilon_0} \frac{q_1 q_2}{r^2} \boldsymbol{e}_r \tag{1-3}$$

实验表明,两个静止点电荷之间的相互作用力,并不因为有第三个静止电荷的存在而改变,当空间中有两个以上的点电荷(如 $q_1, q_2, \cdots, q_n$)存在时,作用在每一个点电荷(如 q_0)上的总静电力 $\boldsymbol{F}$ 等于其他点电荷单独存在时作用于该点电荷上的静电力的矢量和,即

$$\boldsymbol{F} = \sum_{i=1}^{n} \boldsymbol{F}_i = \sum_{i=1}^{n} \frac{1}{4\pi\varepsilon_0} \frac{q_1 q_i}{r_i^2} \boldsymbol{e}_i \tag{1-4}$$

这就是**静电力的叠加原理**.有了库仑定律和静电力叠加原理,原则上可求解任意带电体之间的静电力.

最后,还要说明两点:①虽然库仑定律是通过宏观带电体的实验总结出来的规律,但物理学进一步的研究表明,原子结构、分子结构、固体和液体的结构,以至化学作用等问题的微观本质和电磁力(其中主要部分是库仑力)

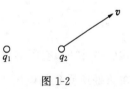

图 1-2

有关.而在这些问题中,万有引力的作用十分微小,例如氢原子中电子和质子间库仑力比万有引力约大 2×10^{39} 倍.②如图 1-2 所示的两点电荷 q_1、q_2,当 q_1 静止,q_2 运动时,则 q_2 受 q_1 的作用仍然可用库仑定律计算,而 q_1 受 q_2 的作用力不再能用库仑定律计算.

1.1.3　电场　场强叠加原理

1. 电场和电场强度

早期电磁理论认为两个非接触的带电体之间的相互作用既不需要任何由原子、分子组成的物质来传递,也不需要传递时间.后来,法拉第在大量实验研究的基础上,提出了以近距作用观点为基础的场的概念.任何电荷都在自己周围的空间激发电场;而电场的基本性质是,它对于处在其中的任何其他电荷都有作用,称为**电场力**.因此,电荷与电荷之间是通过电场发生作用的.本章只讨论相对于观察者静止的电荷在其周围空间产生的电场,称为**静电场**.

电场虽然不像由原子、分子组成的实物那样看得见、摸得着,但它所具有的一系列物质属性,如具有能量、动量,能施于电荷作用力等而被我们所感知.因此,电场是一种客观存在,是物质存在的一种形式.

电场的一个重要性质是它对电荷有作用力,我们以此来定量地描述电场,引入电场强度矢量的概念.在电场中引入一个电荷 q_0,通过观测 q_0 在电场中不同点的受力情况来研究电场的性质,这个被用来作探测工具的电荷 q_0 称为试探电荷.为了保证测量的精确性,q_0 所带的电量必须很小,几乎不会影响原电场的分布;同时要求 q_0 的几何线度必须很小,以反映电场中某一点的性质.

实验表明,在电场中不同点,试探电荷 q_0 所受的力 F 的大小和方向一般是不同的.利用库仑定律可以证明,对于电场中的任一固定点来说,比值 F/q_0 是一个无论大小和方向都与试探电荷无关的矢量,它反映了电场本身的性质,把它定义为**电场强度**,简称**场强**,用 E 表示,即

$$E = \frac{F}{q_0} \tag{1-5}$$

式(1-5)说明,空间某点的电场强度定义为这样一个矢量,其大小等于单位正电荷在该处所受到的电场力的大小,其方向与正电荷在该处所受到的电场力方向一致.在 SI 制中,电场强度的单位是牛顿/库仑($N \cdot C^{-1}$),以后会看到,场强的单位又可写作伏特/米($V \cdot m^{-1}$),这是实际应用中更经常的写法.

电场中每一点上都相应有一个场强矢量 E,这些矢量的总体称为矢量场.用数学的语言来说,矢量场是空间坐标的一个矢量函数.在以后的讨论中,着眼点往

往不是某一点的场强,而是场强与空间坐标之间的函数关系,是一种空间分布.

例题 1.1 求点电荷 q 所激发的电场分布.

解 如图 1-3 所示,取点电荷 q 所在处为坐标原点 O,在空间任一点 P 处放一试探正电荷 q_0,P 点距坐标原点 O 的距离 $r = OP$.根据库仑定律,q_0 在 P 处所受的力为

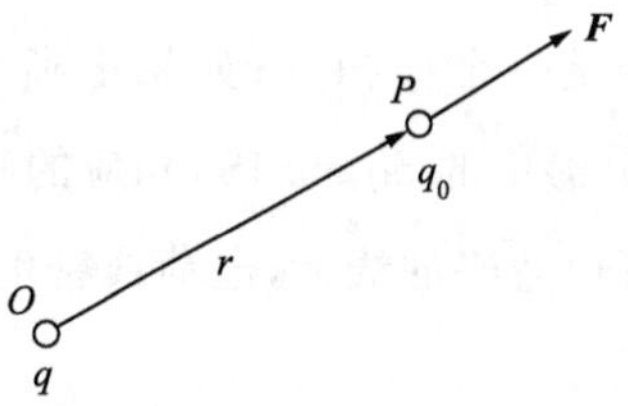

$$F = \frac{1}{4\pi\epsilon_0} \frac{qq_0}{r^2} \boldsymbol{e}_r$$

图 1-3

根据电场强度定义,P 点的场强为

$$\boldsymbol{E} = \frac{\boldsymbol{F}}{q_0} = \frac{1}{4\pi\epsilon_0} \frac{q}{r^2} \boldsymbol{e}_r \tag{1-6}$$

由于 P 点是任意选取的,所以式(1-6)给出了点电荷 q 产生的电场在空间分布情况.

2. 场强叠加原理

前面已说明,静电力服从叠加原理,如将式(1-4)的 q_0 视为试探电荷,将式(1-4)除以 q_0,有

$$\boldsymbol{E} = \boldsymbol{E}_1 + \boldsymbol{E}_2 + \cdots + \boldsymbol{E}_n \tag{1-7}$$

式中,$\boldsymbol{E}_1 = \boldsymbol{F}_2/q_0$, $\boldsymbol{E}_2 = \boldsymbol{F}_2/q_0$, $\cdots$, $\boldsymbol{E}_n = \boldsymbol{F}_n/q_0$.分别代表 $q_1, q_2, \cdots, q_n$ 单独存在时,在空间同一点的场强,而 $\boldsymbol{E} = \boldsymbol{F}/q_0$ 代表它们同时存在时在该点的总场强.由此可见,一组点电荷所产生的电场在某点的场强,等于各点电荷单独存在时所产生的电场在该点的场强的矢量叠加,这称为**场强叠加原理**.

场强叠加原理是电场的基本规律之一.因为任何一个带电体都可看成是点电荷组,所以利用这一原理,原则上可以计算出任意带电体产生的电场.对于电荷是连续分布(宏观上来看)的带电体,可将它分成无限多个元电荷,使每个元电荷都可看作点电荷来处理,其中任意一个元电荷在给定点产生的电场为

$$\mathrm{d}\boldsymbol{E} = \frac{1}{4\pi\epsilon_0} \frac{\mathrm{d}q}{r^2} \boldsymbol{e}_r$$

式中,r 是从元电荷 $\mathrm{d}q$ 到给定点的矢径大小,根据场强叠加原理,整个带电体在给定点产生的场强为

$$E = \int dE = \frac{1}{4\pi\varepsilon_0} \int \frac{dq}{r^2} \, e_r \tag{1-8}$$

如果电荷分布在一个体积内,电荷体密度为 ρ,则式(1-8)中的 $dq = \rho dV$,相应的积分是一个体积分;如果电荷分布在厚度可以忽略的面上,电荷面密度为 σ,则式(1-8)中的 $dq = \sigma dS$,相应的积分是一个面积分;如果电荷分布在一根横截面面积可以忽略的线上,电荷线密度为 λ,则式(1-8)中的 $dq = \lambda dl$,相应的积分是一个线积分.

还要指出的是,式(1-8)为一矢量积分,形式比较简洁,但在实际处理问题时,一般先把 dE 分解成空间坐标系三个坐标轴上的分量(例如空间直角坐标系的 x,y,z 三个轴上的分量),然后分别积分,求出场强 E 在三个坐标轴上的分量,最后合成得到总场强 E.

例题 1.2 如图 1-4 所示,一对等量异号点电荷 $\pm q$,其间距离为 l.求两电荷延长线上一点 A 和中垂面上一点 B 的场强.A 和 B 到两电荷连接中点的距离都是 r,且有条件 $r \geqslant l$(满足此条件的一对等量异号点电荷构成的带电系称为电偶极子).

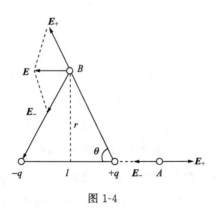

图 1-4

解 (1) 求 A 点的场强.

A 点到 $\pm q$ 的距离分别为 $r \pm l/2$,所以 $\pm q$ 在 A 点产生的场强的大小分别为

$$E_{\pm} = \frac{1}{4\pi\varepsilon_0} \frac{q}{\left(r \mp \dfrac{l}{2}\right)^2}$$

E_+ 的方向朝右,E_- 的方向朝左,故总场强大小为

$$E_A = E_+ - E_- = \frac{q}{4\pi\varepsilon_0} \left[\frac{1}{\left(r-\frac{l}{2}\right)^2} - \frac{1}{\left(r+\frac{l}{2}\right)^2} \right] = \frac{q}{4\pi\varepsilon_0} \frac{2rl}{\left(r^2 - \frac{l^2}{4}\right)^2}$$

E_A 的方向朝右.当 $r \gg l$,上式分母中的 $l^2/4$ 项可以忽略不计,上式可写成

$$\boldsymbol{E}_A = \frac{1}{4\pi\varepsilon_0} \frac{2q\boldsymbol{l}}{r^3} = \frac{1}{4\pi\varepsilon_0} \frac{2\boldsymbol{p}}{r^3} \tag{1-9}$$

式中,$\boldsymbol{p} = q\boldsymbol{l}$,称为电偶极矩,是描述电偶极子属性的一个物理量.$\boldsymbol{l}$ 是从 $-q$ 指向 $+q$ 的矢量.

(2) 求 B 点的场强.

B 点到 $\pm q$ 的距离都是 $\sqrt{r^2 + l^2/4}$,$\pm q$ 在 B 点产生的场强大小为

$$E_+ = E_- = \frac{1}{4\pi\varepsilon_0} \frac{q}{r^2 + \frac{l^2}{4}}$$

但它们的方向不同,由图 1-4 可看出,B 点的总场强大小为

$$E_B = E_+ \cos\theta + E_- \cos\theta$$

式中,$\cos\theta = \dfrac{1/2}{\sqrt{r^2 + l^2/4}}$.故总场强大小为

$$E_B = \frac{1}{4\pi\varepsilon_0} \frac{ql}{\left(r^2 + \frac{l^2}{4}\right)^{\frac{3}{2}}}$$

$\boldsymbol{E}_B$ 的方向为水平方向朝左.当 $r \gg l$ 时,上式分母中的 $\dfrac{l^2}{4}$ 项可以忽略不计,上式可写成

$$\boldsymbol{E}_B = -\frac{1}{4\pi\varepsilon_0} \frac{q\boldsymbol{l}}{r^3} = -\frac{1}{4\pi\varepsilon_0} \frac{\boldsymbol{p}}{r^3} \tag{1-10}$$

上述计算结果表明,电偶极子的场强与距离 r 的三次方成反比,它比点电荷的场强随 r 递减的速度快得多;电偶极子场强与电偶极矩 $\boldsymbol{p} = q\boldsymbol{l}$ 的大小成正比.

实际中电偶极子的例子是非常多的. 在讨论电介质的极化、无线电发射天线里,电子作周期性运动以及生物学中生物膜都要用到电偶极子的概念.

例题 1.3　真空中一均匀带电直线长为 L,电量为 q,线外一点 P 距直线的距

离为 a，P 点和直线两端的连线与直线之间的夹角为 θ_1 和 θ_2.求 P 点的场强.

解　如图 1-5 所示，过 P 点和带电直线取为 Oxy 平面坐标，并取元电荷 $\mathrm{d}q = \lambda\,\mathrm{d}x$，其中 $\lambda = q/l$.该电荷元在 P 点产生的场强为

$$\mathrm{d}E = \frac{1}{4\pi\varepsilon_0}\frac{\mathrm{d}q}{r^2} = \frac{\lambda\,\mathrm{d}x}{4\pi\varepsilon_0 r^2}$$

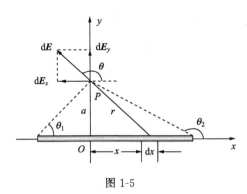

图 1-5

将 $\mathrm{d}\boldsymbol{E}$ 分解成 x 方向上分量和 y 分量

$$\mathrm{d}E_x = \mathrm{d}E\cos\theta = \frac{\lambda\,\mathrm{d}x}{4\pi\varepsilon_0 r^2}\cos\theta$$

$$\mathrm{d}E_y = \mathrm{d}E\sin\theta = \frac{\lambda\,\mathrm{d}x}{4\pi\varepsilon_0 r^2}\sin\theta$$

由 $\mathrm{d}E_x$、$\mathrm{d}E_y$ 表示式可看出，式中有三个变量，即 x、r 和 θ，难于直接积分，但由图1-5中的几何关系可找出三个变量间的关系，从而化成一个变量，由图中几何关系得

$$r = a\csc\theta,\quad x = -a\cot\theta,\quad \mathrm{d}x = a\csc^2\theta\,\mathrm{d}\theta$$

代入上式有

$$E_x = \int\mathrm{d}E_x = \int_{\theta_1}^{\theta_2}\frac{\lambda}{4\pi\varepsilon_0}\frac{\cos\theta}{a^2\csc^2\theta}a\csc^2\theta\,\mathrm{d}\theta = \frac{\lambda}{4\pi\varepsilon_0}(\sin\theta_2 - \sin\theta_1) \quad (1\text{-}11)$$

同理，$\boldsymbol{E}$ 在 y 轴上的分量为

$$E_y = \int\mathrm{d}E_y = \frac{\lambda}{4\pi\varepsilon_0}(\cos\theta_1 - \cos\theta_2) \quad (1\text{-}12)$$

若带电直线无限长，即 $\theta_1 = 0$，$\theta_2 = \pi$，则有

$$E_x = 0, \quad E_y = \frac{\lambda}{2\pi\varepsilon_0 a} \tag{1-13}$$

例题 1.4　求均匀带电圆环轴线上的场强分布.设圆环半径为 R，带电量为 q.

解　如图 1-6 所示，设均匀带电细圆环的半径为 q，为了方便讨论，不妨设 $q > 0$.把圆环分成许多小段 $\mathrm{d}l$，每小段带电 $\mathrm{d}q$.设此电荷元 $\mathrm{d}q$ 在 P 点的场强为 $\mathrm{d}\boldsymbol{E}$，$\mathrm{d}\boldsymbol{E}$ 在平行于和垂直于轴线的两个方向的分矢量分别为 $\mathrm{d}\boldsymbol{E}_{/\!/}$ 和 $\mathrm{d}\boldsymbol{E}_{\perp}$.由于环上电荷呈轴对称分布，所以环上全部电荷的 $\mathrm{d}\boldsymbol{E}_{\perp}$ 互相抵消，因而 P 点场强沿轴线方向.由于

$$\mathrm{d}E_{/\!/} = \mathrm{d}E\cos\theta = \frac{\mathrm{d}q}{4\pi\varepsilon_0 r^2}\cos\theta$$

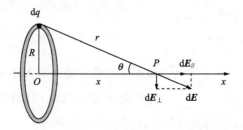

图 1-6

所以

$$E = \int \frac{\mathrm{d}q}{4\pi\varepsilon_0 r^2}\cos\theta = \frac{\cos\theta}{4\pi\varepsilon_0 r^2}\int_q \mathrm{d}q = \frac{q\cos\theta}{4\pi\varepsilon_0 r^2}$$

因为 $\cos\theta = x/r$，$r = \sqrt{R^2 + x^2}$，所以有

$$E = \frac{qx}{4\pi\varepsilon_0 (R^2 + x^2)^{\frac{3}{2}}}$$

当 $x = 0$ 时，有 $E = 0$.说明圆环中心处的场强为零；当 $x \gg R$ 时，有 $E = \dfrac{q}{4\pi\varepsilon_0 x^2}$，说明当 P 点距圆环很远时，圆环产生的场强和点电荷产生的场强相同.由此可体会到点电荷这一概念的相对性.

1.2　电通量　高斯定理

1.2.1　电场线

为了形象地描述电场,引入电场线的概念.利用电场线可以比较形象直观地看出电场中各点场强的分布情况.电场线是按如下规定画出的一系列假想曲线:曲线图 1-7 上每一点的切线方向表示该点场强的方向;曲线的疏密程度表示场强的大

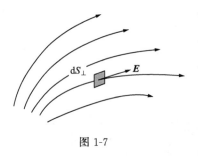

图 1-7

小.定量地说,为表示某点场强大小,设想在该点附近作一个垂直于场强的面元 $dS_\perp$,如图 1-7 所示.使穿过该面元的电场线数目 $d\Phi_e$ 满足

$$E = \frac{d\Phi_e}{dS_\perp} \qquad (1\text{-}14)$$

即电场中某点场强的大小等于穿过该点附近垂直于电场方向的单位面积的电场线的数目.换句话说,电场中某点场强的量值等于该点的电场线密度.

按上述规定,图 1-8 画出了几种不同电荷分布的电场的电场线.静电场的电场线有如下两个重要的性质:

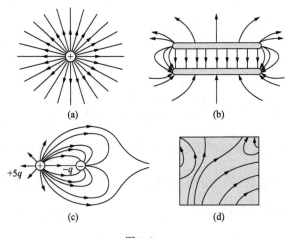

图 1-8

（1）电场线不闭合,在没有电荷的地方不中断,而且起自正电荷终止于负电荷(或从正电荷起伸向无限远,或来自无限远到负电荷止).

（2）任何两条电场线都不相交.这是因为电场中每一点的电场强度只有一个确定的方向.

电场线图形可以用实验演示.其方法通常是把奎宁的针状单晶或石膏粉撒在玻璃板上或漂浮在绝缘油上,再放在电场中,它们就沿电场线排列起来.

1.2.2　电通量

在电场中穿过任一曲面的电场线总数,称为穿过该曲面的**电通量**,通常用 Φ_e 表示.为求穿过曲面 S 的电通量,先考虑电场中的一个面元 $dS_\perp$,$dS_\perp$ 与该点的 E 垂直,如图 1-9 所示.由式(1-14)可知,通过 $dS_\perp$ 的电通量 $d\Phi_e$ 应为

$$d\Phi_e = E \, dS_\perp$$

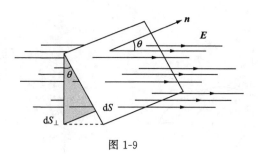

图 1-9

当面元 dS 与该处场强 E 不垂直时,由图 1-9 容易看出,通过面元 dS 的电场线数,与通过 dS 在垂直于 E 方向上的投影 $dS_\perp$ 面上的电场线数相等.设面元 dS 法线方向的单位矢量 e_n 与场强 E 的夹角为 θ,则

$$d\Phi_e = E \, dS_\perp = E \, dS \cos\theta \qquad (1\text{-}15\text{a})$$

令 $dS = dS e_n$,则上式可写成

$$d\Phi_e = E \cdot dS \qquad (1\text{-}15\text{b})$$

由式(1-15)可以看出,电通量 $d\Phi_e$ 是代数量.当 $0 \leqslant \theta < \dfrac{\pi}{2}$ 时,$d\Phi_e$ 为正值;当 $\pi/2 < \theta \leqslant \pi$ 时,$d\Phi_e$ 为负值;当 $\theta = \pi/2$ 时,$d\Phi_e = 0$.

对于电场中某一有限曲面 S 来说,曲面上的电场一般是不均匀的,要计算穿过它的电通量,可以先把它分成无限多个面元 dS,如图 1-10 所示.每个面元可看成小平面,其上的场可看成均匀场.按式(1-15)计算出穿过每一面元的电通量,然后积分就可算出穿过该曲面的总电通量,即

$$\varPhi_e = \int d\varPhi_e = \oint_S \boldsymbol{E} \cdot d\boldsymbol{S} = \oint_S E dS \cos\theta$$

对于不闭合的曲面,面上各处法向单位矢量的正方向可以任意取向曲面的这一侧或另一侧.如果曲面是闭合的,那么它将整个空间划分成内、外两部分,我们一般规定自内向外的方向为各处面元法线的正方向,如图 1-11 所示.当电场线由内部穿出时(如 dS_1 处),$0 \leqslant \theta_1 \leqslant \pi/2$,$d\varPhi_e \geqslant 0$;当电场线由外部穿入时(如 dS_2 处),$\pi/2 \leqslant \theta_2 \leqslant \pi$,$d\varPhi_e \leqslant 0$.穿过整个闭合曲面的电通量为

$$\varPhi_e = \oint_S E \cos\theta dS = \oint_S \boldsymbol{E} \cdot d\boldsymbol{S} \tag{1-16}$$

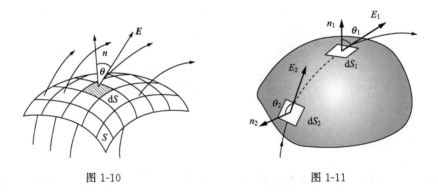

图 1-10　　　　　　　　　　　　　　　图 1-11

式中 $\oint_S$ 表示积分区域包括整个闭合曲面.电通量的单位是伏特米,符号为 $\mathrm{V} \cdot \mathrm{m}$.

1.2.3　高斯定理

静电场是由静止电荷激发的,这个场又可以形象直观地用电场线来描述,所以电通量必与电荷有关.高斯定理给出了穿过任意闭合曲面的电通量与场源电荷之间在数值上的关系.

先考虑点电荷的场.设真空中有一点电荷 $q > 0$,在 q 周围的电场中,以 q 所在的点为中心,取任意长度 r 为半径作一球面 S 包围这个点电荷 q,如图 1-12(a)所

示.显然,球面上任一点的场强大小相等,都等于 $q/(4\pi\varepsilon_0 r^2)$,方向都沿径矢 r 的方向,因而处处与球面垂直.根据式(1-16),穿过这个球面的电通量为

$$\Phi_e = \oint_s \boldsymbol{E} \cdot d\boldsymbol{S} = \oint_s \frac{1}{4\pi\varepsilon_0} \frac{q}{r^2} dS = \frac{1}{4\pi\varepsilon_0} \frac{q}{r^2} \oint_s dS = \frac{q}{4\pi\varepsilon_0 r^2} 4\pi r^2 = \frac{q}{\varepsilon_0}$$

即

$$\Phi_e = \oint_s \boldsymbol{E} \cdot d\boldsymbol{S} = \frac{q}{\varepsilon_0} \tag{1-17}$$

结果表明,Φ_e 与球面半径 r 无关,只与它所包围的电荷的电量有关.这意味着通过以 q 为中心的任何球面的电通量都相等,即通过各球面的电场线的数目相等,或者说从点电荷 q 发出的 q/ε_0 条电场线是连续不断地伸向无穷远处的.容易看出,如果作一任意的闭合曲面 S',只要电荷 q 被包围在 S' 内,由于电场线是连续的,因而穿过 S' 和 S 的电场线数目是一样的,即通过任意形状的包围点电荷 q 的闭合曲面的电通量都等于 q/ε_0.如果闭合曲面内包围的电荷 $q<0$,那么必有等量的电场线穿入闭合曲面,因而穿过闭合曲面的电通量仍可写成 q/ε_0.

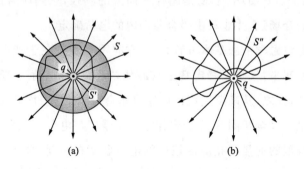

(a)　　　　　　　　　(b)

图 1-12

若闭合曲面 S'' 不包围点电荷,如图 1-12(b)所示,由于电场线的连续性,穿入该曲面的电场线与穿出该曲面的电场线的数目一定相等,所以穿过 S'' 的电场线总数为零,即

$$\Phi_e = \oint_s \boldsymbol{E} \cdot d\boldsymbol{S} = 0$$

设想闭合曲面 S 内包围 k 个点电荷,其中有正、有负.每个点电荷都联系着 q_i/ε_0 条电场线,因此通过该闭合曲面的电通量为

$$\Phi_e = \frac{q_1}{\varepsilon_0} + \frac{q_2}{\varepsilon_0} + \cdots + \frac{q_k}{\varepsilon_0} = \frac{1}{\varepsilon_0}\sum_{i=1}^{k} q_i$$

或写成

$$\oint_S \boldsymbol{E} \cdot \mathrm{d}\boldsymbol{S} = \frac{1}{\varepsilon_0}\sum_{i=1}^{k} q_i \tag{1-18}$$

上式表明,在真空中的静电场中,通过任意闭合曲面的电通量等于该曲面内所包围**电荷的代数和除以** ε_0.这个结论就是表征静电场普遍性质的高斯定理.

当闭合曲面内的电荷连续分布在一个有限体积内时,高斯定理可表示为

$$\Phi_e = \oint_S \boldsymbol{E} \cdot \mathrm{d}\boldsymbol{S} = \frac{1}{\varepsilon_0}\int_V \rho \mathrm{d}V \tag{1-19}$$

式中 ρ 为体电荷密度,即单位体积内的电量,V 为闭合曲面 S 所包围的体积.

在理解高斯定理时应注意以下两点:

(1) 通过任意闭合曲面的总电通量只决定于它包围的电荷的代数和,即只有闭合曲面内的电荷对总电通量有贡献,闭合曲面外的电荷对总电通量没有贡献;

(2) 式(1-18)、(1-19)中的 $\boldsymbol{E}$ 是闭合曲面上的场强,它是闭合曲面内、外所有电荷共同产生的合场强,并非只由闭合曲面内的电荷确定.

高斯定理是电磁学中的基本方程之一.它的重要意义在于把电场与产生电场的场源电荷联系起来,反映了**静电场是有源场**,"源"就是电荷.高斯定理可以从库仑定律直接导出;反之,从高斯定理也可导出库仑定律.但是,库仑定律和高斯定理在物理含义上是不完全相同的.库仑定律把电场强度与电荷直接联系起来,而高斯定理是把电场强度的通量与相应区域内的电荷联系在一起.库仑定律只适用于静止电荷和静电场,而静电场中的高斯定理却可推广到非静电场中去,即不论是静电场还是变化的电场,高斯定理都是适用的.

必须指出,仅用高斯定理描述静电场的性质是不完备的,只有和反映静电场性质的另一个定理——静电场的环路定理结合起来,才能完整地描述静电场.

1.2.4　应用高斯定理求电场强度

高斯定理的重要应用之一是求电场强度.一般情况下,要用该定理直接确定各点的场强是困难的,但是当电荷分布具有某种对称性,因而由此产生的电场分布也具有对称性时,可以应用高斯定理方便地计算这种电荷所产生的电场中各点的电

场强度.其计算过程比用积分法计算要简便得多,而这些特例在实际中还是很有用的,我们举例说明.

例题 1.5　无限长均匀带电圆柱面,圆柱面的半径为 R,面电荷密度 $\sigma > 0$,求电场分布。

解　由于均匀带电圆柱面的电荷呈轴对称分布,其场强分布也应具有轴对称性.这意味着与圆柱面轴线等距离的各点的场强大小相等,方向都垂直于圆柱面指向外侧,如图 1-13(a)所示.首先考虑圆柱面外任一点 P 的场强,P 点到轴的距离为 r.为此,过 P 点作一闭合的同轴柱面 S 作为高斯面,柱面高为 l,底面半径为 r,如图 1-13(b)所示.设该柱面的侧面为 S_1,上、下底面为 S_2 和 S_3.侧面上场强 $\boldsymbol{E}$ 的方向处处与面积元的法线方向相同,即 $\theta_1 = 0$,而 $\boldsymbol{E}$ 的大小处处相等;上、下底面各点场强大小虽不相等,但其方向处处与面积元法线垂直,即 $\theta_2 = \theta_3 = \pi/2$.由于高斯面 S 内包围的电荷为 $2\pi R l \sigma$,则由高斯定理有

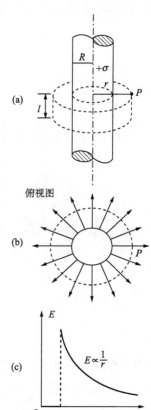

图 1-13

$$\varPhi_e = \oint_S \boldsymbol{E} \cdot \mathrm{d}\boldsymbol{S} = \oint_S E\cos\theta\,\mathrm{d}S$$

$$\varPhi_e = \int_{S_1} E\cos\theta\,\mathrm{d}S + \int_{S_2} E\cos\theta\,\mathrm{d}S + \int_{S_3} E\cos\theta\,\mathrm{d}S$$

$$= E\int_{S_1} \mathrm{d}S + 0 = E 2\pi r l = \frac{l}{\varepsilon_0} 2\pi R l \sigma$$

所以,P 点场强的大小为

$$E = \frac{R\sigma}{\varepsilon_0 r}$$

令 $\lambda = 2\pi R\sigma$ 表示圆柱面每单位长度的电量,则有

$$E = \frac{\lambda}{2\pi\varepsilon_0 r} \quad (r > R)$$

结果表明,**无限长均匀带电圆柱面外的场强分布与无限长均匀带电直线的场强分布是相同的.**

对于圆柱内任一点 P' 的场强,上述对称性分析仍然适用.过 P' 作长为 l、半径

为 r 的柱面 S' 作为高斯面,显然通过 S' 的电通量仍可表示为 $E \cdot 2\pi rl$,而 S' 内包围的电荷为 0,由高斯定理有

$$E \cdot 2\pi rl = 0$$

所以

$$E = 0 \quad (r < R)$$

无限长均匀带电圆柱面内、外的场强分布情况,如图 1-13(c)所示.

例题 1.6 求无限大均匀带电平面的场强分布.设平面电荷密度为 σ.

解 设带电平面的面电荷密度 $\sigma > 0$.如图 1-14所示,P 点为带电平面右侧一点,P' 为左侧对称的一点.由于平面无限大且均匀带电,场强必定相对平面对称,即 P 点场强方向一定垂直于平面向右,P' 点场强方向只能是垂直于平面向左,并且两者大小一定相等.为此,选取垂直于平面的闭合

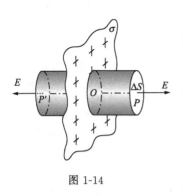

图 1-14

圆柱面作为高斯面 S,P 、P' 位于它的两个底面上.由于高斯面侧面上各点的 $\boldsymbol{E}$ 与侧面平行,所以穿过侧面的电通量为零.用 ΔS 表示底面积,则有

$$\Phi_e = \oint_S \boldsymbol{E} \cdot \mathrm{d}\boldsymbol{S} = \oint_{2\Delta S} \boldsymbol{E} \cdot \mathrm{d}\boldsymbol{S} = 2E\Delta S$$

高斯面内包围的电量 $\sum q_i = \sigma \cdot \Delta S$,根据高斯定理,有

$$2E\Delta S = \sigma \frac{\Delta S}{\varepsilon_0}$$

所以平面外场强 $\boldsymbol{E}$ 的大小为

$$E = \frac{\sigma}{2\varepsilon_0} \tag{1-20}$$

$\boldsymbol{E}$ 的方向垂直于平面指向两侧.上式表明 P 点场强大小与它到平面的距离无关.因此,**无限大均匀带电平面两侧的电场为均匀场**.

例题 1.7 求无限大均匀带电平行板的电场.两平行板面电荷密度为 $+\sigma$ 和 $-\sigma$.

解 根据场强叠加原理,两平行板的总场强可以看成各个平面产生的场强的叠加.由于 $+\sigma$ 产生的场强垂直于平板向外,$-\sigma$ 产生的场强垂直于平板向里,大小

都是 $\dfrac{\sigma}{(2\varepsilon_0)}$，如图 1-15 所示，因此两板间场强 $\boldsymbol{E}$ 的大

小为

$$E = \frac{\sigma}{2\varepsilon_0} + \frac{\sigma}{2\varepsilon_0} = \frac{\sigma}{\varepsilon_0} \qquad (1\text{-}21)$$

可见两无限大均匀带异号电荷平板之间的电场为均匀
场，$\boldsymbol{E}$ 的方向由 $+\sigma$ 指向 $-\sigma$. 在两板之外，由于两板产
生的场强方向相反，所以

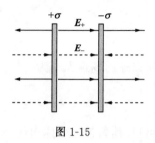

图 1-15

$$E = \frac{\sigma}{2\varepsilon_0} + \frac{\sigma}{2\varepsilon_0} = 0$$

例题 1.8　均匀带电球体的电场. 球体的半径为 R，所带电量 q.

解　设 $q > 0$，由于电荷分布是球对称的，所以均匀带电球体内、外各点的场强
分布也是球对称的，即各点场强的方向沿径向指向无穷远，并且与球心等距的各点
场强大小相等.

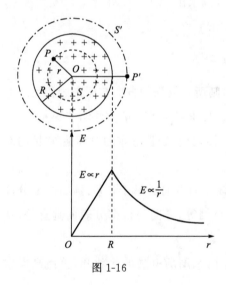

图 1-16

先考虑球体内距球心 r 处 $\boldsymbol{P}$ 点的场强.
由对称性分析，我们选取过 $\boldsymbol{P}$ 点的球面作
为高斯面 S，如图 1-16 所示，则穿过 S 面的
电通量为

$$\Phi_e = \oint_S \boldsymbol{E} \cdot \mathrm{d}\boldsymbol{S} = E 4\pi r^2$$

高斯面 S 内包围的电量为 $\sum q$，由高斯定
理可得

$$\Phi_e = \oint_S \boldsymbol{E} \cdot \mathrm{d}\boldsymbol{S} = \frac{\sum q}{\varepsilon_0}$$

于是有

$$E = \frac{\sum q}{4\pi\varepsilon_0 r^2}$$

当 $r < R$ 时

$$\sum q = \frac{q}{4\pi\frac{R^3}{3}} \cdot \frac{4}{3}\pi r^3 = \frac{qr^3}{R^3}$$

所以球内场强大小为

$$E = \frac{q}{4\pi\varepsilon_0 R^3}r \quad (r < R)$$

可见,均匀带电球体内任一点的场强与该点到球心的距离成正比.

当 $r \geq R$ 时

$$\sum q = q$$

所以球体外任一点场强大小为

$$E = \frac{q}{4\pi\varepsilon_0 r^2} \quad (r \geq R)$$

可见,**均匀带电球体外任一点的场强与全部电荷集中于球心处的点电荷的场强分布相同**.其电场分布如图 1-16 所示.

若带电体为均匀带电球面,用类似方法可以求出

$$E = 0 \quad (r < R)$$

$$E = \frac{q}{4\pi\varepsilon_0 r^2} \quad (r \geq R)$$

顺便指出,若以上各例中场源为负电荷,则所求场强的方向与原来的相反.

综合以上各例题的分析可知,应用高斯定理求场强的一般方法与步骤是:

(1) 进行对称性分析.由电荷分布的对称性,分析场强分布的对称性.常见的对称性有球对称性、轴对称性、面对称性等.

(2) 过场点选取适当的高斯面,使穿过该面的电通量易于计算.例如使部分高斯面与场强方向平行,或使高斯面上场强大小相等,方向与该部分表面垂直等,从而可使 $E\cos\theta$ 提到积分号外.

(3) 计算穿过高斯面的电通量和高斯面内包围的电量的代数和,再由高斯定理求出场强.

1.3　静电场的环路定理

前面我们从电荷在电场中受力入手研究了静电场的性质,引入了电场强度的

概念.现在再从电荷在电场中移动时电场力做功的角度来研究静电场的性质.

1.3.1　静电场力的功

1. 点电荷的电场

设在给定点 O 处有一点电荷 q,另有一试验电荷 q_0 在 q 的电场中从 a 点沿任意路径 acb 移到 b 点,如图 1-17 所示.在路径中任一点 c 附近取元位移 $\mathrm{d}\boldsymbol{l}$,并设此处场强为 $\boldsymbol{E}$,那么在这段位移中电场力所做的功为

$$\mathrm{d}A = \boldsymbol{F}\cdot\mathrm{d}\boldsymbol{l} = q_0\boldsymbol{E}\cdot\mathrm{d}\boldsymbol{l} = q_0 E\cos\theta\,\mathrm{d}l$$

其中 θ 是 $\boldsymbol{E}$ 与 $\mathrm{d}\boldsymbol{l}$ 的夹角.考虑到 $\mathrm{d}l\cos\theta = \mathrm{d}r$,以及 $E = q/4\pi\varepsilon_0 r^2$,则上式可写成

$$\mathrm{d}A = \frac{q_0 q}{4\pi\varepsilon_0 r}\mathrm{d}r$$

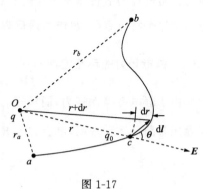

图 1-17

电荷 q_0 从 a 点移到 b 点时电场力对它做的功为

$$A_{ab} = \int_a^b \mathrm{d}A = \frac{q_0 q}{4\pi\varepsilon_0}\int_a^b \frac{1}{r^2}\mathrm{d}r = \frac{q_0 q}{4\pi\varepsilon_0}\left(\frac{1}{r_a} - \frac{1}{r_b}\right) \tag{1-22}$$

式中,r_a、r_b 分别为场源电荷 q 到路径的起点和终点的距离.结果表明,在点电荷的电场中,电场力的功只与试验电荷的电量以及路径的起点和终点的位置有关,而与具体路径无关.

2. 任意带电体系的电场

对于任意的带电体,我们总可以把它分成许多电荷元,每一电荷元均可看成点电荷,这样就可以把带电体看成点电荷系.假设有静止的电荷 $q_1, q_2, \cdots, q_n$,在它们形成的电场中,将试验电荷 q_0 从 a 点移到 b 点,则静电场力做的功为

$$A_{ab} = \int_a^b \boldsymbol{F}\cdot\mathrm{d}\boldsymbol{l} = \int_a^b q_0 \boldsymbol{E}\cdot\mathrm{d}\boldsymbol{l}$$

根据场强叠加原理,式中场强 $\boldsymbol{E}$ 应为 $q_1, q_2, \cdots, q_n$ 单独存在时场强的矢量和,即

$$\boldsymbol{E} = \boldsymbol{E}_1 + \boldsymbol{E}_2 + \cdots + \boldsymbol{E}_n$$

于是有

$$A_{ab} = q_0 \int_a^b \boldsymbol{E}_1 \cdot \mathrm{d}\boldsymbol{l} + q_0 \int_a^b \boldsymbol{E}_2 \cdot \mathrm{d}\boldsymbol{l} + \cdots + q_0 \int_a^b \boldsymbol{E}_n \cdot \mathrm{d}\boldsymbol{l}$$

由于上式右边每一项都是各点电荷单独存在时电场力对 q_0 做的功,因而都与具体路径无关,所以总电场力的功 A_{ab} 也与具体路径无关.

由此我们得出结论:试验电荷在任意给定的静电场中移动时,电场力所做的功仅与试验电荷的电量以及路径的起点和终点位置有关,而与具体路径无关.静电力做功的这个特点表明,**静电力是保守力,静电场是保守场**.

1.3.2 静电场力的环路定理

由于静电力是保守力,而保守力做功只是位置的函数,因此,q_0 沿静电场中的任意闭合路径运动一周,电场力 $q_0\boldsymbol{E}$ 对它所做的功等于零.即

$$q_0 \oint_L \boldsymbol{E} \cdot \mathrm{d}\boldsymbol{l} = 0$$

因为 $q_0 \neq 0$,所以上式成立的条件为

$$\oint_L \boldsymbol{E} \cdot \mathrm{d}\boldsymbol{l} = 0 \tag{1-23}$$

式(1-23)表明,**在静电场中,电场强度 $\boldsymbol{E}$ 沿任意闭合路径的线积分(称为 $\boldsymbol{E}$ 的环流)为零**.这个结论称为静电场的环路定理.它与高斯定理一样,也是表述静电场性质的一个重要定理.

1.4 电势能 电势

1.4.1 电势能

我们知道,保守力的功在量值上等于相应的保守场势能的减少,或者说等于势能增量的负值.既然静电场是保守场,那就可以引入静电势能的概念,并且,**静电力的功等于静电势能增量的负值**.这就是说,静电力对 q_0 做正功时,电势能减少;静电力对 q_0 做负功时,电势能增加.以 W_a 和 W_b 分别表示试验电荷 q_0 在其移动路径的起点 a 和终点 b 处的电势能,则有

$$A_{ab} = W_a - W_b = q_0 \int_a^b \boldsymbol{E} \cdot \mathrm{d}\boldsymbol{l} \tag{1-24}$$

因为试验电荷 q_0 从静电场中 a 点移到 b 点时,电场力的功有确定值,所以式 (1-24)给出的电势能的改变量具有绝对意义.然而电势能本身与重力势能类似,只具有相对的意义,它取决于零势能位置的选择.若选电荷在 b 点的电势能为零,即规定 $W_b = 0$,则在电场中 a 点电荷 q_0 的电势能为

$$W_a = q_0 \int_a^{``0"} \boldsymbol{E} \cdot \mathrm{d}\boldsymbol{l} \tag{1-25}$$

式中,"0"表示零势能位置.此式表明,**电荷在电场中某一点的电势能在量值上等于电荷从该点移到零势能点时静电力所做的功.**

在 SI 中,电势能的单位为焦耳,符号为 J.

需要注意的是,电势能和重力势能一样,也属于一定系统.式(1-25)表示的电势能属于试验电荷 q_0 和产生电场 $\boldsymbol{E}$ 的电荷体系所组成的系统.因此电势能又称为相互作用能.

1.4.2　电势

1. 电势

由于电势能的大小与试验电荷的电量 q_0 有关,所以电势能 W_a 并不能直接用来描述某一给定点的电场性质.但从式(1-25)可见,电荷 q_0 在电场中某点 a 的电势能与电量 q_0 的比值

$$\frac{W_a}{q_0} = \int_a^{``0"} \boldsymbol{E} \cdot \mathrm{d}\boldsymbol{l}$$

与 q_0 无关,仅取决于电场的性质及场点的位置,所以这个比值是反映电场中各点性质的量,我们称之为电势.用 U_a 表示 a 点的电势,则有

$$U_a = \frac{W_a}{q_0} = \int_a^{``0"} \boldsymbol{E} \cdot \mathrm{d}\boldsymbol{l} \tag{1-26}$$

若令 q_0 为单位正电荷,则 $U_a = W_a$.可见,**静电场中某点的电势在数值上等于单位正电荷在该点所具有的电势能.**或者说,**静电场中某点的电势在数值上等于把单位正电荷从这一点移到电势能零点时,电场力所做的功.**

应当指出,电势只具有相对的意义.要确定电场中各点的电势,也必须先选取电势零点作为参考.电势零点的选取可以是任意的,为研究问题的方便,在同一问题中电势零点总是选得与电势能零点一致.在理论计算中,当电荷分布在有限区域

时,常选无穷远作为电势零点.在实用中,也常取大地为电势零点.必须注意的是,对于"无限大"或"无限长"的带电体,就不能将无穷远作为电势零点,这时只能在有限范围内选取某点为电势零点.

由电势的定义可知,电势是标量.电势的正负是相对于电势零点来说的.在静电场中将正电荷 q_0 从 a 点移至电势零点时,若电场力做正功,则 a 点电势为正;若电场力做负功,则 a 点电势为负.

电势的单位名称为伏特,符号为 V,即 $1\mathrm{V}=1\mathrm{J} \cdot \mathrm{C}^{-1}$.

2. 电势差

在静电场中,任意两点 a 和 b 的电势之差,称为电势差,也叫电压,以 U_{ab} 表示.由式(1-26),有

$$U_{ab}=U_a-U_b=\int_a^{“0”} \boldsymbol{E} \cdot \mathrm{d}\boldsymbol{l} - \int_b^{“0”} \boldsymbol{E} \cdot \mathrm{d}\boldsymbol{l}$$

$$=\int_a^{“0”} \boldsymbol{E} \cdot \mathrm{d}\boldsymbol{l} + \int_{“0”}^b \boldsymbol{E} \cdot \mathrm{d}\boldsymbol{l} = \int_a^b \boldsymbol{E} \cdot \mathrm{d}\boldsymbol{l}$$

即

$$U_{ab}=\int_a^b \boldsymbol{E} \cdot \mathrm{d}\boldsymbol{l} \tag{1-27}$$

由此可知,**静电场中任意两点 a、b 的电势差在数值上等于把单位正电荷从 a 点移至 b 点电场力所做的功**.因此,当任一电荷 q 在电场中从 a 点移到 b 点时,电场力所做的功为

$$A_{ab}=qU_{ab}=q(U_a-U_b) \tag{1-28}$$

1.4.3 电势的计算

1. 点电荷的电场

我们知道,场源电荷为点电荷 q 时,场强为

$$\boldsymbol{E}=\frac{1}{4\pi\varepsilon_0} \frac{q}{r^2} \boldsymbol{e}_r$$

由于静电力的功与路径无关,所以在应用式(1-26)进行运算时,可以选取一条最便于计算的路径,即沿径矢方向积分.选无穷远处为电势零点,于是电场中与 q 相距 r 处的 P 点的电势为

$$U_P = \int_P^\infty \boldsymbol{E} \cdot \mathrm{d}\boldsymbol{l} = \int_r^\infty E \cdot \mathrm{d}r = \frac{1}{4\pi\varepsilon_0} \int_r^\infty \frac{q}{r^2} \cdot \mathrm{d}r = \frac{q}{4\pi\varepsilon_0 r}$$

由于 P 点是任意的,因此点电荷场中的电势分布可写成

$$U = \frac{q}{4\pi\varepsilon_0 r} \tag{1-29}$$

式中 r 为场点到场源电荷的距离.当 $q>0$ 时,$U>0$,空间各点的电势都为正,距 q 越近处 U 越高;当 $q<0$ 时,$U<0$,空间各点的电势都为负,距 q 越近处 U 越低.

2. 点电荷系的电场

设电场由 n 个点电荷 $q_1, q_2, \cdots, q_n$ 产在,它们各自产生的场强分别为 $\boldsymbol{E}_1$, $\boldsymbol{E}_2, \cdots, \boldsymbol{E}_n$,则合场强为 $\boldsymbol{E} = \boldsymbol{E}_1 + \boldsymbol{E}_2 + \cdots + \boldsymbol{E}_n$.由电势定义式(1-26)可知,电场中某点 P 的电势为

$$U_P = \int_P^\infty \boldsymbol{E} \cdot \mathrm{d}\boldsymbol{l} = \int_P^\infty \boldsymbol{E}_1 \cdot \mathrm{d}\boldsymbol{l} + \int_P^\infty \boldsymbol{E}_2 \cdot \mathrm{d}\boldsymbol{l} + \cdots + \int_P^\infty \boldsymbol{E}_n \cdot \mathrm{d}\boldsymbol{l}$$

$$= \sum_{i=1} \frac{q_i}{4\pi\varepsilon_0 r_i} = \sum_{i=1} U_i \tag{1-30}$$

式中 U_i 为第 i 个点电荷 q_i 在 P 点产生的电势,r_i 为 q_1 到 P 点的距离.上式表明**在点电荷系的电场中,任一点的电势等于各个点电荷单独存在时在该点产生的电势的代数和**.这个结论称为电势的叠加原理.

3. 连续分布电荷的电场

若场源为电荷连续分布的带电体,则可把它分成无限多个电荷元,每个电荷元 $\mathrm{d}q$ 可看成点电荷,把式(1-30)中的求和用积分代替,就得到场中任一点的电势,即

$$U = \int_P \frac{\mathrm{d}q}{4\pi\varepsilon_0 r} \tag{1-31}$$

式中 r 为电荷元 $\mathrm{d}q$ 到场点的距离.

必须指出,仅当选取无穷远处为电势零点时,式(1-29)、式(1-30)和式(1-31)才是正确的.

综上所述,计算电场中各点的电势有两种方法:一是根据已知的场强,选取任一方便的路径,由电势与场强的积分关系式(1-26)来计算;二是从点电荷电场的电势出发,应用叠加原理来计算.

例题 1.9　求半径为 R、均匀带电为 q 的球壳在空间产生的电势分布

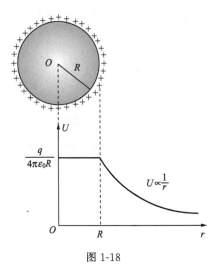

图 1-18

（图 1-18）.

解　应用高斯定理容易求出其场强分布为

$$E = 0 \qquad (r < R)$$

$$E = \frac{q}{4\pi\varepsilon_0 r^2} \quad (r \geqslant R)$$

选无穷远处电势为零. 对于球内距球心为 r （$r < R$）的任一点 P，其电势为

$$U_P = \int_P^\infty \boldsymbol{E} \cdot \mathrm{d}\boldsymbol{r} = \int_r^R \boldsymbol{E}_1 \cdot \mathrm{d}\boldsymbol{r} + \int_R^\infty \boldsymbol{E}_2 \cdot \mathrm{d}\boldsymbol{r}$$

$$= 0 + \int_R^\infty \frac{q}{4\pi\varepsilon_0 r^2} \mathrm{d}r = \frac{q}{4\pi\varepsilon_0 R} \qquad (1\text{-}32)$$

结果表明，均匀带电球面内各点的电势相等，都等于球面上的电势.

对于球外距球心为 r（$r \geqslant R$）的一点 P'，其电势为

$$U'_P = \int_{P'}^\infty \boldsymbol{E}_2 \cdot \mathrm{d}\boldsymbol{r} = \int_r^\infty \frac{q}{4\pi\varepsilon_0 r^2} \mathrm{d}r = \frac{q}{4\pi\varepsilon_0 r} \qquad (r \geqslant R) \qquad (1\text{-}33)$$

结果表明，均匀带电球面外任一点的电势与全部电荷集中于球心的点电荷在该点的电势相等.电势随距离 r 的变化关系如图 1-18 所示.

例题 1.10　均匀带电圆环半径为 R，带电量为 q，求圆环轴线上的电势分布.

解　如图 1-19 所示，在环上任取一线元 $\mathrm{d}l$，其带电量为 $\mathrm{d}q = \lambda\,\mathrm{d}l = \dfrac{q}{2\pi R}\mathrm{d}l$. 设 $\mathrm{d}l$ 到 P 点距离为 r，则 $\mathrm{d}q$ 在 P 点产生的电势为

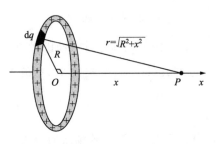

图 1-19

$$\mathrm{d}U_P = \frac{1}{4\pi\varepsilon_0} \frac{\lambda\,\mathrm{d}l}{r}$$

由于不论 $\mathrm{d}l$ 选在环上什么位置，r 值不变，所以，P 点的总电势为

$$U_P = \int \mathrm{d}U_P = \int_L \frac{1}{4\pi\varepsilon_0} \frac{\lambda\,\mathrm{d}l}{r}$$

$$= \frac{\lambda}{4\pi\epsilon_0 r} \int_0^{2\pi R} \mathrm{d}l = \frac{\lambda 2\pi R}{4\pi\epsilon_0 r}$$

其中 $\lambda \cdot 2\pi R = q$. 于是上式可写为

$$U_P = \frac{q}{4\pi\epsilon_0 r} = \frac{q}{4\pi\epsilon_0 (R^2 + x^2)^{\frac{1}{2}}} \tag{1-34}$$

1.5　电场强度与电势梯度

电场强度和电势是从不同角度描述同一电场中各点性质的两个物理量,两者之间存在着密切的内在联系.式(1-26)已给出它们之间关系的积分形式.这一节将进一步研究两者关系的微分形式.为此,我们首先引入等势面的概念.

1.5.1　等势面

电场中电场强度 E 的分布情况可以用电场线形象地描绘出来.与此类似,电场中电势 U 的分布情况可以用等势面形象地描绘出来.所谓等势面是指电场中电势数值相等的点所构成的面.例如,点电荷产生的电场中,等势面是以点电荷为中心的一系列同心的球面,如图1-20所示.不同的球面对应不同的电势值,如果点电荷的 $q>0$,则半径越小的等势面,电势值越高.

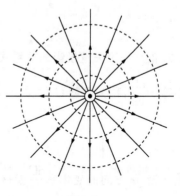

图 1-20

把对应于不同电势值的等势面逐个地画出来,并使相邻两个等势面的电势差为一常量.这样画出来的一幅等势面图就能形象地反映出电场中电势的分布情况.

从一些等势面图可以看出,等势面具有下列基本性质:

(1)电场线处处与等势面垂直;

(2)电场线总是由电势值高的等势面指向电势值低的等势面;

(3)等势面密集的地方,场强大,等势面稀疏的地方,场强小.

在实际工作中,常常先用实验方法确定出电场的等势面,再根据等势面与电场线的关系画出电场线.

1.5.2　电势梯度

现在讨论场强与电势的微分关系.如图 1-21 所示,在电场中任取两个相距很

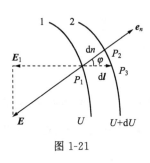

图 1-21

近的等势面 1 和 2,电势分别为 U 和 $U+\mathrm{d}U$,并且 $\mathrm{d}U>0$.在等势面上 P_1 点的单位法向矢量为 $\boldsymbol{e}_n$,与等势面 2 正交于 P_2 点.令 $\overline{P_1P_2}=\mathrm{d}n$,显然,$\mathrm{d}n$ 是 P_1 处两个等势面之间的最小距离,即从等势面 1 上的 P_1 点到等势面 2 上其他任一点的距离 $\mathrm{d}l$ 都比 $\mathrm{d}n$ 大.因此,从 P_1 点沿 $\mathrm{d}l$ 方向电势的变化率总要小于沿 $\boldsymbol{e}_n$ 方向电势的变化率,即

$$\frac{\mathrm{d}U}{\mathrm{d}l}<\frac{\mathrm{d}U}{\mathrm{d}n}$$

设 $\mathrm{d}l$ 与 $\boldsymbol{e}_n$ 之间的夹角为 φ,则 $\mathrm{d}n=\mathrm{d}l\cos\varphi$,可得

$$\frac{\mathrm{d}U}{\mathrm{d}l}=\frac{\mathrm{d}U}{\mathrm{d}n}\cos\varphi$$

上式正是一个矢量投影的关系式.于是我们可以定义这个矢量,它沿着 $\boldsymbol{e}_n$ 方向,大小等于 $\frac{\mathrm{d}U}{\mathrm{d}n}$,称为电势 U 的梯度,用 $\mathrm{grad}U$ 表示,即

$$\mathrm{grad}U=\frac{\mathrm{d}U}{\mathrm{d}n}\boldsymbol{e}_n$$

电势沿 $\mathrm{d}l$ 方向的变化率 $\frac{\mathrm{d}U}{\mathrm{d}l}$ 就是该矢量在 $\mathrm{d}l$ 方向的投影.这就是说,电场中某点的电势梯度的大小等于该点电势变化率的最大值,其方向总是沿着等势面的法线,并指向电势升高的方向.

另一方面,由于电场线垂直于等势面,并指向电势降低的方向,所以,P_1 点场强 $\boldsymbol{E}$ 与 $\boldsymbol{e}_n$ 方向相反.若将正电荷 q 从 P_1 点移到 P_2 点时,根据保守力做功的特点,电场力做的功应等于这两点静电势能增量的负值.由于保守力做功与路径无关,我们选择沿法线方向的路径 $\mathrm{d}\boldsymbol{n}$.考虑到两个等势面 1 和 2 相距很近,可近似认为 $\mathrm{d}\boldsymbol{n}$ 上场强处处相等.于是有

$$qE \cdot \mathrm{d}\boldsymbol{n} = qE\,\mathrm{d}n = -q\,\mathrm{d}U$$

式中 E 是场强 $\boldsymbol{E}$ 在 $\boldsymbol{e}_n$ 方向上的投影,显然 $E < 0$.可得

$$E = -\frac{\mathrm{d}U}{\mathrm{d}n}$$

写成矢量式为

$$\boldsymbol{E} = -\frac{\mathrm{d}U}{\mathrm{d}n}\boldsymbol{e}_n = -\mathrm{grad}\,U \tag{1-35}$$

上式表明,**电场中各点的电场强度与该点电势梯度等值而反向.**

　　场强 $\boldsymbol{E}$ 在任意 $\mathrm{d}\boldsymbol{l}$ 方向的投影为

$$\boldsymbol{E}_l = -\frac{\mathrm{d}U}{\mathrm{d}n}\cos\varphi = -\frac{\mathrm{d}U}{\mathrm{d}l} \tag{1-36}$$

由此可得场强在三个坐标轴方向的分量为

$$E_x = -\frac{\partial U}{\partial x}, \quad E_y = -\frac{\partial U}{\partial y}, \quad E_z = -\frac{\partial U}{\partial z}$$

写成矢量式即为

$$\boldsymbol{E} = -\left(\frac{\partial U}{\partial x}\boldsymbol{i} + \frac{\partial U}{\partial y}\boldsymbol{j} + \frac{\partial U}{\partial z}\boldsymbol{k}\right) \tag{1-37}$$

式(1-35)、(1-36)和(1-37)均为场强与电势的微分关系式.结果表明,电场中某点的场强决定于电势在该点的空间变化率,而与该点的电势无直接关系.

　　场强与电势的微分关系在解决实际问题中十分有用.在计算场强时,常常先算出电势,再利用场强与电势的微分关系计算场强,这样做的好处是可以避免直接用场强叠加原理计算场强时常遇到的矢量运算的麻烦.

　　应当指出,在具体问题中,需要根据对称性选取适当的坐标系.以上只是直角坐标系的表达式,其他坐标系的表达形式可从相关书籍中查阅.

　　例题 1.11　利用场强与电势的微分关系,计算均匀带电圆环轴线上距环心 x 处的电场强度.

　　解　均匀带电圆环轴线上的电势为式(1-34),即

$$U = \frac{q}{4\pi\varepsilon_0 (R^2 + x^2)^{\frac{1}{2}}}$$

显然,U 只是 x 的函数,故 $E_y = E_z = 0$,所以

$$E = E_x = -\frac{\partial U}{\partial x} = \frac{\mathrm{d}}{\mathrm{d}x}\left[\frac{q}{4\pi\varepsilon_0 (R^2 + x^2)^{\frac{1}{2}}}\right] = \frac{qx}{4\pi\varepsilon_0 (R^2 + x^2)^{\frac{3}{2}}}$$

这一结果与例题 1.4 的结果一致.

本 章 要 点

1. 静电场的基本实验定律

(1) 电荷守恒定律

(2) 库仑定律　　　　　$F = \frac{1}{4\pi\varepsilon_0}\frac{q_1 q_2}{r^2} e_r$

2. 主要物理量

(1) 电场强度　　　$E = \frac{F}{q_0}$

场强叠加原理　　$E = E_1 + E_2 + \cdots + E_N = \sum_i E_i$

(2) 电势　　$U_a = \frac{W_a}{q_0} = \int_a^{``0"} E \cdot \mathrm{d}l$　　（式中"0"为电势零点）

电势差　　$U_{ab} = U_a - U_b = \int_a^b E \cdot \mathrm{d}l$　　（与电势零点无关）

场强与电势的关系　　$U_a = \int_a^{``0"} E \cdot \mathrm{d}l$（积分关系）

$E = -\mathrm{grad}U, E_l = -\frac{\mathrm{d}U}{\mathrm{d}l}$　　（微分关系）

(3) 电势能 $W_a = q_0 \int_a^{``0"} E \cdot \mathrm{d}l = q_0 U_a$（相对电势能零点）

电荷在电场中移动（ $a \rightarrow b$ ）时, 电场力做功

$A_{ab} = W_a - W_b = q_0 (U_a - U_b) = q_0 \int_a^b E \cdot \mathrm{d}l$

3. 静电场的基本场方程

(1) 高斯定理　　$\oint_S E \cdot \mathrm{d}S = \frac{1}{\varepsilon_0}\sum_{i=1}^k q_i$（表明静电场是有源场）

(2) 环路定理　　$\oint_L E \cdot \mathrm{d}l = 0$　　（表明静电场是保守场）

4. 计算方法

（1）场强 E 的计算

1）电荷分布具有某种对称性时，应用高斯定理较为方便.

2）一般情况下，应用点电荷的场强公式和场强的叠加原理.

3）先求电势，再应用场强与电势的微分关系求场强.

（2）电势 U 的计算

1）场强分布已知或容易确定时，根据电势定义式，利用场强的线积分计算.

2）一般情况下，应用点电荷的电势公式和电势的叠加原理（包括补偿法）.

5. 典型电场

（1）均匀带电球面

$$E=0 \quad (r<R)$$

$$E=\frac{q}{4\pi\varepsilon_0 r^2} \quad (r\geqslant R) \quad (E \text{ 的方向沿径向})$$

$$U=\frac{q}{4\pi\varepsilon_0 R} \quad (r<R)$$

$$U=\frac{q}{4\pi\varepsilon_0 r} \quad (r\geqslant R)$$

（2）无限长均匀带电直线

$$E=\frac{\lambda}{2\pi\varepsilon_0 r} \quad (E \text{ 的方向垂直于带电直线})$$

（3）无限大均匀带电平面

$$E=\frac{\sigma}{2\varepsilon_0} \quad (E \text{ 的方向垂直于带电平面})$$

（4）均匀带电圆环轴线上

$$E=\frac{qx}{4\pi\varepsilon_0 (R^2+x^2)^{\frac{3}{2}}}$$

$$U_P=\frac{q}{4\pi\varepsilon_0 r}=\frac{q}{4\pi\varepsilon_0 (R^2+x^2)^{\frac{1}{2}}}$$

习　题

1-1　（1）在电场中某一点的场强定义为 $E=F/q_0$，若该点没有试验电荷，那么该点的场强如何？如果电荷在电场中某点受的电场力很大，该点的电场强度是否一定很大？

（2）根据点电荷的场强公式 $E=q/4\pi\varepsilon_0 r^2 e_r$，从形式上看，当所考察的场点和点电荷 q 的距离 $r \to 0$ 时，则按上列公式 $E \to \infty$，但这是没有物理意义的．对这个问题你如何解释？

1-2　在真空中有 A、B 两个相对的平行板，相距为 d，板面积均为 S，分别带电 $+q$、$-q$．有人说，根据库仑定律，两板之间作用力为 $f=q/(4\pi\varepsilon_0 d^2)$．又有人说，用 $f=qE$，而极板间 $E=\sigma/\varepsilon_0$，$\sigma=q/S$，所以 $f=q^2/(\varepsilon_0 S)$，这两种说法对吗？如果不对，f 到底等于多大？

1-3　试用环路定理证明：静电场的电场线永不闭合．

1-4　下列说法正确的是（　　　）

（A）电场强度为零的点，电势也一定为零

（B）电场强度不为零的点，电势也一定不为零

（C）电势为零的点，电场强度也一定为零

（D）电势在某一区域内为常量，则电场强度在该区域内必定为零

1-5　电荷面密度均为 $+\sigma$ 的两块"无限大"均匀带电的平行平板如图（a）放

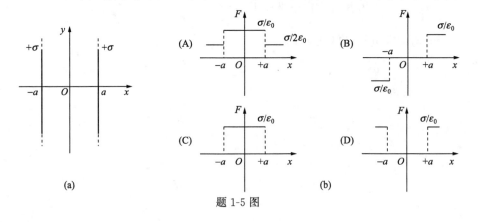

题 1-5 图

置,其周围空间各点电场强度 E(设电场强度方向向右为正、向左为负),有一正电点荷受力 F 随位置坐标 x 变化的关系曲线为图(b)中的(　　)

1-6　有人认为:

(1) 如果高斯面上 E 处处为零,则该面内必无电荷.

(2) 如果高斯面内无电荷,则该面上 E 处处为零.

(3) 如果高斯面上 E 处处不为零,则该面内必有电荷.

(4) 如果高斯面内有电荷,则该面上 E 处处不为零.

以上所说的高斯面是空间任一闭合面,你认为以上说法是否正确? 为什么?

1-7　若电荷 Q 均匀地分布在长为 L 的细棒上,如题 1-7 图(a)所示,求证:

(1) 在棒的延长线,且离棒中心为 r 处的电场强度为 $E=\dfrac{1}{\pi\varepsilon_0}\dfrac{Q}{4r^2-L^2}$;

(2) 在棒的垂直平分线上,离棒为 r 处的电场强度为 $E=\dfrac{1}{2\pi\varepsilon_0 r}\dfrac{Q}{\sqrt{4r^2+L^2}}$,若

棒为无限长(即 $L\to\infty$),试将结果与无限长均匀带电直线的电场强度相比较如题 1-7 图(b)所示.

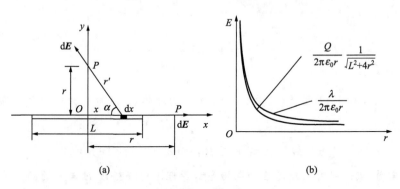

题 1-7 图

1-8　两条无限长平行直导线相距为 r_0,均匀带有等量异号电荷,电荷线密度为 λ.(1) 求两导线构成的平面上任一点的电场强度(设该点到其中一线的垂直距离为 x);(2) 求每一根导线上单位长度导线受到另一根导线上电荷作用的电场力.

1-9　如题 1-9 图所示,一点电荷 $q_1=1.0\times10^{-6}$C,另一点电荷 $q_2=2.0\times10^{-6}$C,两电荷相距 $d=10$cm.试求此两点电荷连线上电场强度为零的点的位置.

1-10　如题 1-10 图所示,设匀强电场的电场强度 E 与半径为 R 的半球面的对称轴平行,试计算通过此半球面的电场强度通量.

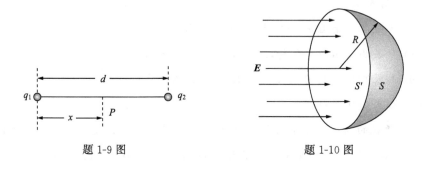

題 1-9 图　　　　　　　　　　　　　題 1-10 图

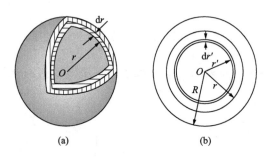

(a)　　　　　　　　　(b)

題 1-11 图

1-11　如题 1-11 图所示,设在半径为 R 的球体内,其电荷为球对称分布,电荷体密度为

$$\rho = kr \quad (0 \leqslant r \leqslant R) ; \quad \rho = 0 \quad (r > R)$$

k 为一常量.试分别用高斯定理和电场叠加原理求电场强度 E 与 r 的函数关系.

1-12　一个内外半径分别为 R_1 和 R_2 的均匀带电球壳,总电荷为 Q_1,球壳外同心罩一个半径为 R_3 的均匀带电球面,球面带电荷为 Q_2.求电场分布.

1-13　两个带有等量异号电荷的无限长同轴圆柱面,半径分别为 R_1 和 R_2 $(R_2 > R_1)$,单位长度上的电荷为 λ.求离轴线为 r 处的电场强度:

(1) $r < R_1$；　(2) $R_1 < r < R_2$；　(3) $r > R_2$.

1-14　如题 1-14 图所示,有三个点电荷 Q_1、Q_2、Q_3 沿一条直线等间距分布且 $Q_1 = Q_2 = Q$.已知其中任一点电荷所受合力均为零,求在固定 Q_1、Q_3 的情况下,将

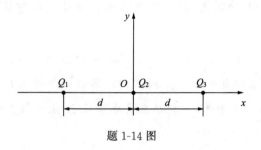

题 1-14 图

Q_2 从点 O 移到无穷远处外力所做的功.

1-15　已知均匀带电长直线附近的电场强度近似为 $E=\dfrac{\lambda}{2\pi\varepsilon_0 r}e_r$，$\lambda$ 为电荷线密度.(1)求在 $r=r_1$ 和 $r=r_2$ 两点间的电势差;(2)在点电荷的电场中,我们曾取 $r\to\infty$ 处的电势为零,求均匀带电长直线附近的电势时,能否这样取? 试说明.

1-16　电荷面密度分别为 $+\sigma$ 和 $-\sigma$ 的两块"无限大"均匀带电的平行平板,如题 1-16 图放置,取坐标原点为零电势点,求空间各点的电势分布并画出电势随位置坐标 x 变化的关系曲线.

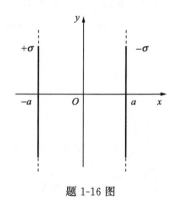

题 1-16 图

1-17　两个同心球面的半径分别为 R_1 和 R_2,各自带有电荷 Q_1 和 Q_2.求:(1) 各区域电势分布,并画出分布曲线;(2) 两球面间的电势差为多少?

1-18　一半径为 R 的无限长带电细棒,其内部的电荷均匀分布,电荷的体密度为 ρ.现取棒表面为零电势,求空间电势分布.

1-19　两个很长的共轴圆柱面($R_1=0.03\mathrm{m}$, $R_2=0.10\mathrm{m}$),带有等量异号的电

荷,两者的电势差为 450V.求:(1) 圆柱面单位长度上带有多少电荷?(2) $r=$ 0.05m 处的电场强度.

1-20 如题 1-20 图所示,$AB=2l$,OCD 是以 B 为中心、l 为半径的半圆.A 点有正电荷 $+q$,B 点有负电荷 $-q$.问:(1)把单位正电荷从 O 点沿 OCD 移到 D 点,电场力对它做了多少功?(2)把单位负电荷从 D 点沿 AB 的延长线移到无限远处,电场力对它做了多少功?

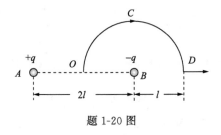

题 1-20 图

1-21 两均匀带电球壳同心放置,半径分别为 R_1 和 R_2 $(R_2>R_1)$,已知内外球壳之间的电势差为 U,求两球壳之间的电场强度分布.

第 2 章　静电场中的导体与电介质

在上一章中,我们讨论了真空中的静电场,实际上,在物质世界里,真空只不过是一种理想的情况,实际电场中总会有导体或电介质.导体和电介质是实物物质,静电场是另一种形态的物质,当它们处在同一空间时,就会产生相互作用、相互影响.在这一章,我们将研究静电场和导体、电介质相互影响的规律,讨论导体和电介质的有关性质,以便更好地应用于科技和生产的各个方面.本章所讨论的问题,不仅在理论上有重大意义,使我们对静电场的认识更加深入,而且在应用上也有重大意义.

2.1　静电场中的导体

金属导体的电结构特征是其内部有大量可以自由移动的电荷——自由电子.若把金属导体放入静电场,导体内的自由电子将在电场力作用下作宏观定向运动,从而使导体上的电荷重新分布,这种现象叫做静电感应.静电感应过程属于非平衡问题,静电学中不予讨论.我们只讨论静电场与导体之间通过相互影响达到静电平衡状态以后,电荷和电场的分布规律.

2.1.1　静电平衡条件

导体的静电平衡状态是指导体内部和表面都没有电荷定向移动的状态.这种状态只有在导体内部的电场强度处处为零,紧靠导体表面处的电场强度沿导体表面的切向分量也处处为零时才有可能达到并得以维持.否则,自由电子会在电场力作用下发生定向移动.由此可知,导体静电平衡的条件是:①导体内部的场强处处为零;②导体表面之外紧邻处的场强都与该处表面垂直.由导体静电平衡的条件以及电势差的计算式(1-27)可知,在静电平衡状态下导体内部以及表面上任意两点间的电势差均为零.因而有如下推论:**静电平衡导体是个等势体,导体表面是个等**

势面.

应当指出,静电场中的导体达到静电平衡的条件是由导体的电结构特征和静电平衡的要求决定的,与导体的形状大小无关.

2.1.2　静电平衡时导体上的电荷分布

从静电平衡条件出发,结合静电场的基本规律,可以得出导体处于静电平衡状态时,其电荷分布的规律.

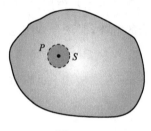

图 2-1

1. 导体所带电荷只能分布在它的表面上,导体内部净电荷处处为零

设有一实心导体,带电量为 Q.在导体内部围绕任一点 P 作一个小闭合曲面 S,如图 2-1 所示.由于静电平衡时 $E_内=0$,因此通过 S 面的电通量为零,由高斯定理可知,S 面内电荷的代数和等于零,即 S 面内无净电荷.由于 S 面很小,P 是导体内任意一点,所以整个导体内部无净电荷,所带电荷只能分布在导体的表面上.

2. 导体表面上各处的面电荷密度与该处表面外紧邻处的电场强度大小成正比

如图 2-2 所示,在 P 点附近的导体表面取一面元 ΔS,这个面元取得充分小,以致该处导体表面的电荷密度 σ 可认为是均匀的.作扁圆柱形高斯面,使其侧面与 ΔS 垂直,上、下底面与 ΔS 平行,并且分别处于导体的外部和内部.由于 $E_内=0$,圆柱形侧面与场强方向平行,因此穿过整个高斯面的电通量为 $E_{表面} \cdot \Delta S$,高斯面内包围的电荷就是 $\sigma \cdot \Delta S$,根据高斯定理,有

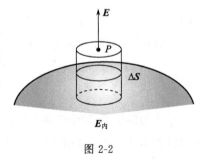

图 2-2

$$E_{表面} \cdot \Delta S = \frac{\sigma \cdot \Delta S}{\varepsilon_0}$$

$$E_{表面} = \frac{\sigma}{\varepsilon_0} \qquad\qquad (2\text{-}1)$$

可见 σ 与 $E_{表面}$ 成正比.

　　值得注意的是,导体表面外紧邻处的场强 **E** 表面是所有电荷的贡献之和,而不只是该处表面上的电荷产生的.

　　3. 孤立导体的面电荷密度与其表面的曲率有关,曲率越大处,面电荷密度也越大

　　图 2-3(a)画出了一个有尖端的导体表面电荷和场强分布的情况.可以看出,尖端附近的面电荷密度大,它周围的电场很强.尖端周围空气中原来散存着的带电粒子(如电子或离子),在这个强电场作用下作加速运动时就可能获得足够大的能量,以致在它们和空气分子碰撞时使空气分子电离成电子和离子,电离产生的电子和离子经电场加速后,又使更多的空气分子电离.这样就会在尖端附近的空气中产生大量的带电粒子,其中与尖端所带电荷异号的带电粒子,受尖端上电荷吸引,飞向尖端,使尖端上的电荷被中和;与尖端上电荷同号的带电粒子受排斥而飞向远方.上述带电粒子的运动过程就好像是尖端上的电荷不断地向空气中释放一样,所以称为尖端放电现象.若在尖端附近放置一点燃的蜡烛,蜡烛的火焰则会受到这种离子流形成的"电风"吹动而偏斜,如图 2-3(b)所示.

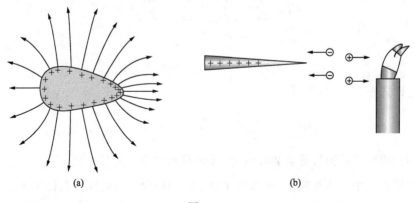

(a) 　　　　　　　　　　　(b)

图 2-3

　　在高电压设备中,为了防止因尖端放电引起的危害和漏电损耗,输电线都用较粗且表面光滑的导线;设备零部件表面光滑,并尽可能做成球面形状.与此相反,在很多情况下,人们还要利用尖端放电现象.例如,火花放电设备的电极往往做成尖端形状;避雷针也是根据尖端放电的道理制成的,这种避雷针目前广泛应用于武器弹药仓库、炸药等危险品生产厂房、重要军事设施等场所,是防雷击的重要措施.

　　例题 2.1 　两块平行等大的矩形导体板,面积为 S,其长、宽的线度比两板间的

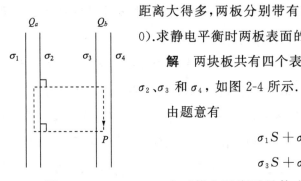

图 2-4

距离大得多,两板分别带有电量 Q_a 和 Q_b($Q_a>0$,$Q_b>0$).求静电平衡时两板表面的电荷分布.

解　两块板共有四个表面,设面电荷密度分别为 σ_1、σ_2、σ_3 和 σ_4,如图 2-4 所示.

由题意有

$$\sigma_1 S + \sigma_2 S = Q_a$$

$$\sigma_3 S + \sigma_4 S = Q_b$$

由于静电平衡时导体内部场强处处为零,又由于板间电场与板面垂直,因此对于如图 2-4 所示的高斯面来说,由高斯定理可得

$$\sigma_2 + \sigma_3 = 0$$

假设各面所带电荷均为正,则电场强度方向均应垂直于各板面向外.设向右的方向为正,在右边的导体内任一点 P 的场强应为四个无限大带电平面的电场的叠加,有

$$E_P = \frac{\sigma_1}{2\varepsilon_0} + \frac{\sigma_2}{2\varepsilon_0} + \frac{\sigma_3}{2\varepsilon_0} - \frac{\sigma_4}{2\varepsilon_0} = 0$$

即

$$\sigma_1 + \sigma_2 + \sigma_3 - \sigma_4 = 0$$

将以上四式联立求解,可得

$$\sigma_1 = \sigma_4 = \frac{Q_a + Q_b}{2S}, \quad \sigma_2 = -\sigma_3 = \frac{Q_a - Q_b}{2S}$$

可见两板相对的两面带等量异号电荷,外侧两面带等量同号电荷.

如果将其中一块板接地,那么电荷分布将如何变化? 请读者自己思考.

例题 2.2　如图 2-5 所示,一半径为 R_1 的金属球 A,带有电量 q_1,它外面有一个同心的金属球壳 B,其内外半径分别为 R_2 和 R_3,带有电量 q.求此系统在静电平衡状态下的电荷分布、电场分布和球与球壳之间的电势差.如果用导线将球与球壳连接一下再断开,结果又将如何?

解　由静电平衡条件可知,金属球 A 和金属球

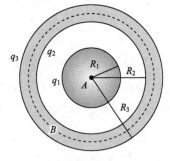

图 2-5

壳 B 内部的电场强度为零,电荷均匀分布在它们的表面上.以 q_2、q_3 分别表示球壳 B 内外表面上的总电荷,在球壳 B 内作一个如图虚线所示的闭合曲面为高斯面,根据高斯定理可得

$$q_1 + q_2 = 0$$

所以

$$q_2 = -q_1$$

由于球壳 B 的总电荷守恒,即

$$q_2 + q_3 = q$$

因此

$$q_3 = q - q_2 = q + q_1$$

应用高斯定理求得空间电场强度的分布为

$$E_1 = \frac{q_1}{4\pi\varepsilon_0 r^2} \quad (R_1 < r < R_2)$$

$$E_2 = \frac{q_1 + q}{4\pi\varepsilon_0 r^2} \quad (r > R_3)$$

电场的方向沿径向.

根据均匀带电球面的电势分布规律和电势叠加原理可得

$$U_1 = \frac{q_1}{4\pi\varepsilon_0 R_1} - \frac{q_1}{4\pi\varepsilon_0 R_2} + \frac{q + q_1}{4\pi\varepsilon_0 R_3} \quad (r < R_1)$$

$$U_2 = \frac{q_1}{4\pi\varepsilon_0 r} - \frac{q_1}{4\pi\varepsilon_0 R_2} + \frac{q + q_1}{4\pi\varepsilon_0 R_3} \quad (R_1 < r < R_2)$$

$$U_3 = \frac{q + q_1}{4\pi\varepsilon_0 R_3} \quad (R_2 < r < R_3)$$

$$U_4 = \frac{q + q_1}{4\pi\varepsilon_0 r} \quad (r > R_3)$$

用电势的定义式(1-26)同样能够求出上述结果.球 A 与球壳 B 之间的电势差为

$$U_A - U_B = U_1 - U_3 = \frac{q_1}{4\pi\varepsilon_0}\left(\frac{1}{R_1} - \frac{1}{R_2}\right)$$

如果用导线将球 A 和球壳 B 连接一下再断开,则 A 的外表面和 B 的内表面上的电荷完全中和,两个表面均不再带电.球壳外表面的电荷仍为 $q + q_1$,而且均

匀分布.空间电场分布为

$$E_1' = 0 \quad (r < R_3)$$

$$E_2' = \frac{q_1 + q}{4\pi\varepsilon_0 r^2} \quad (r > R_3)$$

球与球壳电势相等,电势差变为零.

例题 2.3　如图 2-6 所示,一半径为 R 的导体球原来不带电,将它放在点电荷 $+q$ 的电场中,球心与点电荷相距 d,求导体球的电势.若将导体球接地,求其上的感应电荷电量.

解　因为导体球是一个等势体,所以只要求得球内任一点的电势,即可得导体球的电势.设导体球上的感应净电量为 Q.由于导体球上的电荷均分布在表面上,所有电荷到球心的距离都相等,因此,球面上电荷分布的变化对球心的电势没有影响.球心的总电势 U_0 等于点电荷 q 和球面电荷 Q 在球心产生的电势的叠加,即

$$U_0 = \frac{q}{4\pi\varepsilon_0 d} + \frac{Q}{4\pi\varepsilon_0 R}$$

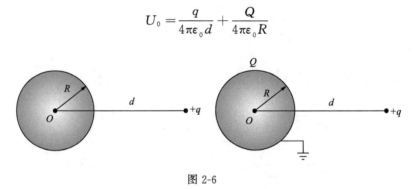

图 2-6

因球上原来不带电,即 $Q=0$,所以导体球的电势为

$$U = U_0 = \frac{q}{4\pi\varepsilon_0 d}$$

若将导体球接地,则 Q 不再为零,由 $U_0 = \frac{q}{4\pi\varepsilon_0 d} + \frac{Q}{4\pi\varepsilon_0 R} = 0$ 得到

$$Q = -\frac{R}{d}q$$

2.1.3　静电屏蔽

1. 空腔导体

所谓空腔导体就是一个空心的导体壳.静电平衡时,这种导体上的电荷分布有如下特点:

(1) 腔内无带电体时,导体的电荷只分布在它的外表面上.

设一导体带电量为 Q_0,导体内有一空腔,空腔内无带电体,如图 2-7(a)所示.在导体内、外表面之间任取一高斯面 S,由静电平衡条件,S 面上场强处处为零,故通过 S 面的电通量为零,因此 S 面内无净电荷.下面进一步证明导体的内表面上也不带等量异号电荷.采用反证法,假设导体内表面上有电荷,则由于 S 内净电荷为零,该表面上必有等量的异号电荷分布.这时空腔内的场强不为零,从导体内表面上正电荷处发出的电场线穿过空腔终止于该表面上的负电荷处.由于电场线指向电势降低的方向,所以导体内表面上各处的电势不相等,正电荷处电势高,负电荷处电势低.显然,这与导体在静电平衡时为一等势体的推论相矛盾,说明假设不成立.因此,空腔导体内表面没有电荷,电荷只能分布在导体的外表面上.

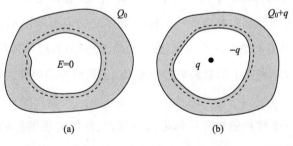

(a)　　　　　　　　　(b)

图 2-7

(2) 腔内有带电体时,空腔导体的内表面所带电荷与腔内电荷的代数和必为零.

设导体空腔内有电荷 q.在导体的内外表面之间作高斯面 S,由高斯定理可知,S 内电荷的代数和为零,因此导体内表面上必有等量异号的电荷 $-q$,如图 2-7(b)所示.

2. 静电屏蔽

根据静电平衡导体内部电场强度处处为零这一规律,利用空腔导体将空腔内外电场隔离,使之互不影响,这种作用称为静电屏蔽.

如图 2-8(a)所示,空腔导体 A 原来不带电,其空腔内也没有带电体.当腔外有带电体 B,并处于静电平衡状态时,电场线将终止于导体的外表面而不能穿过导体进入腔内.这时空腔内电场强度为零,导体是一等势体,导体内表面上电荷也为零.结果表明,空腔外电场对腔内空间不产生任何影响.

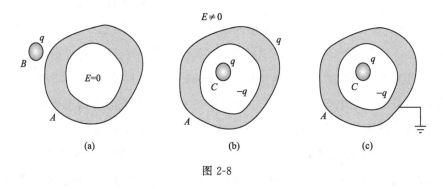

图 2-8

如图 2-8(b)所示,如果空腔内有带电体 C 存在,所带电量为 q.达到静电平衡时,导体的内外表面分别带有电荷 $-q$ 和 q,导体外的电场强度不再为零.这表明空腔内的电荷对腔外空间的电场有影响.为了消除这种影响,将导体接地,如图 2-8(c)所示,就能使导体外表面上的感应电荷 q 消失,于是腔内带电体对腔外空间电场的影响也随之消失.

综上所述,一个接地的空腔导体可以隔离内、外静电场的影响,这就是静电屏蔽的原理.在实际应用中,电器设备的外壳用金属制成,就相当于把电器设备放到了空腔导体内,把外壳接地,既可避免外界对电器设备的干扰,又能避免电器设备的电场对外界产生影响.电子仪器中的有些零件有意地用金属壳屏蔽,高压设备常常罩上接地的金属罩或密密的金属网都是这个道理.

在现代高技术条件下的战争中,通信指挥和武器装备大量使用电子设备,如果没有周密严格的静电屏蔽措施,在使用中就会大大降低它们的效能.特别是当敌方施放电磁干扰,发动电子战时,加强对指挥、控制、通信和情报系统等电子设备的屏蔽保护,对于争取战争的胜利具有非常重要的意义.

2.2　静电场中的电介质

上一节讨论了静电场中导体和场的相互影响,这一节将讨论静电场中的电介质和电场相互作用的规律.讨论只限于均匀各向同性的电介质,且充满整个有场空间的情况.

2.2.1　电介质的电极化现象

电介质是指不导电的物质,即绝缘体.理想的绝缘体内部没有可以自由移动的电荷.若把电介质放入静电场中,电介质原子中的电子和原子核受电场力作用,作微观的相对移动,但不能像导体中的自由电子那样脱离所属原子作宏观移动,因此,达到静电平衡时,电介质内部的场强一般都不为零.这正是电介质与导体在电性质方面的主要区别.

1. 有极分子和无极分子

电介质中的每一个分子都是一个复杂的带电系统,其正负电荷按一定规律分布在线度为 10^{-10} m 数量级的空间范围内.考察外电场对分子的作用时,分子的全部正电荷和全部负电荷可以等效地看成分别集中于两点,正电荷集中的等效点叫做分子的正电荷中心;负电荷集中的等效点叫做分子的负电荷中心.这样,每一个中性分子就等效为一个电偶极子.如果以 q 表示一个分子中正电荷或负电荷电量的绝对值,以 l 表示从分子负电荷中心指向分子正电荷中心的矢量,其大小为正、负电荷中心之间的距离,则分子的等效电偶极矩为

$$p = ql$$

如果分子内部电荷分布不对称,正、负电荷中心不重合,这种分子具有固定的电矩,叫做有极分子,如 HCl、H_2O、CO、SO_2 等就是有极分子电介质.另一类分子在无外场作用时正、负电荷中心重合,分子固有电矩为零,这种分子叫做无极分子,如 He、H_2、N_2O、O_2、CO_2 等就是无极分子电介质.

2. 位移极化和取向极化

讨论静电场对电介质的作用时,可以认为电介质是由大量微小的分子电偶极

子组成的.无极分子电介质在无外电场存在时,分子的正、负电荷中心重合,对外不显电性,如图 2-9(a)所示.当有外电场存在时,分子的正、负电荷中心将发生相对位移,等效于一个电偶极子,因而每个分子都有一个大体沿外电场方向的电矩,一般称为分子电矩,如图 2-9(b)所示.对于均匀电介质来说,其内部任一小体积内的异号电荷数量相等,即体电荷密度仍保持为零,但在电介质的两端面上却分别出现正、负电荷,如图 2-9(c)所示.这种电荷不能用诸如接地之类的方法使它们脱离原子核的束缚而转移,所以把它们称为束缚电荷或极化电荷.这种在外电场作用下电介质表面产生束缚电荷的现象称为电介质的极化.因为这种极化是由正、负电荷中心发生相对位移引起的,所以无极分子电介质的极化又叫**位移极化**.显然,外电场越强,分子的正、负电荷中心产生的位移越大,分子的电矩也越大,电介质两端面因极化产生的束缚电荷也就越多,电介质的极化就越强.当撤去外电场后,正、负电荷中心又重合在一起,分子电矩又变为零,极化现象随之消失.

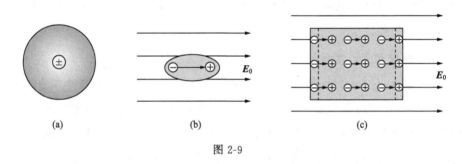

| (a) | (b) | (c) |

图 2-9

　　有极分子电介质在无外电场时,正、负电荷中心不重合,可将每一个分子看成一个等效的电偶极子,具有一定的分子电矩.但由于分子热运动,这些分子电矩的方向是混乱的,所有分子电矩的矢量和等于零,因此宏观上对外不显电性.当有外电场存在时,每个分子的电矩在电场作用下,将转向外电场的方向,如图 2-10(a)所示.尽管分子热运动会干扰分子电矩的有序排列,但在宏观上所有分子电矩的矢量和已不为零,形成与外电场方向大体一致的电矩,从而使电介质的两端面出现正、负束缚电荷,如图 2-10(b)所示.外电场越强,极化越强.这种由于分子电矩的转向而产生的极化称为**取向极化**.一般说来,电介质在产生取向极化的同时,也存在位移极化,但取向极化的强度比位移极化大得多.

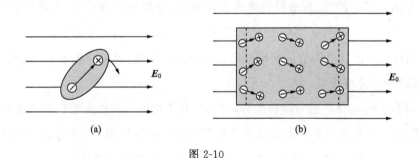

图 2-10

综上所述,尽管两类电介质极化的机制不同,但极化的宏观效果都使电介质表面出现束缚电荷.因此在以后对电介质极化的宏观描述中,不需要将两类电介质分开讨论.

需要说明的是,如果电介质是非均匀的,那么除了像均匀电介质那样在表面上出现束缚电荷外,其内部还会出现体束缚电荷.

2.2.2　介电强度和介电损耗

1. 介电强度

在一般情况下电介质就是绝缘体.当外加电场不太强时,使电介质发生电极化现象,但不破坏其绝缘性能.如果外电场很强,电介质分子中的正、负电荷有可能完全分离,使部分电子变成能自由移动的电荷,从而使电介质的绝缘性能遭到明显破坏而变成导体.这种现象叫做电介质的击穿.一种电介质材料所能承受的不被击穿的最大电场强度,叫做这种电介质的介电强度,也称为击穿场强.介电强度是衡量电介质电学性能的重要物理量.空气在 1atm 时的介电强度大约是 3kV/mm.大多数材料的介电强度都比空气大.

在实际选用电介质材料时必须注意,电容率大的电介质,其介电强度不一定高.如钛酸钡的相对电容率高达 $10^3 \sim 10^4$,而介电强度却与空气差不多.所以应该分别考虑电介质这两方面的特性,做到两者兼顾,同时满足电路和器件性能的设计要求.

2. 介电损耗

处在外电场中的电介质,在极化过程中都必然要消耗电场能量.发生位移极化时,电介质分子中的正、负电荷在外电场中移动,电场力要做功.产生取向极化时,分子电矩转向过程中,还要同时克服其他分子的阻碍作用,电场力做功会更多一些.结果将使一部分电场能量在电介质内部转换为热能,使电介质发热,温度升高,这种现象叫做介电损耗.

一般说来,电介质也有微弱的导电性,但介质中因传导电流而产生的能量损耗是非常小的.主要的介质损耗发生在外加高频交变电场作用下,使电介质反复极化的过程中.介质损耗大,发热多,有可能完全破坏电介质的绝缘性能.

除具有普通电性能的电介质材料以外,某些电介质还具有很特殊的电学性质.如铁电体、驻极体以及具有压电效应、电致伸缩效应和电光效应的电介质等.它们具有特殊的电性能,因而在现代科学技术中有着许多重要的应用.另一方面,在现代工程技术特别是高新军事技术领域,如高能加速器、激光武器、束能武器、电磁发射技术等,都会遇到强电场,电压之高已远远超出了通常的高电压的含义.为了解决由此提出的电气绝缘及其相应问题,必须研制具有特殊性能的电介质新材料.

2.3　电位移　有电介质时的高斯定理

上一章我们研究了真空中静电场的高斯定理,当静电场中有导体存在时,该定理仍然适用.然而当静电场中有电介质时,高斯面内外不仅有自由电荷,而且还有束缚电荷存在,因此高斯定理在形式上必然有所改变.我们仍从平行板电容器入手,讨论有电介质存在时的高斯定理.

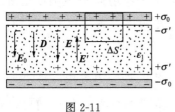

图 2-11

平行板电容器极板上的自由电荷和束缚电荷的面密度、电介质的相对电容率如图 2-11 所示.作封闭圆柱面为高斯面,其侧面垂直于平板,底面和极板平行,其面积为 ΔS,下底面位于电介质中.设极板上自由电荷面密度为 σ_0,电介质表面上的极化电荷面密度 σ',显然,该闭合曲面内既有自由电荷 $q_0 = \sigma_0 \Delta S$,又有束缚电荷 $q' = -\sigma' \Delta S$.令

$$E = \frac{1}{\varepsilon_r} E_0 \qquad ①$$

式中, $\varepsilon_r = \dfrac{\varepsilon}{\varepsilon_0}$, ε 称为电介质的电容率, 也叫介电常量. 依据场强的叠加原理, 介质内的总的场强大小为

$$E = E_0 - E' \qquad\qquad ②$$

E_0 和 E' 分别是由自由电荷和极化电荷所激发的电场, 据 (1-20) 式, 有

$$E_0 = \frac{\sigma_0}{2\varepsilon_0}, \quad E' = \frac{\sigma'}{2\varepsilon_0} \qquad\qquad ③$$

由①②③式可得

$$\sigma' = \left(1 - \frac{1}{\varepsilon_r}\right)\sigma_0$$

由高斯定理, 有

$$\oint_S \boldsymbol{E} \cdot \mathrm{d}\boldsymbol{S} = \frac{1}{\varepsilon_0}(q_0 + q') = \frac{\Delta S}{\varepsilon_0}(\sigma_0 - \sigma')$$

将 $\sigma' = \left(1 - \dfrac{1}{\varepsilon_r}\right)\sigma_0$ 代入上式, 经整理, 可得

$$\oint_S \boldsymbol{E} \cdot \mathrm{d}\boldsymbol{S} = \frac{q_0}{\varepsilon_r\varepsilon_0}$$

将上式改写为

$$\oint_S \varepsilon_r\varepsilon_0 \boldsymbol{E} \cdot \mathrm{d}\boldsymbol{S} = q_0 \qquad\qquad (2\text{-}2)$$

令

$$\boldsymbol{D} = \varepsilon_r\varepsilon_0 \boldsymbol{E} = \varepsilon\boldsymbol{E} \qquad\qquad (2\text{-}3)$$

则式 (2-2) 可写成

$$\oint_S \boldsymbol{D} \cdot \mathrm{d}\boldsymbol{S} = q_0 \qquad\qquad (2\text{-}4)$$

式中, $\boldsymbol{D}$ 称为**电位移矢量**, $\oint_S \boldsymbol{D} \cdot \mathrm{d}\boldsymbol{S}$ 则是通过闭合曲面的电位移通量, q_0 为该闭合曲面包围的自由电荷.

　　式 (2-4) 虽从平行板电容器这一特例得出, 但理论研究证明, 这一结论是普遍适用的. 因此, 有电介质时的高斯定理可表述如下: **在静电场中, 通过任意闭合曲面的电位移通量等于该闭合曲面包围的自由电荷的代数和.** 其数学表达式为

$$\oint_S \boldsymbol{D} \cdot \mathrm{d}\boldsymbol{S} = \sum_{(S\text{内})} q_0 \qquad\qquad (2\text{-}5)$$

式(2-5)的优点在于等式的右边没有明显地出现极化电荷.这就给它的应用带来了很大的方便.

需要指出,电位移通量与束缚电荷及闭合曲面外的电荷无关,并不是说电位移矢量 $\boldsymbol{D}$ 本身与束缚电荷及闭合曲面外的电荷无关.在无电介质存在时,$\varepsilon_r = 1$,式(2-5)就还原为真空中静电场的高斯定理.

在电场不是太强时,各向同性电介质中任意一点的电位移矢量 $\boldsymbol{D}$,可定义为该点的电场强度矢量 $\boldsymbol{E}$ 与该点的介电常数 ε 的乘积.对于各向同性均匀电介质来说,ε 为决定于电介质种类的常量.如果介质不均匀,则各处的 ε 值一般不同,但只要是各向同性介质,$\boldsymbol{D}$ 与 $\boldsymbol{E}$ 总是同方向的.对各向异性电介质,ε 不再是一个普通常量,而是一个包括 9 个分量的张量,$\boldsymbol{D}$ 与 $\boldsymbol{E}$ 的方向一般并不相同,式(2-3)的关系也不再成立,但式(2-5)仍然适用.本书中不讨论这类问题.

顺便指出,由于静电场是保守场,因此在普遍情况下,有电介质存在时环路定理仍然成立.

2.4 电容 电容器

电容器既是储存电荷和电能的元件,又是阻隔直流、导通交流的电路器件,在电工电子技术及其设备中得到广泛的应用.下面先讨论孤立导体的电容,然后再讨论电容器的电容.

2.4.1 孤立导体的电容

所谓孤立导体,指的是在这个导体的附近没有其他导体和带电体.设想使一个孤立导体带电荷 q,它将在周围的空间激发电场,从而它具有一定的电势 U.理论和实验表明,U 与 q 成正比,即

$$C = \frac{q}{U}$$

式中,比例系数 C 是一个仅与导体尺寸和形状有关的常量,而与 q、U 无关. C 称为

孤立导体的电容,它的物理意义是使导体每升高单位电势所需的电量.在 SI 制中,

电容的单位为库/伏 $\left(\dfrac{C}{V}\right)$,这个单位有个专门名称,称为法拉(F),法拉是一个非常

大的单位.比如要想使一导体球的电容为 1F,则它的半径应为地球半径的几千倍.

所以在实用中常用微法 (μF) 和皮法 (pF),它们之间的关系为

$$1F = 10^6 \mu F, \quad 1\mu F = 10^6 pF$$

2.4.2　电容器的电容

实际上,孤立导体是不存在的,一般来说,周围总会有其他导体.由于静电感应将会改变电场分布,故导体的电势不仅与其本身所带电量有关,而且还与周围其他导体的位置及形状有关.因此,其他导体的存在将会影响该导体的电容.

在实际应用中是设计一种导体组合,一方面使其电容量大而几何尺寸小,另一方面要使这种导体组合的电容不受周围其他物体(包括带电体)的影响.两个靠近而又相互绝缘的导体所组成的系统就是这样的组合,称为电容器.系统中的两个导体称为电容器的两个极板.电容器带电时,常使两极板带等量异号电荷.电容器的电容定义为一个极板所带电量 $q\,(q>0)$ 与两极板间的电势差 $U_1 - U_2\,(U_1 > U_2)$ 之比,即

$$C = \frac{q}{U_1 - U_2} \qquad (2\text{-}6)$$

前面提及的孤立导体,事实上并不存在,它至少和地球有关.所以孤立导体的电容实际上就是它和地球组成的电容器的电容.因为地球的电势一般取为零,所以孤立导体的电势实际上就是它与地球的电势差.

2.4.3　电介质对电容器电容的影响

设电容器两极板之间为真空时其电容为 C_0,两极板之间充满某种电介质时其电容为 C,实验和理论都证明 C 和 C_0 的关系为

$$C = \varepsilon_r C_0 \qquad (2\text{-}7)$$

即有电介质的电容器的电容为真空电容器电容的 ε_r 倍.ε_r 称为此种电介质的相对电容率,也叫相对介电常量,是一个纯数.ε_r 的值取决于电介质的性质及它所处的

状态(温度、压力等).空气的相对电容率接近于 1,其他物质的相对电容率大于 1,因此电容器内充入电介质后,其电容一般都要增大.有关电介质的具体内容将在下一节介绍.

2.4.4　几种典型电容器

1. 平行板电容器

如图 2-12,平行板电容器由两块靠得很近的平行极板组成.设两极板面积均为

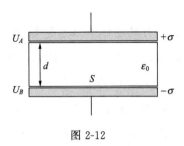

图 2-12

S,间距为 d,两极板所带电量分别为 q 和 $-q$.在实际应用中,两极板间距通常很小,两极板面积的线度相对很大,因此两极板之间的电场接近于匀强电场.略去边缘效应,由高斯定理可得极板间的场强大小为

$$E = \frac{\sigma}{\varepsilon_0}$$

式中,$\sigma = \dfrac{q}{S}$ 为极板面电荷密度.$\boldsymbol{E}$ 的方向由带正电荷的极板指向带负电荷的极板.两极板间的电势差为

$$U_A - U_B = \int_A^B \boldsymbol{E} \cdot \mathrm{d}\boldsymbol{l} = \frac{\sigma}{\varepsilon_0} d$$

由电容器电容的定义,可得平行板电容器的电容为

$$C_0 = \frac{q}{U_A - U_B} = \frac{\varepsilon_0 S}{d} \tag{2-8a}$$

若两极板间充满电介质,则有

$$C = \varepsilon_r C_0 = \varepsilon_r \frac{\varepsilon_0 S}{d} = \frac{\varepsilon S}{d} \tag{2-8b}$$

由式(2-8a)可见,平行板电容器的电容与极板面积成正比,与极板间的距离成反比,而与组成极板的导体材料及其所带电量无关.

我们知道,当极板间充满电介质时,电容器的电容为真空电容器电容的 ε_r 倍.根据电容的定义式(2-6),这可理解为在相同电压的情况下,有电介质的电容器所能储存的电量 q 为真空电容器所储电量的 ε_r 倍.而在极板电量保持恒定的情况下,

有电介质的电容器的电压是真空电容器电压的 $1/\varepsilon_r$.

2. 圆柱形电容器

圆柱形电容器由两个同轴导体圆柱面组成,如图 2-13 所示.设圆柱长度为 l ,内、外圆柱面的半径分别为 R_A 和 R_B,且 $l \gg R_B - R_A$.在此条件下,柱面两端的边缘效应可略去不计.假定内、外圆柱面所带电量分别为 q 和 $-q$,柱面上电荷均匀分布,因此两圆柱面间的电场可看成是两个无限长均匀带电圆柱面的电场.由高斯定理可求得两柱面间离轴为 r 处的场强大小为

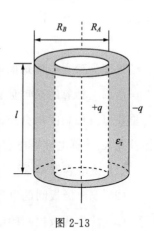

图 2-13

$$E = \frac{\lambda}{2\pi\varepsilon_0 r} \quad (R_A < r < R_B)$$

式中,$\lambda = q/l$ 为圆柱面轴向单位长度上的电量,称为线电荷密度.场强的方向垂直于圆柱面的轴线.于是两圆柱面间的电势差为

$$U_A - U_B = \int_A^B \boldsymbol{E} \cdot \mathrm{d}\boldsymbol{l} = \int_{R_A}^{R_B} \frac{\lambda}{2\pi\varepsilon_0 r} \,\mathrm{d}r = \frac{\lambda}{2\pi\varepsilon_0} \ln\frac{R_B}{R_A}$$

根据电容器电容的定义有

$$C_0 = \frac{q}{U_A - U_B} = \frac{\lambda l}{\dfrac{\lambda}{2\pi\varepsilon_0} \ln\dfrac{R_B}{R_A}} = \frac{2\pi\varepsilon_0 l}{\ln\dfrac{R_B}{R_A}} \qquad (2\text{-}9\mathrm{a})$$

若两圆柱面间充满相对电容率为 ε_r 的电介质,则其电容为

$$C = \varepsilon_r C_0 = \frac{2\pi\varepsilon_0\varepsilon_r l}{\ln\dfrac{R_B}{R_A}} = \frac{2\pi\varepsilon l}{\ln\dfrac{R_B}{R_A}} \qquad (2\text{-}9\mathrm{b})$$

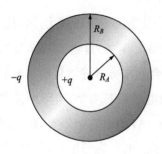

图 2-14

3. 球形电容器

球形电容器由半径分别为 R_A 和 R_B 的两个同心导体球面组成,如图 2-14 所示.可用与上面类似的方法求出球形电容器的电容为

$$C_0 = \frac{4\pi\varepsilon_0 R_A R_B}{R_B - R_A} \qquad (2\text{-}10\mathrm{a})$$

$$C = \varepsilon_r C_0 = \frac{4\pi\varepsilon_0\varepsilon_r R_A R_B}{R_B - R_A} = \frac{4\pi\varepsilon R_A R_B}{R_B - R_A} \qquad (2\text{-}10\mathrm{b})$$

上式表明,球形电容器的电容与内、外球面的半径有关,与电介质的性质有关.顺便指出,当 $R_B \to \infty$ 时,$U_B \to 0$,这时有

$$C = 4\pi\varepsilon R_A$$

此结果即为孤立导体球的电容公式.

由以上计算结果可见:电容器电容的大小取决于电容器极板的形状、大小、相对位置以及极板间电介质的性质,而与电容器是否带电、带电多少及两极板间的电势差无关.计算电容器电容的一般步骤是:

(1) 设电容器两个极板带有等量异号电荷.

(2) 求出极板间的电场强度分布.

(3) 计算两极板间的电势差.

(4) 根据电容器电容的定义求得电容.

2.4.5 电容器的联结

电容器主要有电容和耐压能力两个性能参数.其数值一般都按规定标注在电容器的外表面上,称为电容器的标称值.在实际应用中,单个电容器的标称值往往不能满足电路要求,需要把多个电容器根据电路要求按一定规则联结起来使用.

电容器的联结方式有串联、并联和混合联结三种.并联时各电容器两极间电压相同,总电容为

$$C = C_1 + C_2 + \cdots + C_n = \sum_{i=1}^{n} C_i \tag{2-11}$$

可见并联能使电容增大.串联时,各电容器所带电量相同,总电容为

$$\frac{1}{C} = \frac{1}{C_1} + \frac{1}{C_2} + \cdots + \frac{1}{C_n} = \sum_{i=1}^{n} \frac{1}{C_i} \tag{2-12}$$

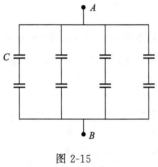

图 2-15

可见,串联使电容减小,但能提高耐压能力.如果要求既增大电容量,又提高耐压能力,就必须采用既有并联,又有串联的混合联结方式.例如,现有电容为 C、耐压为 V 的相同电容器若干个,实际电路却需要电容为 $2C$,耐压为 $2V$ 的电容器一个.在这种情况下,就需要将 8 个现有的电容器混合联结成如图 2-15 所示的电容器组.

电容器是一种重要的电器元件.在电力系统中,电容器既可以用来储存电荷和电能,也是提高功率因素的重要元件.在电子线路中,电容器则是获得振荡、滤波、相移、旁路、耦合、阻隔直流等作用的重要元件.

例题 2.4　自由电荷面密度为 $\pm\varepsilon_0$ 的带电平板电容器极板间充满两层各向同性均匀电介质,见图 2-16.电介质的界面都平行于电容器的极板,两层电介质的相对介电常数分别为 ε_{r_1} 和 ε_{r_2},厚度分别为 d_1 和 d_2.试求(1)各电介质层中的电场强度;(2)电容器两极板间的电势差;(3)电容器的电容.

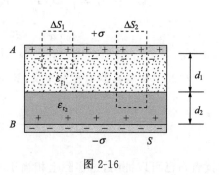

图 2-16

解　(1) 由于两层电介质皆为均匀的,又极板可认为是无限大的,因此两层介质中的电场都是均匀的.设两层电介质中的电位移分别为 $\boldsymbol{D}_1$ 和 $\boldsymbol{D}_2$.过电介质 1 作圆柱形高斯面如图 2-16 所示.通过极板 A 外侧底面的 $\boldsymbol{D}$ 通量和圆柱侧面的 $\boldsymbol{D}$ 通量皆为零,因此,通过所作高斯面的 $\boldsymbol{D}$ 通量就等于通过位于电介质 1 中圆柱底面的 $\boldsymbol{D}_1$ 通量.根据高斯定理有

$$\oint_S \boldsymbol{D}_1 \cdot \mathrm{d}\boldsymbol{S} = D_1 \cdot \Delta S_1 = \sigma_0 \Delta S_1$$

故有

$$D_1 = \sigma_0$$

由 $\boldsymbol{D}=\varepsilon\boldsymbol{E}$,有

$$E_1 = \frac{D_1}{\varepsilon_1} = \frac{\sigma_0}{\varepsilon_0\varepsilon_{r_1}}$$

同理,通过电介质 2 作高斯面如图 2-16 所示.应用高斯定理可得

$$D_2 = \sigma_0$$

$$E_1 = \frac{D_2}{\varepsilon_2} = \frac{\sigma_0}{\varepsilon_0\varepsilon_{r_2}}$$

可见两层电介质中的电位移矢量相等,但电场强度不等.又注意到,两层电介质皆为均匀且电介质各界面都是等势面,因此各层电介质内部的电场强度 $\boldsymbol{E}_1$ 和 $\boldsymbol{E}_2$ 分别为自由面电荷产生的电场强度 $E_0=\dfrac{\sigma_0}{\varepsilon_0}$ 除以 ε_{r_1} 和 ε_{r_2},这一结果是我们所预

料的.

(2) 根据电势差的定义,可求出电容器两极板间的电势差为

$$U_A - U_B = \int_A^B \boldsymbol{E} \cdot \mathrm{d}\boldsymbol{l} = E_1 d_1 + E_2 d_2 = \frac{\sigma_0}{\varepsilon_0 \varepsilon_{r_1}} d_1 + \frac{\sigma_0}{\varepsilon_0 \varepsilon_{r_2}} d_2$$

$$= \frac{\sigma_0}{\varepsilon_0} \left(\frac{d_1}{\varepsilon_{r_1}} + \frac{d_2}{\varepsilon_{r_2}} \right)$$

(3) 根据电容器电容的定义,该电容器的电容为

$$C = \frac{Q}{U_A - U_B} = \frac{\sigma_0 S}{\dfrac{\sigma_0}{\varepsilon_0} \left(\dfrac{d_1}{\varepsilon_{r_1}} + \dfrac{d_2}{\varepsilon_{r_2}} \right)} = \frac{\varepsilon_0 S}{\dfrac{d_1}{\varepsilon_{r_1}} + \dfrac{d_2}{\varepsilon_{r_2}}}$$

读者自己可以证明,这实际上相当于两个介质电容器的串联.

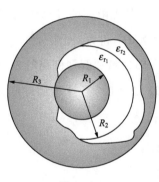

例题 2.5　半径分别为 R_1 和 R_2 的同心导体球面组成球形电容器,中间充满相对介电常数分别为 ε_{r_1} 和 ε_{r_2} 的两层各向同性均匀电介质,它们的分界面为一半径 R_2 的同心球面,见图 2-17.求此电容器的电容.

图 2-17

解　由于两层电介质皆为各向同性均匀电介质,根据对称性可知,两层电介质的界面一定都是等势面.电介质内部的电场强度应等于自由电荷产生的电场强度的 ε_{r_1} 和 ε_{r_2} 分之一.设给电容器充电,使两极板分别带电量为 $\pm q$(使外球壳带负电).在两层电介质内的电场强度应分别为

$$E_1 = \frac{q}{4\pi\varepsilon_0 \varepsilon_{r_1} r_1^2}, \quad E_2 = \frac{q}{4\pi\varepsilon_0 \varepsilon_{r_2} r_2^2}$$

它们的方向都是沿半径由内指向外.(用高斯定理也可以很方便地得到 $\boldsymbol{E}_1$ 和 $\boldsymbol{E}_2$,读者可自己试作.)根据电势差的定义,两极间的电势差为

$$\Delta U = \int_{R_1}^{R_3} \boldsymbol{E} \cdot \mathrm{d}\boldsymbol{r} = \int_{R_1}^{R_2} \boldsymbol{E}_1 \cdot \mathrm{d}\boldsymbol{r} + \int_{R_2}^{R_3} \boldsymbol{E}_2 \cdot \mathrm{d}\boldsymbol{r}$$

$$= \frac{q}{4\pi\varepsilon_0} \left[\frac{1}{\varepsilon_{r_1}} \left(\frac{1}{R_1} - \frac{1}{R_2} \right) + \frac{1}{\varepsilon_{r_2}} \left(\frac{1}{R_2} - \frac{1}{R_3} \right) \right]$$

因此电容器的电容为

$$C = \frac{q}{\Delta U} = \frac{4\pi\varepsilon_0}{\frac{1}{\varepsilon_{r_1}}\left(\frac{1}{R_1} - \frac{1}{R_2}\right) + \frac{1}{\varepsilon_{r_2}}\left(\frac{1}{R_2} - \frac{1}{R_3}\right)}$$

2.5 静电场的能量

如果给电容器充电,电容器中就有了电场,电场中储藏的能量等于充电时电源所做的功.这个功是由电源消耗其他形式的能量来完成的.如果让电容器放电,则储藏在电场中的能量又可以释放出来.下面以平行板电容器为例,来计算这种称为静电能的电场能量.

设充电时,在电源的作用下把正的电荷元 dq 不断地从 B 板上拉下来,再推到 A 板上去,如图 2-18 所示,若在时间 t 内,从 B 板向 A 板迁移了电荷 $q(t)$,这时两极板间的电势差为

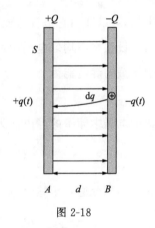

图 2-18

$$u(t) = \frac{q(t)}{C}$$

此时若继续从 B 板迁移电荷元 dq 到 A 板,则必须做功

$$dA = u(t)dq = \frac{q(t)}{C}dq$$

这样,从开始极板上无电荷直到极板上带电量为 Q 时,电源所做的功为

$$A = \int dA = \int_0^Q \frac{q(t)}{C}dq = \frac{Q^2}{2C} \tag{2-13}$$

由于 $Q = CU$,所以上式可以写作

$$A = \frac{1}{2}CU^2 \tag{2-14}$$

式中,U 为极板上带电量为 Q 时两极板间的电势差.此时,电容器中电场储藏的能量 W_e 的数值就等于这个功的数值,即

$$W_e = \frac{Q^2}{2C} = \frac{1}{2}CU^2 = \frac{1}{2}QU \tag{2-15}$$

在平行板电容器中,如果忽略边缘效应,两极板间的电场是均匀的.因此,单位体积

内储藏的能量,即能量密度 w_e 也应该是均匀的.把 $U = Ed$, $C = \dfrac{\varepsilon_0 S}{d}$ 代入式(2-15)得

$$W_e = \frac{1}{2}\varepsilon_0 E^2 Sd = \frac{1}{2}\varepsilon_0 E^2 V$$

式中,V 为电容器中电场遍及的空间的体积.所以能量密度为

$$w_e = \frac{W_e}{V} = \frac{1}{2}\varepsilon_0 E^2 \tag{2-16}$$

从上式可以看出,只要空间任一处存在着电场,电场强度为 E ,该处单位体积就储藏着能量 $w_e = \dfrac{1}{2}\varepsilon_0 E^2$,这个结果虽然是从平行板电容器中的均匀电场这个特例推出的,可以证明它是普遍成立的.

　　设想在不均匀电场中,任取一体积元 dV,该处的能量密度为 w_e,则体积元 dV 中储藏的静电能为

$$dW_e = w_e dV$$

整个电场中储藏的静电能为

$$W_e = \int_V dW_e = \int_V \frac{1}{2}\varepsilon_0 E^2 dV \tag{2-17}$$

式中的积分遍及于整个电场分布的空间.

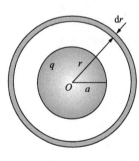

图 2-19

　　例题 2.6　有一半径为 a、带电量为 q 的孤立金属球.试求它所产生的电场中储藏的静电能.

　　解　该带电金属球产生的电场具有球对称性,电场强度的方向沿着径向,其大小为

$$E = \frac{q}{4\pi\varepsilon_0 r^2}$$

如图 2-19 所示,先计算半径为 r、厚度为 dr 的球壳层中储藏的静电能为

$$dW_e = w_e dV = \frac{1}{2}\varepsilon_0 E^2 \cdot 4\pi r^2 \cdot dr$$

$$= \frac{1}{2}\varepsilon_0 \left(\frac{q}{4\pi\varepsilon_0 r^2}\right)^2 \cdot 4\pi r^2 \cdot dr = \frac{q^2}{8\pi\varepsilon_0 r^2}dr$$

则整个电场中储藏的静电能为

$$W_e = \int_V dW_e = \int_a^\infty \frac{q^2}{8\pi\varepsilon_0 r^2} dr = \frac{q^2}{8\pi\varepsilon_0 a}$$

例题 2.7　圆柱形电容器长为 l,内、外半径分别为 R_1 和 $R_2(R_1 < R_2)$.两极上均匀带电为 $+Q$ 和 $-Q$.试求电容器电场中的能量.

解　由高斯定理可得,两极间电场强度的大小为

$$E = \frac{\lambda}{2\pi\varepsilon_0 r}$$

其方向沿径向,式中,$\lambda = Q/l$.则电场能量体密度为

$$w_e = \frac{1}{2}\varepsilon_0 E^2 = \frac{\lambda^2}{8\pi^2\varepsilon_0 r^2}$$

取如图 2-20 的半径为 r、厚度为 dr、长为 l 的圆柱薄层为体积元,则

$$dV = 2\pi r l \cdot dr$$

此体积元中的电场能量

$$dW_e = w_e dV = \frac{\lambda^2}{8\pi^2\varepsilon_0 r^2} \cdot 2\pi r l \cdot dr = \frac{\lambda^2 l \, dr}{4\pi\varepsilon_0 r}$$

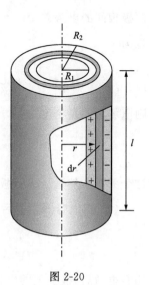

图 2-20

两极间电场的能量为

$$dW_e = w_e dV = \int_{R_1}^{R_2} \frac{\lambda^2 l}{4\pi\varepsilon_0} \frac{dr}{r} = \frac{\lambda^2 l}{4\pi\varepsilon_0} \ln\frac{R_2}{R_1} = \frac{Q^2}{4\pi\varepsilon_0 l}\ln\frac{R_2}{R_1}$$

与式(2-15)$W_e = \dfrac{Q^2}{2C}$ 比较,可得圆柱形电容器的电容

$$C = \frac{2\pi\varepsilon_0 l}{\ln R_2/R_1}$$

此式和 2.4 节所计算的结果相同.利用能量的计算,也可以间接地求出电容.这是电容器电容的另一种计算方法.

例题 2.8　一平行板电容器,极板面积为 S,极板间距离为 d,其间充满相对介电常数为 ε_r 的电介质.当其充电后,两极板间的电势差为 ΔU.试求:(1)电容器中电场的能量;(2)如果切断充电电源,把电介质从电容器中抽出,外界必须做多少功.

解　(1)对于平行板介质电容器,其电容为

$$C = \varepsilon_r C_0 = \frac{\varepsilon_r \varepsilon_0 S}{d}$$

电容器中电场的能量为

$$W_e = \frac{1}{2} C (\Delta U)^2 = \frac{\varepsilon_r \varepsilon_0 S}{2d} (\Delta U)^2$$

两极板间的电势差 $\Delta U = Ed$，E 为极板间的电场强度，根据式（2-15），电场的能量为

$$W_e = \frac{1}{2} C (\Delta U)^2 = \frac{1}{2} \frac{\varepsilon_r \varepsilon_0 S}{d} E^2 d^2 = \frac{1}{2} \varepsilon_r \varepsilon_0 E^2 Sd = \frac{1}{2} \varepsilon E^2 V$$

则电场的能量密度为

$$w_e = \frac{W_e}{V} = \frac{1}{2} \varepsilon E^2 = \frac{1}{2} \boldsymbol{D} \cdot \boldsymbol{E}$$

这个关系虽然是从平行板电容器的特殊情况下得出的，可以证明它是普适的。

（2）当电容器充电后，极板上所带的电量为

$$Q = C \Delta U = \frac{\varepsilon_r \varepsilon_0 S}{d} \Delta U$$

切断电源后，极板上的电量 Q 不变。抽出电介质后，电容器的电容为

$$C_0 = \frac{\varepsilon_0 S}{d}$$

电容器中电场的能量为

$$W'_e = \frac{Q^2}{2C_0} = \frac{\left(\dfrac{\varepsilon_r \varepsilon_0 S}{d} \Delta U \right)^2}{2 \dfrac{\varepsilon_0 S}{d}} = \frac{\varepsilon_0 \varepsilon_r^2 S}{2d} (\Delta U)^2$$

抽出电介质前后，电容器中电场能量之差等于外界所做的功

$$A = W'_e - W_e = \frac{\varepsilon_0 \varepsilon_r^2 S}{2d} (\Delta U)^2 - \frac{\varepsilon_0 \varepsilon_r S}{2d} (\Delta U)^2 = \frac{1}{2} \varepsilon_0 \varepsilon_r S (\Delta U)^2 \left(\frac{\varepsilon_r - 1}{d} \right)$$

$$= \frac{1}{2} \varepsilon S (\Delta U)^2 \left(\frac{\varepsilon_r - 1}{d} \right)$$

例题 2.9　球形电容器中充满了相对介电常数为 ε_r 的各向同性均匀电介质。给图 2-21 电容器充电，使其两极上带电量为 $\pm q$，如图 2-21 所示。试求电容器中电

场的能量.

解　在球形电容器中取半径为 r,厚度为 dr 的一层薄球壳为体积元.由于对称性,球壳所在处电位移 **D** 的大小处处相等.由电介质中的高斯定理不难求得电位移矢量 **D** 的大小

$$D = \frac{q}{4\pi r^2}$$

其电场强度的大小为

$$E = \frac{D}{\varepsilon} = \frac{q}{4\pi\varepsilon r^2}$$

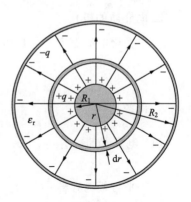

图 2-21

薄球壳的体积为

$$dV = 4\pi r^2 dr$$

因此球壳中的电场能量为

$$dW_e = \frac{1}{2}\varepsilon E^2 dV = \frac{1}{2}\varepsilon\left(\frac{q}{4\pi\varepsilon r^2}\right)^2 4\pi r^2 dr = \frac{q^2}{8\pi\varepsilon r^2}dr$$

电容器中电场的总能量为

$$W_e = \int dW_e = \int_{R_1}^{R_2}\frac{q^2}{8\pi\varepsilon r^2}dr = \frac{q^2}{8\pi\varepsilon}\left(\frac{1}{R_1} - \frac{1}{R_2}\right) = \frac{1}{2}\frac{q^2(R_2 - R_1)}{4\pi\varepsilon R_1 R_2}$$

本 章 要 点

1. 导体的静电平衡

（1）导体的静电平衡条件

　　以电场强度表示：$E_内 = 0$,$E_{表面}$ 垂直导体表面.

　　以电势表示：导体为等势体,导体表面为等势面.

（2）静电平衡时导体上的电荷分布

$$q_内 = 0 \qquad \sigma_{表面} = \varepsilon_0 E_{表面}$$

（3）静电屏蔽

　　接地的空腔导体能使腔内、外的电场互不影响.

2. 电介质的极化

极化电荷面密度与自由电荷面密度的关系

$$\sigma' = \left(1 - \frac{1}{\varepsilon_r}\right)\sigma_0$$

3. 电容器

(1) 电容器的电容：$C = \dfrac{q}{U_+ - U_-}, \quad C = \varepsilon_r C_0$

平行板电容器：$C = \varepsilon_r \dfrac{\varepsilon_0 S}{d} = \dfrac{\varepsilon S}{d}$

圆柱形电容器：$C = \dfrac{2\pi\varepsilon_0\varepsilon_r l}{\ln(R_{外}/R_{内})} = \dfrac{2\pi\varepsilon l}{\ln(R_{外}/R_{内})}$

球形电容器：$C = \dfrac{4\pi\varepsilon_0\varepsilon_r R_{外} R_{内}}{R_{外} - R_{内}} = \dfrac{4\pi\varepsilon R_{外} R_{内}}{R_{外} - R_{内}}$

(2) 电容器的联结

并联：能使电容量增大，耐压值不变　　$C = \sum\limits_{i=1}^{n} C_i$

串联：电容减小，能提高耐压能力　　$\dfrac{1}{C} = \sum\limits_{i=1}^{n} \dfrac{1}{C_i}$

4. 电场的能量

(1) 能量密度　$w_e = \dfrac{1}{2}\varepsilon_0 E^2 = \dfrac{1}{2}\boldsymbol{E}\cdot\boldsymbol{D}$

(2) 电场能量　$W_e = \int_V w_e \mathrm{d}V = \int_V \dfrac{1}{2}\varepsilon_0 E^2 \mathrm{d}V$

5. 有电介质时静电场的基本定理

(1) 高斯定理　$\oint_S \boldsymbol{D}\cdot\mathrm{d}\boldsymbol{S} = \sum\limits_{(S内)} q_0$

电位移矢量：$\boldsymbol{D} = \varepsilon_r\varepsilon_0\boldsymbol{E} = \varepsilon\boldsymbol{E}$　（均匀各向同性电介质）

(2) 环路定理　$\oint_L \boldsymbol{E}\cdot\mathrm{d}\boldsymbol{l} = 0$

习　题

2-1　有一个带正电荷的大导体，欲测量其附近一点 P 处的电场强度，将一带

电量为 $q_0(q_0>0)$ 的点电荷放在 P 点,测得 q_0 所受的电场力为 F,若 q_0 不是足够小,则比值 F/q_0 与 P 点的电场强度比较,是大、是小,还是正好相等?

2-2 将一个电量 $q(q>0)$、半径为 R_2 的大导体球,移近另外一个半径为 R_1 的原来不带电的小导体球,试判断下列各种说法是否正确?并说明理由.

(1) 大球电势高于小球;

(2) 若以无限远处为电势零点,则小球的电势为负;

(3) 大球外任一点 P 的场强为 $q/(4\pi\varepsilon_0 r^2)$,其中 r 为 P 点距大球球心的距离;

(4) 大球表面附近任意一点的场强为 σ_2/ε_0,其中 $\sigma_2=q/(4\pi R_2^2)$.

2-3 如题 2-3 图所示,金属球 A 和同心的金属球壳 B 原来不带电,试分别讨论下述几种情况下场强和电势的分布情况以及 A、B 之间的电势差.

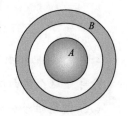

(1) 使球壳 B 带正电;

(2) 使球 A 带正电;

(3) A、B 分别带等量异号电荷,且内球 A 带正电;

题 2-3 图

(4) A、B 分别带等量异号电荷,且内球 A 带负电.

2-4 已知无限大均匀带电板两侧的电场强度为 $\sigma/2\varepsilon_0$,式中,σ 为面电荷密度. 这个公式对于有限大均匀带电板两侧紧邻处的场强也适用. 又知道静电平衡条件下导体表面外紧邻处的场强等于 σ/ε_0,试说明两者之间为什么相差一半.

2-5 保持平行板电容器两极板间的电压不变,减小板间距离 d,则极板上的电荷、极板间的电场强度、电容器的电容及电场能量将有何变化?

2-6 将一带负电的物体 M 靠近一不带电的导体 N,在 N 的左端感应出正电荷,右端感应出负电荷.若将导体 N 的左端接地(如题 2-6 图所示),则(   )

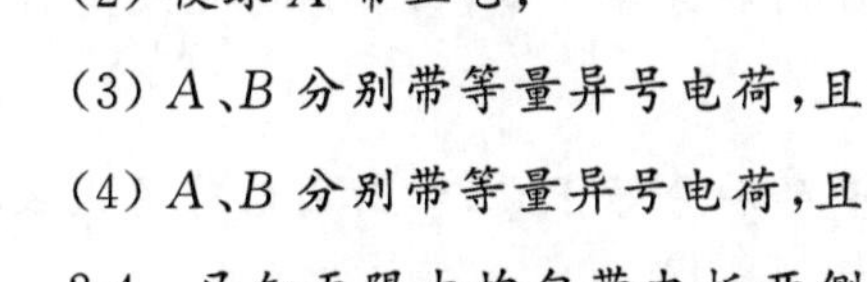

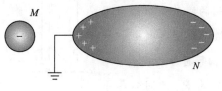

题 2-6 图

(A) N 上的负电荷入地

(B) N 上的正电荷入地

(C) N 上的所有电荷入地

(D) N 上所有的感应电荷入地

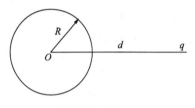

题 2-7 图

2-7　如题 2-7 图所示将一个电量为 q 的点电荷放在一个半径为 R 的不带电的导体球附近,点电荷距导体球球心为 d,如同所示.设无穷远处为零电势,则在导体球球心 O 点有(　　)

(A) $E=0, V=\dfrac{q}{4\pi\varepsilon_0 d}$

(B) $E=\dfrac{q}{4\pi\varepsilon_0 d^2}, V=\dfrac{q}{4\pi\varepsilon_0 d}$

(C) $E=0, V=0$

(D) $E=\dfrac{q}{4\pi\varepsilon_0 d^2}, V=\dfrac{q}{4\pi\varepsilon_0 R}$

2-8　根据电介质中的高斯定理,在电介质中电位移矢量沿任意一个闭合曲面的积分等于这个曲面所包围自由电荷的代数和.下列推论正确的是(　　)

(A) 若电位移矢量沿任意一个闭合曲面的积分等于零,曲面内一定没有自由电荷

(B) 若电位移矢量沿任意一个闭合曲面的积分等于零,曲面内电荷的代数和一定等于零

(C) 若电位移矢量沿任意一个闭合曲面的积分不等于零,曲面内一定有极化电荷

(D) 介质中的高斯定理表明电位移矢量仅仅与自由电荷的分布有关

(E) 介质中的电位移矢量与自由电荷和极化电荷的分布有关

2-9　两块带电量分别为 Q_1、Q_2 的导体平板平行相对放置(如图题 2-9 所示),假设导体平板面积为 S,两块导体平板间距为 d,并且 $S \gg d$.试证明:(1)相向的两面电荷面密度大小相等符号相反;(2)相背的两面电荷面密度大小相等符号相同.

2-10　一导体球半径为 R_1,外罩一半径为 R_2 的同心薄导体球壳,外球壳所带总电荷为 Q,而内球的电势为 V_0.求此系统

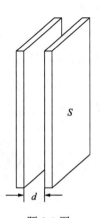

题 2-9 图

的电势和场的分布.

2-11   如题 2-11 图所示,球形金属腔带电量为 $Q>0$,内半径为 a,外半径为 b,腔内距球心 O 为 r 处有一点电荷 q,求球心的电势.

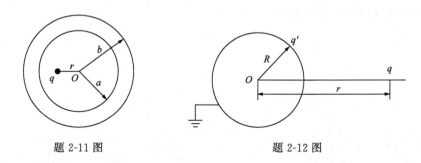

题 2-11 图   题 2-12 图

2-12   如题 2-12 图所示,在真空中,将半径为 R 的金属球接地,与球心 O 相距为 $r(r>R)$ 处放置一点电荷 q(如图所示),不计接地导线上电荷的影响.求金属球表面上的感应电荷总量.

2-13   两个相距很远的导体,半径分别为 $r_1=6.0\text{cm}$,$r_2=12.0\text{cm}$,都带有 $3\times10^{-8}\text{C}$ 的电量,如果用一导线将两球连接起来,求最终每个球上的电量.

2-14   两金属球的半径之比为 $1:4$,带等量的同号电荷.当两者的距离远大于两球半径时,有一定的电势能.若将两球接触一下再移回原处,则电势能变为原来的多少倍?

2-15   面积为 S 的平行板电容器,两板间距为 d,求:(1)插入厚度为 $d/3$,相对介电常数为 ϵ_r 的电介质,其电容量变为原来的多少倍? (2)插入厚度为 $d/3$ 的导电板,其电容量又变为原来的多少倍?

2-16   一平行板电容器,中间有两层厚度分别为 d_1 和 d_2 的电介质,它们的相对介电常数为 ϵ_{r1} 和 ϵ_{r2},极板面积为 S,求电容.

2-17   计算均匀带电球体的静电能,设球体半径为 R,带电量为 Q.

2-18   有一电容为 $0.50\mu\text{F}$ 的平行平板电容器,两极板间被厚度为 0.01mm 的聚四氟乙烯薄膜所隔开,(1)求该电容器的额定电压;(2)求电容器存储的最大能量.

2-19   一平行板空气电容器,极板面积为 S,极板间距为 d,充电至带电 Q 后与电源断开,然后用外力缓缓地把两极板间距拉开到 $2d$.求:(1)电容器能量的改变;(2) 此过程中外力所做的功,并讨论此过程中的功能转换关系.

2-20　半径为 0.10cm 的长直导线,外面套有内半径为 1.0cm 的共轴导体圆筒,导线与圆筒间为空气.略去边缘效应,求:(1) 导线表面最大电荷面密度;(2)沿轴线单位长度的最大电场能量.

第**3**章 恒定磁场

前面我们研究了静电场的性质和规律.本章将研究由恒定电流产生的恒定磁场的性质和规律.所谓恒定磁场是指这种磁场在空间的分布不随时间变化.

从场的基本性质和遵从的规律来说,恒定磁场不同于静电场,磁场力也不同于电场力,但在研究方法上却有许多类似之处.因此,在学习中注意和静电场对比,对概念的理解和掌握将是十分有益的.

本章着重讨论恒定电流激发磁场的规律和性质.主要内容有:描述磁场强弱和方向的物理量——磁感应强度 B;电流激发磁场的规律——毕奥-萨伐尔定律以及计算磁感应强度 B 的方法;反映磁场基本性质的基本定理—磁场高斯定理和安培环路定理;讨论磁场对载流导线、载流线圈和运动电荷作用所遵从的规律.最后简要介绍物质的磁性.

3.1 磁场 磁感应强度

3.1.1 磁现象

磁现象的发现比电现象早得多.人们最早发现并认识磁现象是从天然磁石(磁铁矿)能够吸引铁屑开始的.我国是最早发现和应用磁现象的国家.远在春秋战国时期,《吕氏春秋》一书中已有"磁石召铁"的记载.东汉著名的唯物主义思想家王充在《论衡》中描述的"司南勺"已被公认为最早的磁性指南器具.在 11 世纪,我国科学家沈括发明了指南针,并发现了地磁偏角,比欧洲哥伦布的发现早 400 年.12 世纪初,我国已有关于指南针用于航海的明确记载.

早期认识的磁现象包括以下几个方面:

(1) 天然磁铁能够吸引铁、钴、镍等物质,这种性质称为磁性.具有磁性的物体称为磁体.

(2) 条形磁铁两端磁性最强,称之为磁极.一只能够在水平面内自由转动的条形磁铁,在平衡时总是顺着南北指向.指北的一端称为北极或 N 极,指南的一端称为南极或 S 极.同性磁极相互排斥,异性磁极相互吸引.

(3) 把磁铁作任意分割,每一小块都有南北两极,任一磁铁总是两极同时存在.

(4) 某些本来不显磁性的物质,在接近或接触磁铁后就有了磁性,这种现象称为磁化.

在历史上很长的一段时间里,电学和磁学的研究一直彼此独立地发展着,直到 1820 年丹麦科学家奥斯特首先发现,位于载流导线附近的磁针会受到力的作用而发生偏转.随后,安培等人又相继发现磁铁附近的载流导线也受到力的作用,两载流导线之间有相互作用力,运动的带电粒子会在磁铁附近发生偏转等.

上述实验表明,磁现象是与电流或电荷的运动紧密联系在一起的.现在已经知道,无论是磁铁和磁铁之间的力,还是电流和磁铁之间的力,以及电流和电流之间的力,本质上都是一样的,统称为磁力.

1822 年,法国科学家安培提出了有关物质磁性本质的假说.安培认为,一切磁现象都起源于电流.他认为磁性物质的分子中,存在着小的回路电流,称为分子电流.这种分子电流相当于最小的基元磁体,物质的磁性就决定于物质中这些分子电流对外磁效应的总和.如果这些分子电流毫无规则地取各种方向,它们对外界引起的磁效应就会互相抵消,整个物体就不显磁性.当这些分子电流的取向出现某种有规则的排列时,就会对外界产生一定的磁效应,显现出物质的磁化状态.

综上所述,一切磁现象都来源于电荷的运动,磁力本质上就是运动电荷之间的一种相互作用力.

3.1.2　磁场　磁感应强度

运动电荷之间的相互作用是怎样进行的呢? 实验证实,在运动电荷周围的空间除了产生电场外,还产生磁场.运动电荷之间的相互作用就是通过磁场来传递的.

运动电荷⟺磁场⟺运动电荷

因此,磁力作用的方式可表示为磁场和电场一样,也是物质存在的一种形态.

磁场物质性的重要表现之一是磁场对磁体、载流导体有磁力的作用;表现之二是载流导体等在磁场中运动时,磁力要做功,从而显示出磁场有能量.

为了描述电场的性质,引入了电场强度矢量 E. 同样,为了描述磁场的性质,我们引入磁感应强度矢量 B.由于磁场给运动电荷、载流导体以及磁铁的磁极以作用力,所以原则上讲可以用上述三者中的任何一种作为试探元件来研究磁场.这就是不同教科书中对磁场有不同定义的原因.我们现在采用磁场对运动电荷的作用来描述磁场.设电量为 q 的试探电荷在磁场中某点的速率为 v,它受到的磁力为 F,实验表明:①在磁场中的每一点都有一个特征方向,当试探电荷 q 沿着这个方向运动时不受力,且该特征方向与 q、v 无关;②当 v 与上述特征方向的夹角为 $\theta(0<\theta<\pi)$,即垂直于该特征方向的速度分量 $v_\perp = v\sin\theta \neq 0$ 时,电荷将受到磁场的作用力 F,其大小 $F \propto qv_\perp$,且比例系数与 q、$v_\perp$ 的大小无关;③F 的方向既与 v 垂直,又与上述的特征方向垂直,即 F 与 v 和这特征方向所构成的平面垂直.根据以上结论,我们可以定义磁感应强度矢量 B 来描述磁场,它的大小为

$$B = \frac{F}{qv_\perp} \tag{3-1}$$

B 的方向沿着特征方向.由于一个特征方向可能有两个彼此相反的指向,故 B 的方向还有两种可能的选择.因此,我们规定 B 的指向恰好使正电荷受的力 F 与矢量积 $(v \times B)$ 的矢量同向.由以上定义的磁感应强度矢量 B 可以看出,它与运动电荷的性质无关,完全反映了磁场本身的性质.于是,磁感应强度矢量的定义可用下式表示:

$$F = (v \times B) \tag{3-2}$$

需要指出的是,定义磁感应强度的方法不是唯一的.利用电流元、载流小线圈在磁场中受到的作用也可以定义磁感应强度.

在 SI 中,磁感应强度 B 的单位为牛·秒/库·米或牛/安·米,这一单位称为特斯拉,符号为 T.习惯上还用高斯(G)作为磁感应强度的单位,$1G = 10^{-4}T$.

磁感应强度 B 是描述磁场强弱和方向的物理量,它与电场中场强 E 的地位相当.磁场中各点 B 的大小和方向都相同的磁场称为**均匀磁场**或**匀强磁场**,而场中各点的 B 都不随时间改变的磁场则称为**恒定磁场**,也称恒磁场.

类似于电场线,我们可以用磁感应线或磁力线来形象地描述磁感应强度的空

间分布.磁力线与静电场中的电场线在性质上有很大的差别.从一些典型的载流导线的磁力线可以看出,磁力线都是围绕电流的闭合线,它不会在磁场中任一处中断的.

3.2 毕奥-萨伐尔定律

恒定电流所产生的磁场不随时间变化,磁感应强度只是空间位置的函数,这种磁场就是恒定磁场.那么,恒定电流与其产生的磁场之间有何关系呢?

3.2.1 毕奥-萨伐尔定律

求解静电场中 P 点电场强度 E 的基本方法,是把带电体看成是由无限多个电荷元 dq 组成的,先求出每个电荷元在该点产生的电场强度 dE,再按场强叠加原理计算此带电体在该点的电场强度 E.与此类似,我们可以把电流看作由许多微段电流组成,只要求出微段电流在某点产生的磁感应强度,再应用场的叠加原理,就可以计算出此电流在该点所产生的磁感应强度.

在 19 世纪 20 年代,毕奥、萨伐尔两人对电流产生的磁场分布作了许多实验研究,最后总结出一条有关微段电流产生磁场的基本定律,称为**毕奥-萨伐尔定律**.

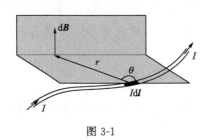

图 3-1

如图 3-1 所示,载流导线中的电流为 I,导线横截面的线度与到考察点 P 的距离相比可略去不计,这样的电流称为线电流.在线电流上取长为 dl 的定向线元 dl,规定 dl 的方向与线元内电流的方向相同,并将乘积 $I\,dl$ 称为电流元.电流元 $I\,dl$ 在给定点 P 所产生的磁感应强度 dB 的大小和电流元的大小 $I\,dl$ 成正比,和 $I\,dl$ 到 P 点的矢径 r 与 $I\,dl$ 之间夹角 θ 的正弦成正比,而与电流元到 P 点的距离 r 的平方成反比.

$$dB = \frac{\mu_0}{4\pi}\frac{I\,dl\sin\theta}{r^2} \tag{3-3}$$

式中,$\mu_0 = 4\pi\times10^{-7}\,\mathrm{N/A^2}$,称为真空中的磁导率.

磁感应强度 dB 的方向垂直于电流元 $I\,dl$ 和位矢 r 组成的平面,指向用右手螺旋定则确定,即右手四指由 dl 经小于 π 的角转向位矢 r 时,大拇指的指向即为 d$\boldsymbol{B}$ 的方向.

　　综上所述,磁感应强度 d$\boldsymbol{B}$ 的矢量表示式为

$$\mathrm{d}\boldsymbol{B}=\frac{\mu_0}{4\pi}\frac{I\mathrm{d}\boldsymbol{l}\times\boldsymbol{e}_r}{r^2} \tag{3-4}$$

这就是毕奥-萨伐尔定律(简称毕-萨定律),式中,$\boldsymbol{e}_r$ 为 r 的单位矢量.

　　为求整个载流导线在场点 P 处产生的磁感应强度,可通过矢量积分式获得.

$$\boldsymbol{B}=\int\mathrm{d}\boldsymbol{B}=\int\frac{\mu_0}{4\pi}\frac{I\mathrm{d}\boldsymbol{l}\times\boldsymbol{e}_r}{r^2} \tag{3-5}$$

　　毕-萨定律的正确性是不能用实验直接验证的.因为实验并不能测量电流元产生的磁感应强度.它的正确性是通过用毕-萨定律,计算载流导体在场点产生的磁感应强度与实验测定结果相符合而证明的.

3.2.2　毕-萨定律的应用举例

　　原则上,利用毕-萨定律,可以计算任意载流导体和导体回路产生的磁感应强度 $\boldsymbol{B}$.下面,我们应用毕-萨定律计算几种简单几何形状、但具有典型意义的载流导体产生的磁感应强度 $\boldsymbol{B}$.

　　1. 求载流直导线的磁场

　　如图 3-2 所示,在长为 L 的一段载流直导线中,通有恒定电流 I,试求距离载流直导线为 a 处一点 P 的磁感应强度 $\boldsymbol{B}$.

　　在载流直导线上任取一电流元 $I\mathrm{d}l$,它在场点 P 处产生的磁感应强度 d$\boldsymbol{B}$ 的大小为

$$\mathrm{d}B=\frac{\mu_0}{4\pi}\frac{I\mathrm{d}l\sin\theta}{r^2} \qquad ①$$

d$\boldsymbol{B}$ 的方向垂直于纸面向里,用"⊗"表示.不难看出,导线上各电流元在 P 点产生的 d$\boldsymbol{B}$ 方向都是相同的,因此,求磁感应强度 $\boldsymbol{B}$ 大小的矢量积分式(3-5)变成为标量积分,即

$$B=\int\mathrm{d}B=\int\frac{\mu_0}{4\pi}\frac{I\sin\theta}{r^2}\mathrm{d}l \qquad ②$$

为了完成计算,式②中的变量 l、r、θ 应化为统一的变量.由图 3-2 可知,它们之间的

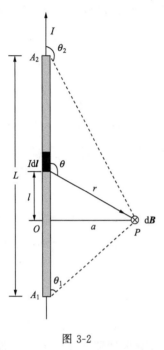

图 3-2

关系是

$$r = a\csc\theta, \quad l = a\cot(\pi-\theta), \quad \mathrm{d}l = a\csc^2\theta\,\mathrm{d}\theta$$

代入式②,可得

$$B = \frac{\mu_0 I}{4\pi a}\int_{\theta_1}^{\theta_2}\sin\theta\,\mathrm{d}\theta = \frac{\mu_0 I}{4\pi a}(\cos\theta_1 - \cos\theta_2) \quad ③$$

积分限(θ_1,θ_2)分别为载流直导线两端的电流元与其到 P 点位矢 r 间的夹角,如图 3-2 所示.

讨论以下特殊情形:

(1) 若载流直导线可视为无限长,则上式的积分限为 $\theta_1 \approx 0$,$\theta_2 \approx \pi$,这时式③变为

$$B = \frac{\mu_0 I}{2\pi a} \quad (3\text{-}6\text{a})$$

由此看出,无限长载流导线周围各场点磁感应强度的大小,与各场点到载流直导线垂直距离 a 的一次方成反比.若以无限长载流直导线上的点为圆心,作垂直于无限长载流直导线的同心圆系,则无限长载流直导线在各点产生磁感应强度 $\boldsymbol{B}$ 的方向将沿通过该点圆的切线方向,其指向与电流方向满足右手螺旋定则,如图 3-3 所示.显然,无限长载流直导线产生的磁场为非均匀磁场.实际问题中,在计算一段长为 L 的载流直导线中间部分,并与导线垂直距离 $L \gg a$ 各点的磁感应强度时,可近似地将这段载流直导线看成是"无限长"的,即可用式(3-6a)进行计算.

(2) 若载流导线可视为半无限长,且 P 点与导线一端的连线垂直于该导线,则有

$$B = \frac{\mu_0 I}{4\pi a} \quad (3\text{-}6\text{b})$$

(3) 若 P 点位于导线的延长线上,则 $\boldsymbol{B}=0$.

对于(2)、(3)两种情形,只给出了结论,其原因留给读者自己思考.

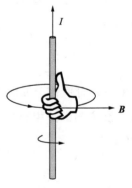

图 3-3

2. 求载流圆线圈轴线上的磁场

设单匝圆线圈半径为 R，通有电流 I，现计算其轴线上任一点 P 的磁感应强度. 选取如图 3-4 所示的坐标系. 由于圆电流上任一电流元 $I\,\mathrm{d}l \perp r$，因此电流元在 P 点产生的磁感应强度 $\mathrm{d}\boldsymbol{B}$ 的大小为

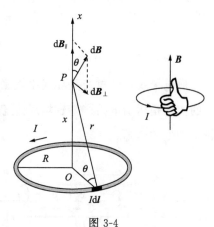

$$\mathrm{d}B = \frac{\mu_0}{4\pi}\frac{I\,\mathrm{d}l}{r^2}$$

其方向由 $I\,\mathrm{d}l \times r$ 确定. 显然，圆电流上各电流元在 P 点产生的磁感应强度有不同的方

图 3-4

向. 由于圆电流有轴对称性，据此可将 $\mathrm{d}\boldsymbol{B}$ 分解为平行于 Ox 轴的分量 $\mathrm{d}B_{/\!/}$ 和垂直于 Ox 轴的分量 $\mathrm{d}B_{\perp}$. 这样一来，所有电流元的 $\mathrm{d}B_{\perp}$ 分量逐对抵消，从而使总的（图 3-4）垂直分量为零，P 点 $\boldsymbol{B}$ 的大小就是所有电流元的 $\mathrm{d}B_{/\!/}$ 分量之和，即

$$B = \int \mathrm{d}B_{/\!/} = \int \mathrm{d}B\cos\theta = \frac{\mu_0 I}{4\pi}\int \frac{\mathrm{d}l\cos\theta}{r^2}$$

对于给定的 P 点来说，r、θ 都是常量，并且 $\cos\theta = \dfrac{R}{r}$，因此有

$$B = \frac{\mu_0 I}{4\pi r^2}\cos\theta \int_0^{2\pi R}\mathrm{d}l = \frac{\mu_0 IR^2}{2r^3}$$

即

$$B = \frac{\mu_0 IR^2}{2(R^2 + x^2)^{\frac{3}{2}}} \tag{3-7}$$

式中，x 是 P 点到圆心的距离. $\boldsymbol{B}$ 的方向垂直于圆电流平面，且沿 Ox 轴正方向，其指向与圆电流的流向符合右手螺旋定则，即用右手弯曲的四指代表电流的流向，伸直的拇指即指示轴线上 $\boldsymbol{B}$ 的方向.

在圆心处，$x = 0$，由式（3-7）知，圆电流圆心处磁感应强度的大小为

$$B = \frac{\mu_0 I}{2R} \tag{3-8a}$$

$\boldsymbol{B}$ 的方向仍由右手螺旋定则确定. 读者可由上式试推导出一段载流为 I，半径为 R，对圆心 O 张角为 θ 的圆弧，在圆心处产生磁感应强度 $\boldsymbol{B}$ 的大小为

$$B = \frac{\mu_0 I}{2R} \frac{\theta}{2\pi} \tag{3-8b}$$

3. 运动电荷的磁场

通电导线中的电流是导线中大量自由电子定向运动形成的.因此,电流产生磁场的实质是运动电荷产生磁场.我们仍然可以从毕奥-萨伐尔定律导出运动的带电粒子产生的磁场.

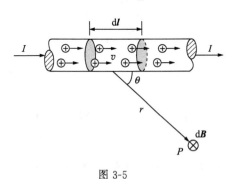

图 3-5

如图 3-5 所示,有一电流元 $I\,\mathrm{d}\boldsymbol{l}$,其横截面积为 S.设此电流元中每单位体积内有 n 个做定向运动的正电荷,每个电荷的电量均为 q,且定向速度均为 v.在单位时间内通过横截面 S 的电量就是电流强度,即

$$I = qnvS$$

根据毕奥-萨伐尔定律,电流元 $I\,\mathrm{d}l$ 在空间给定点 P 产生的磁感应强度的量值为

$$\mathrm{d}B = \frac{\mu_0}{4\pi} \frac{qnvS\,\mathrm{d}l\sin\theta}{r^2}$$

设电流元 P 内共有 $\mathrm{d}N$ 个以速度 v 运动着的带电粒子,则有

$$\mathrm{d}N = n \cdot \mathrm{d}V = nS\,\mathrm{d}l$$

电流元在 P 点产生的磁感应强度 $\mathrm{d}\boldsymbol{B}$,应等于 $\mathrm{d}N$ 个带电粒子在 P 点产生的磁感应强度的矢量和.由于这些粒子在 P 点产生的磁感应强度的方向相同,因此每一个带电量为 q 的粒子以速度 v 通过电流元所在位置时,在给定点 P 处产生的磁感应强度的量值为

$$B = \frac{\mathrm{d}B}{\mathrm{d}N} = \frac{\mu_0}{4\pi} \frac{qv\sin\theta}{r^2}$$

$\boldsymbol{B}$ 的方向垂直于由 v 和 r 组成的平面.当 $q>0$ 时,$\boldsymbol{B}$ 的方向为矢积 $\boldsymbol{v}\times\boldsymbol{r}$ 的方向;当 $q<0$ 时,$\boldsymbol{B}$ 的方向与矢积 $\boldsymbol{v}\times\boldsymbol{r}$ 的方向相反,如图 3-5 所示.据此可将磁感应强度写成矢量式,即

$$\boldsymbol{B} = \frac{\mu_0}{4\pi} \frac{q\boldsymbol{v} \times \boldsymbol{e}_r}{r^2} \tag{3-9}$$

式中，e_r 是从带电粒子指向场点方向的单位矢量.

　　直电流、圆电流、通电螺线管等产生的磁场是一些典型的磁场.以它们为基础，加上对场的叠加原理的灵活运用，就可以进一步求出一些其他载流体的磁场.

　　例题 3.1　半径为 R 的均匀带电圆盘，带电量为 $+q$，圆盘以角速度绕通过圆心垂直于圆盘的轴转动，如图 3-6 所示.

　　试求：绕轴旋转带电圆盘轴线上任意一点的磁感应强度 $\boldsymbol{B}$.

　　解　如图所示，在距圆心为 r 处取一宽度为 $\mathrm{d}r$ 的圆环，当带电圆盘绕轴旋转时，圆环上的电荷作圆周运动，相当于一个载流圆线圈，其电流为

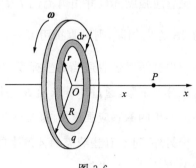

图 3-6

$$\mathrm{d}I = \frac{\omega}{2\pi}\sigma 2\pi r\,\mathrm{d}r = \omega\sigma r\,\mathrm{d}r$$

式中，$\sigma = q/\pi r^2$ 为圆盘上的电荷面密度.由（3-7），可得距圆心为 r、宽度为 $\mathrm{d}r$ 的圆环在 P 点产生的磁感应强度大小为

$$\mathrm{d}B = \frac{\mu_0 r^2\,\mathrm{d}I}{2(r^2+x^2)^{\frac{3}{2}}} = \frac{\mu_0 \omega\sigma r^3\,\mathrm{d}r}{2(r^2+x^2)^{\frac{3}{2}}}$$

整个圆盘上的电荷绕轴转动，便在圆盘上形成一系列半径不等的载流圆线圈系.由于载流圆线圈系在轴线上产生的磁感应强度方向相同，故磁感应强度 $\boldsymbol{B}$ 的大小为

$$B = \frac{\mu_0 \omega\sigma}{2}\int_0^R \frac{r^3\,\mathrm{d}r}{(r^2+x^2)^{\frac{3}{2}}}$$

$$= \frac{\mu_0 \omega\sigma}{2}\left(\frac{R^2+2x^2}{\sqrt{R^2+x^2}} - 2x\right)$$

根据带电圆盘转动方向和电荷性质，可以确定电流的方向.据此可知，绕轴旋转的带电圆盘产生的磁感应强度 $\boldsymbol{B}$ 的方向沿 x 轴正向.

　　当 $x=0$ 时，即旋转带电圆盘圆心处，磁感应强度的大小为

$$B = \frac{\mu_0 \omega\sigma}{2}R$$

　　由毕-萨定律和场叠加原理，原则上可计算任意形状的载流导体在其周围空间

产生的磁感应强度 $\boldsymbol{B}$.

一般在求解任意形状载流导体或载流导体回路产生的磁感应强度时,首先在载流导体上取电流元 $I\,\mathrm{d}\boldsymbol{l}$,然后根据毕-萨定律,确定电流元 $I\,\mathrm{d}\boldsymbol{l}$ 在给定场点产生的磁感应强度 $\mathrm{d}\boldsymbol{B}$,并由电流元 $I\,\mathrm{d}\boldsymbol{l}$ 和位矢 r 的矢积确定 $\mathrm{d}\boldsymbol{B}$ 的方向.如果各电流元的 $\mathrm{d}\boldsymbol{B}$ 方向相同,则可直接用 $\boldsymbol{B}=\displaystyle\int\mathrm{d}\boldsymbol{B}$ 计算 $\boldsymbol{B}$ 的大小.如果各电流元 $\mathrm{d}\boldsymbol{B}$ 方向不同,则应根据题意选取适当的坐标系,确定出 $\mathrm{d}\boldsymbol{B}$ 沿各坐标轴的投影,经统一变量,确定积分上下限,通过积分求出 $\boldsymbol{B}$ 的投影.最后,根据 $\boldsymbol{B}=B_x\boldsymbol{i}+B_y\boldsymbol{j}+B_z\boldsymbol{k}$,确定载流导体产生的磁感应强度 $\boldsymbol{B}$ 的大小和方向.

另外,对于有些载流导体产生的磁场计算,也可在已有的一些典型计算结果基础上进一步计算求解.

3.3 磁场高斯定理

3.3.1 磁感应线

我们曾用电场线形象地描绘了静电场.同样,我们也可以用磁感应线形象地描绘恒定电流的磁场.为此,在磁场中人为地画一些曲线,称为磁感应线.磁感应线上任一点的切线方向与该点的磁场方向一致,并使穿过垂直于该点磁场方向的单位面积上的磁感应线数等于该处磁感应强度的大小,即磁感应线的密度与磁感应强度的数值相等.因此,磁感应线越密的地方,磁场越强;磁感应线越疏的地方,磁场越弱.这样的规定使得磁感应线的分布能够形象地反映磁场的方向和大小特征.

磁感应线可以用比较简便的实验方法显示出来.例如,把一块玻璃板(或硬纸板)水平放置在有磁场的空间里,上面撒上一些铁屑,轻轻地敲动玻璃板,这些由铁屑磁化而成的小磁针,就会按磁感应线的方向排列起来.图 3-7(a)、(b)、(c)分别表示直电流、圆电流和载流螺线管的磁感应线分布.

从磁感应线的图示中,可以得到(由实验和理论都可证明)一个重要的结论:在任何磁场中,每一条磁感应线都是环绕电流的无头无尾的闭合线,而且每条闭合磁感应线都与闭合载流回路互相套合.与静电场中有头有尾不闭合的电场线相比较,是截然不同的.这一情况是与正负电荷可以被分离,而 N、S 磁极不能被分离的事

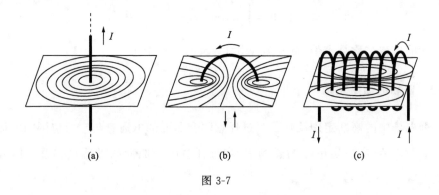

图 3-7

实相联系的.磁感应线无头无尾的性质,说明了磁场的涡旋性.

应该指出,磁感应线环绕电流的方向与电流流动方向存在一定的关系,这个关系可用右手螺旋定则判定:用右手握载流导线,伸直的拇指与导线平行,以拇指指向表示电流方向,则其余四指的指向就表示磁感应线环绕的方向,亦即电流周围各点磁感应强度的方向.

3.3.2　磁通量

穿过磁场中任一给定曲面的磁感应线总数,称为通过该曲面的磁通量,用 Φ 表示.如图 3-8 所示,S 表示某一磁场中任意给定的一个曲面,由磁感应线的分布可知,这是一个不均匀的磁场.像求电通量那样,我们先求穿过曲面 S 上面积元的磁通量,然后再求总的磁通量.

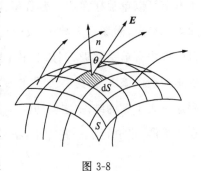

图 3-8

在曲面 S 上任取面积元 $\mathrm{d}\boldsymbol{S}$,$\mathrm{d}\boldsymbol{S}$ 的法线方向的单位矢量 $\boldsymbol{n}$ 与该处磁感应强度 $\boldsymbol{B}$ 之间的夹角为 θ.由磁感应线疏密的规定可知,穿过面积元 $\mathrm{d}\boldsymbol{S}$ 的磁通量为

$$\mathrm{d}\Phi = B\cos\theta\,\mathrm{d}S = \boldsymbol{B} \cdot \mathrm{d}\boldsymbol{S} \tag{3-10}$$

而穿过给定曲面 S 的总磁通量应为穿过所有面积元磁通量的总和,即

$$\Phi = \int \mathrm{d}\Phi = \int_s B\cos\theta\,\mathrm{d}S = \int_s \boldsymbol{B} \cdot \mathrm{d}\boldsymbol{S} \tag{3-11}$$

磁通量的单位名称是韦伯,符号为 Wb,1Wb=1T·m².

3.3.3　磁场的高斯定理

　　静电场中的高斯定理反映了穿过任意闭合曲面的电通量与它所包围的电荷之间的定量关系.在恒定电流的磁场中,穿过任意闭合曲面的磁通量和哪些因素有关呢?

　　与计算闭合曲面的电通量类似,在计算磁通量时,我们仍规定闭合曲面的外法向为法线的正方向.这样,当磁感应线从曲面内穿出时,磁通量为正;当磁感应线从曲面外穿入时,磁通量则为负.根据磁感应线闭合的特征,不难断定,穿入闭合曲面的磁感应线必然要从闭合曲面内穿出,穿入的磁感应线数一定等于穿出的磁感应线数,从而使得**穿过磁场中任意闭合曲面的总磁通量恒等于零**.即

$$\oint_s \boldsymbol{B} \cdot \mathrm{d}\boldsymbol{S} = 0 \tag{3-12}$$

这一结论称为磁场的高斯定理.

　　静电场的高斯定理说明电场线有起点和终点,即静电场是有源场,该定理是正负电荷可以单独存在这一客观事实的反映.磁场的高斯定理则说明磁感应线没有起点和终点,磁场是无源场,反映出自然界中没有单一磁极存在的事实.因为,如果自然界中有单一磁极,例如 N 极存在,根据它对小磁针 N 极的排斥作用,可知它的磁感应线由该 N 极发出.如果作一个包围它的闭合面,就会得出穿过此闭合面的磁通量大于零的结论.这就违反了高斯定理.尽管如此,还是有人作了"磁单极"存在的推测,也进行了一些探索,不过至今尚未被实验证实.

3.4　安培环路定理

3.4.1　安培环路定理

　　在静电场中,电场强度 $\boldsymbol{E}$ 沿任一闭合路径的线积分恒为零,它反映了静电场是保守场这一重要性质.那么在恒定磁场中,磁感强度 $\boldsymbol{B}$ 沿任一闭合路径的线积分

（称为 **B** 的环流）又如何呢？它遵从的是安培环路定理.真空中的安培环路定理表述为：**磁感应强度沿任一闭合环路 L 的线积分,等于穿过该环路所有电流代数和的 μ_0 倍**.即

$$\mathbf{B} = \oint_L \mathbf{B} \cdot \mathrm{d}\mathbf{l} = \mu_0 \sum_{L内} I_i \tag{3-13}$$

其中电流的正负规定如下：当环路的绕行方向与穿过环路的电流方向成右手螺旋关系时，$I > 0$,反之 $I < 0$.如果电流不穿过回路,则在求和号中取为零.例如在图 3-9 中,

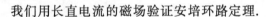

$$\sum_{L内} I_i = I_1 - 2I_2$$

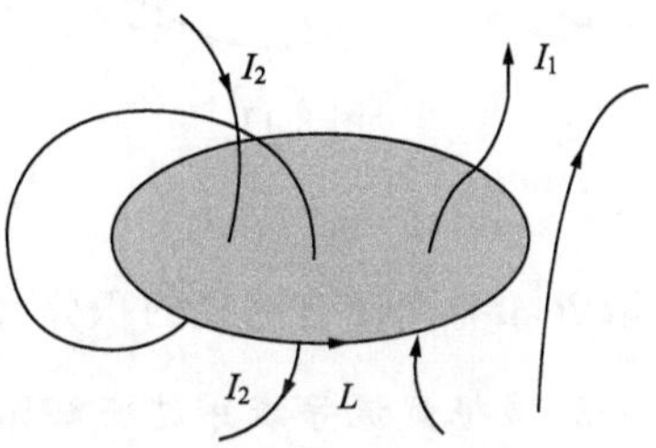

在矢量分析中,把矢量的环流等于零的场称为无旋场,否则为有旋场.因此**静电场为无旋场,而恒定磁场为有旋场**.

图 3-9

我们用长直电流的磁场验证安培环路定理.

1. 安培环路包围电流

在 3.2 节中已算出与无限长载流直导线相距为 r 处的磁感应强度 **B** 的大小为

$$B = \frac{\mu_0 I}{2\pi r}$$

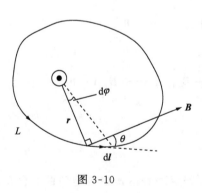

图 3-10

在垂直于直导线的平面内,**B** 的方向与 r 垂直,如图 3-10 所示.在该平面内取任意形状的闭合路径 L,考虑 L 上的一个有向线元 $\mathrm{d}\mathbf{l}$,它与该处 **B** 的夹角为 θ.由图可见,$\mathrm{d}l \cdot \cos\theta = r\mathrm{d}\varphi$,因此

$$\oint_L \mathbf{B} \cdot \mathrm{d}\mathbf{l} = \oint_L B\cos\theta \, \mathrm{d}l = \oint_L Br\mathrm{d}\varphi$$

$$= \int_0^{2\pi} \frac{\mu_0 I}{2\pi} \, \mathrm{d}\varphi = \mu_0 I$$

不难看出,若 I 的流向相反,则 **B** 反向,θ 为钝角,$\mathrm{d}l \cdot \cos\theta = -r\mathrm{d}\varphi$,因而与上述积分相差一个负号.

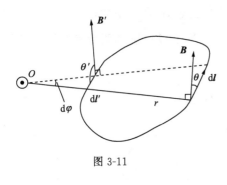

图 3-11

2. 安培环路不包围电流

如图 3-11 所示,这时对应于每个线元 $\mathrm{d}l$ 有另一线元 $\mathrm{d}l'$,二者对 O 点张有相同的圆心角 $\mathrm{d}\varphi$,但 $\mathrm{d}l$ 与该处 $\boldsymbol{B}$ 成锐角 θ,而 $\mathrm{d}l'$ 与该处 $\boldsymbol{B}'$ 成钝角 θ'.于是有

$$\boldsymbol{B}\cdot\mathrm{d}l+\boldsymbol{B}'\cdot\mathrm{d}l'=B\cos\theta\,\mathrm{d}l+B'\cos\theta'\mathrm{d}l'$$

$$=\frac{\mu_0 I}{2\pi r}r\,\mathrm{d}\varphi-\frac{\mu_0 I}{2\pi r'}r'\mathrm{d}\varphi=0$$

所以 $\boldsymbol{B}$ 沿整个闭合路径的积分为零.

3. 多根载流导线穿过安培环路

设同时有多个长直电流,其中 $I_1,I_2,\cdots,I_n$ 穿过环路 L,而 $I_{n+1},I_{n+2},\cdots,I_m$ 不穿过环路 L.令 $\boldsymbol{B}_1,\boldsymbol{B}_2,\cdots,\boldsymbol{B}_n,\boldsymbol{B}_{n+1},\boldsymbol{B}_{n+2},\cdots,\boldsymbol{B}_m$ 分别为各电流单独存在时产生的磁感应强度,则由前面的结论有

$$\oint_L \boldsymbol{B}_1\cdot\mathrm{d}l=\mu_0 I,\quad\cdots,\quad\oint_L \boldsymbol{B}_n\cdot\mathrm{d}l=\mu_0 I_n$$

$$\oint_L \boldsymbol{B}_{n+1}\cdot\mathrm{d}l=0,\quad\cdots,\quad\oint_L \boldsymbol{B}_m\cdot\mathrm{d}l=0$$

因为总强度为

$$\boldsymbol{B}=\boldsymbol{B}_1+\boldsymbol{B}_2+\cdots+\boldsymbol{B}_n+\boldsymbol{B}_{n+1}+\cdots+\boldsymbol{B}_m$$

所以有

$$\oint_L \boldsymbol{B}\cdot\mathrm{d}l=\oint_L(\boldsymbol{B}_1+\boldsymbol{B}_2+\cdots+\boldsymbol{B}_n+\boldsymbol{B}_{n+1}+\cdots+\boldsymbol{B}_m)\cdot\mathrm{d}l$$

$$=\mu_0\sum_i^n I_i=\mu_0\sum_{L内}I_i$$

可见结论与安培环路定理一致.

通过以上验证,我们可以更好地理解安培环路定理表达式中各物理量的含义.式(3-13)右端的 $\mu_0\sum\limits_{L内}I_i$ 中只包括穿过闭合路径 L 的电流,但是左端的 $\boldsymbol{B}$ 却是空间所有电流产生的磁感应强度的矢量和,其中也包括那些不穿过 L 的电流所产生的磁场,只不过它们沿 L 的环流等于零罢了.这与静电场中高斯面内外电荷对电场和对电通量贡献的分析完全类似.

可以证明,不论积分路径的形状如何,也不论电流的形状如何(包括面电流和体电流),安培环路定理都是成立的.

应该指出,式(3-13)表述的安培环路定理仅适用于恒定电流产生的磁场.恒定电流本身总是闭合的,故安培环路定理仅适用于闭合的载流导线,而对于任意设想的一段载流导线则不成立.如果电流随时间变化,则还需对式(3-13)加以修正.

我们曾经指出,磁场的高斯定理说明磁场是无源场,磁感应线具有闭合性.而安培环路定理则说明磁场是涡旋场,电流以涡旋的方式激发磁场.静电场的特性是有源无旋,而恒定磁场的特性是有旋无源.两个方程式各从一个侧面反映了恒定磁场的性质,两者共同给出了恒定磁场的全部特性,它们是恒定磁场的基本场方程.

3.4.2　安培环路定理的应用

在载流导体具有某些对称性时,利用安培环路定理可以很方便地计算电流磁场的磁感应强度 $\boldsymbol{B}$.就对称性的要求来说,应用安培环路定理计算 $\boldsymbol{B}$ 和应用静电场高斯定理计算 $\boldsymbol{E}$ 是很相似的.

1. 无限长载流圆柱面的磁场

设无限长均匀载流圆柱导体的截面半径为 R,电流 I 沿轴线方向流动,试求载流圆柱导体内、外的磁感应强度 $\boldsymbol{B}$.

因在圆柱导体截面上的电流均匀分布,而且圆柱导体为无限长,所以,磁场以圆柱导体轴线为对称轴,磁场线是在垂直于轴线的平面内,并以该平面与轴线交点为中心的同心圆,如图 3-12 所示.为求解无限长均匀载流圆柱导体外、距离轴线为 r 处一点 P 的磁感应强度,可取通过 P 点的磁场线作为积分路径 L,并使电流方向与积分路径环绕方向间满足右手螺旋定则,则有 $\boldsymbol{B} \cdot \mathrm{d}l = B \mathrm{d}l$,且在 L 上 $\boldsymbol{B}$ 的大小处处相同.应用安培环路定理,有

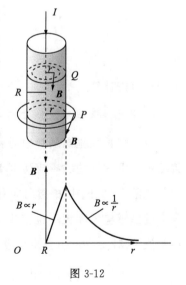

图 3-12

$$\oint_L \boldsymbol{B} \cdot \mathrm{d}l = B \cdot 2\pi r = \mu_0 I$$

可得

$$B = \frac{\mu_0 I}{2\pi r} \qquad (r > R)$$

即在圆柱导体外部,$\boldsymbol{B}$ 的大小与该点到轴线距离 r 成反比.这一结果与全部电流 I 集中在圆柱导体轴线上的一根无限长载流直导线所产生的磁场相同.

对圆柱导体内一点 Q 来说,可用同样的方法求解磁感应强度.以过 Q 点的磁场线为积分路径 L,如图 3-12 所示.这时,闭合积分路径包围的电流只是总电流 I 的一部分,设其为 I',在电流均匀分布的情况下,由于电流密度 $j = \dfrac{I}{\pi R^2}$,所以

$$I' = j\pi r^2 = I\,\frac{r^2}{R^2}$$

于是,有

$$\oint_L \boldsymbol{B} \cdot \mathrm{d}l = B \cdot 2\pi r = \mu_0 I' = \mu_0 \frac{I r^2}{R^2}$$

$$B = \frac{\mu_0 I r}{2\pi R^2} \qquad (r < R)$$

这一结果表明,在无限长均匀载流圆柱导体内,$\boldsymbol{B}$ 的大小与该点到轴线距离 r 成正比.图 3-12 表示了 $B\text{-}r$ 的分布曲线.

同理可得,当电流均匀流过圆柱面时,磁感应强度 $\boldsymbol{B}$ 为

$$B = \frac{\mu_0 I}{2\pi r} \qquad (r > R)$$

$$B = 0 \qquad (r < R)$$

读者可自行计算.

2. 求无限长载流螺线管内外的磁场

设无限长载流螺线管中通有电流 I,半径为 R,单位长度上的匝数为 n,试求载流螺线管内外的磁感应强度 $\boldsymbol{B}$(如图 3-13(a)).

在图 3-13(b)中 $\boldsymbol{B}$ 指向向右.根据对称性可知,管内平行于轴线的任一直线上各点的磁感应强度大小也应相同.过管内 M 点作矩形闭合路径 $abcda$,其中 da 边在轴线上.对 $abcda$ 闭合路径应用安培环路定理,由于闭合路径不包围电流,故有

$$\oint_L \boldsymbol{B} \cdot \mathrm{d}l = \int_a^d \boldsymbol{B} \cdot \mathrm{d}l + \int_d^c \boldsymbol{B} \cdot \mathrm{d}l + \int_c^b \boldsymbol{B} \cdot \mathrm{d}l + \int_b^a \boldsymbol{B} \cdot \mathrm{d}l = 0$$

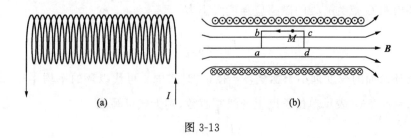

图 3-13

因为在 ba 和 dc 段上，$\boldsymbol{B}$ 与 d$\boldsymbol{l}$ 垂直，所以有

$$\int_b^a \boldsymbol{B} \cdot \mathrm{d}\boldsymbol{l} = \int_d^c \boldsymbol{B} \cdot \mathrm{d}\boldsymbol{l} = 0$$

$$\int_a^d \boldsymbol{B} \cdot \mathrm{d}\boldsymbol{l} + \int_c^b \boldsymbol{B} \cdot \mathrm{d}\boldsymbol{l} = Bad + Bcb = 0$$

而 $ad = cb$，故

$$B = \mu_0 nI$$

结果表明，无限长载流螺线管内的 $\boldsymbol{B}$ 与螺线管的直径无关，在螺线管的横截面上各点的 $\boldsymbol{B}$ 是常量，即无限长载流螺线管内是匀强磁场.虽然上式是从无限长载流螺线管导出的，但对实际螺线管内靠近中央轴线部分的各点也可以认为是适用的.在实际中，无限长载流螺线管是建立匀强磁场的一个常用方法，这与常用平行板电容器建立匀强电场的方法相似.读者可以依据上述方法，围绕螺线管的轴线在螺线管外作闭合路径 L，证明无限长载流螺线管外的磁感应强度 $\boldsymbol{B} = 0$.

3. 螺绕环电流的磁场

绕在空心圆环上的螺旋形线圈叫螺绕环.设环的平均半径为 R，线圈均匀密绕，总匝数为 N，通过导线的电流为 I，如图 3-14 所示.根据对称性可知，在与环同轴的圆周上，各点磁感应强度的大小都相等，方向均沿圆周切向.取与环同轴、半径等于 r 的圆周为积分路径，由于电流穿过此圆周 N 次，根据安培环路定理，有

$$\oint_L \boldsymbol{B} \cdot \mathrm{d}\boldsymbol{l} = B \cdot 2\pi r = \mu_0 NI$$

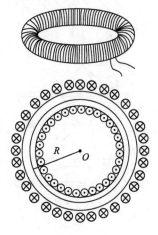

图 3-14

可得环内距 O 点为 r 处的磁感应强度大小为

$$B = \frac{\mu_0 NI}{2\pi r}$$

若环截面的线度远小于螺绕环半径,这时式中 r 可代以环的平均半径,即 $r \approx R$.以 $n = N/2\pi r$ 表示单位长度上的线圈匝数,则上式可写成

$$B = \mu_0 nI$$

可见环管内的磁场可近似看成均匀场.

对于螺绕环以外的空间,也可作一与环同轴的圆周为积分路径,由于穿过这个圆周的总电流为零,因而

$$\oint_L \boldsymbol{B} \cdot \mathrm{d}\boldsymbol{l} = B \cdot 2\pi r = 0$$

可得

$$\boldsymbol{B} = 0 \quad (\text{环外})$$

可见,螺绕环的磁场全部限制在管内部.特别是,一个细环螺绕环(截面的线度远小于螺绕环半径)与无限长螺线管的磁感应强度表达式相同,均为 $B = \mu_0 nI$.这个结果并不意外,因为当 $R \to \infty$ 时,螺绕环就过渡为一个无限长螺线管.

4. 无限大平面电流的磁场

设在无限大导体薄板中有均匀电流沿板平面流动,在垂直于电流的单位长度

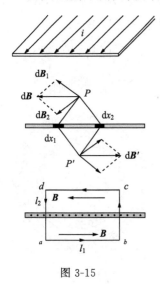

图 3-15

上流过的电流为 i(称为面电流密度).如图 3-15 所示,将无限大平面电流看作由无限多个平行排列的长直电流组成.对于平面上方的场点 P 来说,可在其两侧对称位置上任取一对宽度 $\mathrm{d}x_1$,$\mathrm{d}x_2$ 相等的长直电流.由对称性可知,它们在 P 点的合磁场 $\mathrm{d}\boldsymbol{B}_1 + \mathrm{d}\boldsymbol{B}_2$ 的方向平行于电流平面指向左方.因此,整个无限大平面电流在 P 点的磁感应强度 $\boldsymbol{B}$ 应平行于平面指向左方.而在平面下方的场点 P' 处,其磁场方向则应平行于平面指向右方.又由于平面的对称性,凡与平面等距离的场点,其 $\boldsymbol{B}$ 的大小应相等.对于平面上下的 P 点与 P' 点来说,磁场的方向虽相反,但只要

它们与平面的距离相等,磁感应强度的大小就相等.

按上述对称性分析,可取如图 3-15 所示的矩形回路 $abcd$ 作为积分路径.设 $ab = cd = l_1$,$da = bc = l_2$,由安培环路定理,有

$$\oint_L \boldsymbol{B} \cdot \mathrm{d}\boldsymbol{l} = \int_a^d \boldsymbol{B} \cdot \mathrm{d}\boldsymbol{l} + \int_d^c \boldsymbol{B} \cdot \mathrm{d}\boldsymbol{l} + \int_c^b \boldsymbol{B} \cdot \mathrm{d}\boldsymbol{l} + \int_b^a \boldsymbol{B} \cdot \mathrm{d}\boldsymbol{l} = \mu_0 i l_1$$

因为在 bc 和 da 段,$\boldsymbol{B} \perp \mathrm{d}\boldsymbol{l}$,所以

$$\int_b^c \boldsymbol{B} \cdot \mathrm{d}\boldsymbol{l} = \int_d^a \boldsymbol{B} \cdot \mathrm{d}\boldsymbol{l} = 0$$

又因在 ab 和 cd 段,$\boldsymbol{B} /\!/ \mathrm{d}\boldsymbol{l}$,所以

$$\int_a^b \boldsymbol{B} \cdot \mathrm{d}\boldsymbol{l} + \int_c^d \boldsymbol{B} \cdot \mathrm{d}\boldsymbol{l} = B l_1$$

将以上结果代入安培环路定理,得

$$\oint_L \boldsymbol{B} \cdot \mathrm{d}\boldsymbol{l} = 2 B l_1 = \mu_0 i l_1$$

可得

$$B = \frac{\mu_0 i}{2}$$

上述结果表明,$\boldsymbol{B}$ 与场点 P 相对于平面电流的位置无关,故无限大平面电流在其两侧都产生均匀磁场,且两侧的磁感应强度的大小相等,方向相反.

用安培环路定理可以十分简便地求出某些电流产生的恒定磁场的磁感应强度 $\boldsymbol{B}$.在具体求解问题时,(1)先要分析磁场的分布是否具有空间对称性,包括轴对称、面对称的磁场分布;(2)根据磁场在空间对称性分布的特点,选取恰当的闭合路径作为积分路径,选取的积分路径必须通过所要求的场点;(3)通过合适的闭合积分路径 L,使得在 $\oint_L \boldsymbol{B} \cdot \mathrm{d}\boldsymbol{l}$ 中能将 $\boldsymbol{B}$ 提到积分号外;(4)由安培环路定理分别计算 $\boldsymbol{B}$ 的环流 $\oint_L \boldsymbol{B} \cdot \mathrm{d}\boldsymbol{l}$ 和积分路径所包围电流的代数和 $\sum I_i$,并用右手螺旋定则判断穿过路径 L 的各电流的正负取值,再按安培环路定理求出给定场点的磁感应强度.不具有对称性的磁场,一般是不能用安培环路定理求解磁感应强度的.

3.5 磁场对电流的作用

3.5.1 磁场对载流导线的作用

载流导体在磁场中受的力称为安培力.有关安培力的规律是安培根据实验总结出来的,称为安培定律,其表述为:在磁场中某点处的电流元 $I\,\mathrm{d}l$ 受到的磁场作用力 $\mathrm{d}F$ 的大小与电流元的大小、电流元所在处的磁感应强度的大小以及电流元 $I\,\mathrm{d}l$ 和磁感应强度 $\boldsymbol{B}$ 之间的夹角 θ 的正弦成正比.在 SI 制中,其数学表达式为

$$\mathrm{d}F = BI\,\mathrm{d}l\sin\theta \tag{3-14}$$

$\mathrm{d}F$ 垂直于 $I\,\mathrm{d}l$ 和 $\boldsymbol{B}$ 确定的平面,其指向与 $I\,\mathrm{d}l$ 和 $\boldsymbol{B}$ 符合右手螺旋定则,如图 3-16 所示.将上式写成矢量式,则为

$$\mathrm{d}\boldsymbol{F} = I\,\mathrm{d}\boldsymbol{l} \times \boldsymbol{B} \tag{3-15}$$

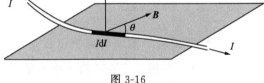

图 3-16

值得一提的是,式(3-14)不仅是电流元 $I\,\mathrm{d}l$ 在外磁场 $\boldsymbol{B}$ 中受力的基本规律,它也可以作为定义磁感应强度 $\boldsymbol{B}$ 的依据.

根据安培定律,原则上可以求出任意载流导体在磁场中所受的安培力,即

$$\boldsymbol{F} = \int I\,\mathrm{d}\boldsymbol{l} \times \boldsymbol{B} \tag{3-16}$$

这是一个矢量积分.在一般情况下,各电流元所受安培力的方向并不一致,因此,常用上式的分量式计算,即先将各电流元受的力按选定的坐标方向进行分解,然后对各分量分别进行积分.

若磁场是均匀的,载流导体又是直的,则载流导体上每段电流元所受的安培力都具有相同的方向,并且每段电流元与磁场方向的夹角 θ 都相等.因此,由式(3-15)可以得到在均匀磁场中长为 L 的一段载流直导线所受的安培力为

$$F = \int_L BI\sin\theta\,\mathrm{d}l = BIL\sin\theta \tag{3-17}$$

需要指出,实际上并不存在孤立的一段载有恒定电流的导线.我们只是计算了闭合载流回路中的一段导线在磁场中所受的力.

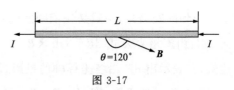

图 3-17

例题 3.2　一均匀磁场 $B = 6.0 \times 10^3\,\mathrm{G}$,指向图 3-17 所示(在纸面内),该磁场中有一根直导线,通有电流 $I = 3.0\mathrm{A}$.求该导线长 $L = 0.20\mathrm{m}$ 的一段上的受到的安培力.

解　由图可知,B 与载流导线 L 的夹角 $\theta = 120°$,根据式(3-16)得

$$F = BIL\sin\theta = 0.6\mathrm{T} \times 3.0\mathrm{A} \times 0.20\mathrm{m} \times \sin 120° = 0.31\mathrm{N}$$

由右手螺旋定则确定 F 的方向为垂直纸面向外.

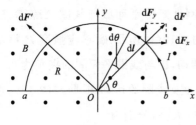

图 3-18

例题 3.3　在磁感应强度为 B 的均匀磁场中,通过一半径为 R 的半圆形导线中的电流为 I,若导线所在平面与 B 垂直,求该导线所受的安培力.

解　建立如图 3-18 所示的坐标系.由题意可知,半圆形导线上任一处电流元均与该处磁场方向垂直,因此各段电流元受到的安培力量值上都可写成 $\mathrm{d}F = BI\mathrm{d}l$,但方向沿各自的矢径方向.将 $\mathrm{d}\boldsymbol{F}$ 分解为 x 方向与 y 方向的分力 $\mathrm{d}F_x$ 和 $\mathrm{d}F_y$,由于电流分布的对称性,各段 x 方向的分力相互抵消,因此合力沿 y 方向,有

$$F = \int_L \mathrm{d}F_y = \int_L \mathrm{d}F\sin\theta = \int_L BI\sin\theta\,\mathrm{d}l$$

先统一变量,再进行积分.因为 $\mathrm{d}l = R\mathrm{d}\theta$,所以

$$F = BIR \int_0^\pi \sin\theta\,\mathrm{d}\theta = 2BIR$$

显然,合力 $\boldsymbol{F}$ 的作用线沿 Oy 轴,方向向上.结果表明,半圆形载流导线所受的磁力与其两个端点相连的直导线所受的磁力相等.事实上,在均匀磁场中的一个任意形状的平面载流导线,导线所受的磁力都与其起点和终点相连的一段载流直导线所受的磁力相等.当起点和终点重合时,载流导线就构成一闭合回路,所受合力

必为零.读者可自行证明.

安培力公式给出了电流元在磁场中受到的安培力.为求解载流导线在磁场 $\boldsymbol{B}$ 中所受到的安培力,一般是先依题意确定磁场的方向,然后,在载流导线上取电流元 $I\mathrm{d}\boldsymbol{l}$,由安培力公式 $\mathrm{d}\boldsymbol{F} = I\mathrm{d}\boldsymbol{l} \times \boldsymbol{B}$ 写出电流元在磁场 $\boldsymbol{B}$ 中所受安培力大小的表达式,并表示出 $\mathrm{d}\boldsymbol{F}$ 沿各坐标轴的投影式,经统一变量,确定积分上下限,求出安培力沿各坐标轴的投影,即 F_x、F_y、F_z,最后求出 $\boldsymbol{F}$.在匀强磁场中,任何闭合载流线圈受安培力的矢量和恒为零.由载流导线受安培力的计算结果,我们还可以对载流导线和载流线圈的运动状态进行分析.

3.5.2　匀强磁场对平面载流线圈的作用

各种发电机、电动机以及各种电磁式仪表都涉及平面载流线圈在磁场中的运动.因此,研究平面载流线圈在磁场中受到的安培力具有重要的实际意义.

设在磁感应强度为 $\boldsymbol{B}$ 的匀强磁场中,有一刚性矩形平面载流线圈 $ABCD$,边长分别为 l_1 和 l_2,线圈中的电流为 I,方向如图 3-19(a)所示.磁感应强度 $\boldsymbol{B}$ 沿水平方向,线圈可以绕垂直于磁场的轴 OO' 自由转动,$\boldsymbol{B}$ 与线圈平面间的夹角为 θ.

现分别分析磁场对载流线圈四条边的作用力及线圈的运动.根据式(3-15),可确定磁场作用在线圈导线 BC 和 DA 上安培力的大小,分别为

$$F_{BC} = BIl_1\sin\theta$$

$$F_{DA} = BIl_1\sin(\pi - \theta) = BIl_1\sin\theta$$

这两个力大小相等,方向相反,作用在同一条直线上,因此,它们对改变平面载流线圈的运动状态不起作用.

同样,可以计算线圈导线 AB 和 CD 所受的安培力,由于其上的电流与磁场垂直,故安培力的大小分别为

$$F_{AB} = F_{CD} = BIl_2$$

这表明它们也是大小相等,方向相反,见图 3-19(b).但是它们的作用线却不在一条直线上,于是形成力偶.从图 3-19(b)上看出,磁场作用于平面载流线圈的磁力矩 $\boldsymbol{M}$ 的大小为

$$M = F_{AB}l_1\cos\theta = BIl_2l_1\sin\varphi = BIS\sin\varphi$$

式中,$S = l_1l_2$ 是平面载流线圈的面积,φ 是平面载流线圈的正法线 $\boldsymbol{n}$(按电流方向

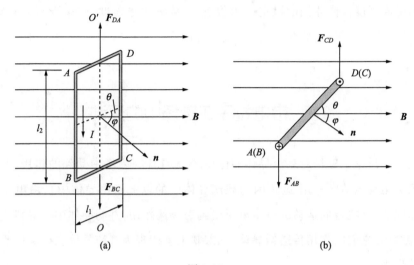

图 3-19

用右螺旋定则可确定 n 的方向)与 B 间的夹角.由于平面载流线圈的磁矩 $P_m = ISn$，故磁力矩可写成矢量形式，即

$$M = P_m \times B \tag{3-18}$$

如果线圈有 N 匝，则平面载流线圈受到的磁力矩为

$$M = NP_m \times B \tag{3-19}$$

从上述结果可以看出，匀强磁场对平面载流线圈的磁力矩 M 不仅与线圈中的电流 I、线圈面积 S 以及磁感应强度 B 有关，还与线圈平面与磁感应强度 B 间的夹角有关.式(3-17)虽然是从矩形平面载流线圈中导出的，但可以证明，它适用于在匀强磁场中任意形状的平面载流线圈.

由式(3-17)可知，当 $\varphi = \pi/2$（即线圈平面与磁感应强度平行）时，磁力矩 M 达到最大值 $M_{max} = BIS$，该磁力矩有使 φ 减小的趋势.当 $\varphi = 0$（即线圈平面与磁感应强度垂直）时，$M = 0$，载流线圈不受磁力矩作用，这时线圈处于一稳定平衡状态.当载流线圈处于这种状态时，受到一微小扰动后，它能够自动返回原来的平衡状态.当 $\varphi = \pi$ 时，$M = 0$，此时磁力矩虽也等于零，但这时载流线圈处于一非稳定平衡状态，即当线圈受到一微小扰动后，它并不能够自动回到原来的平衡状态.

由此可见，磁场对平面载流线圈所作用的磁力矩，总是要使线圈转到其磁矩方向与磁感应强度方向相同的稳定平衡位置处.从磁通量角度分析,当 $\varphi=0$、$M=0$ 时,穿过载流线圈所围面积的磁通量最大,而当 $\varphi=\pi/2$、$M_{max}=BIS$ 时,磁通量最小.

3.6　带电粒子在磁场中的运动

上一节讨论了磁场对载流导体的作用.载流导体在磁场中受到的作用,实质上是磁场对运动电荷的作用.这是因为载流导体中的电流是由导体中自由电子定向运动形成的,这些定向运动的自由电子受到磁场的作用,并与导体中的晶格点阵碰撞,把磁场对它们的作用传递给导体,在宏观上就表现为载流导体在磁场中受到安培力的作用.

我们从安培定律出发,讨论磁场对运动电荷的作用.

3.6.1　洛伦兹力

根据安培定律,在磁感应强度为 $\boldsymbol{B}$ 的磁场中,载流导线上任意一段电流元 $I\mathrm{d}l$ 受到的安培力为

$$\mathrm{d}\boldsymbol{F}=I\mathrm{d}l \times \boldsymbol{B}$$

设电流元的横载面积为 S,导体中单位体积内有 n 个正电荷,每个电荷的电量为 q,均以定向速度 $\boldsymbol{v}$ 沿 $\mathrm{d}l$ 方向运动,形成导体中的电流,则电流强度为

$$I=qnvS$$

因 $q\boldsymbol{v}$ 与 $\mathrm{d}l$ 同向,故

$$I\mathrm{d}l=qnS\mathrm{d}l\boldsymbol{v}$$

因而

$$\mathrm{d}\boldsymbol{F}=qnS\mathrm{d}l\boldsymbol{v} \times \boldsymbol{B}$$

在线元 $\mathrm{d}l$ 这段导体内正电荷总数为

$$\mathrm{d}N=nS\mathrm{d}l$$

所以每一个运动电荷在磁场中所受的力为

$$\boldsymbol{F}_{\mathrm{m}}=\frac{\mathrm{d}\boldsymbol{F}}{\mathrm{d}N}=q\boldsymbol{v} \times \boldsymbol{B} \tag{3-20}$$

上式称为洛伦兹公式,磁场对运动电荷的作用力则称为洛伦兹力.由式(3-20)可知,洛伦兹力垂直于 v、B 决定的平面.应当注意的是,q 为正电荷时,F_m 的方向就是 $v \times B$ 的方向;q 为负电荷时,F_m 的方向与 $v \times B$ 的方向相反.

洛伦兹力的大小为

$$F_m = |q|vB\sin\theta$$

式中,θ 是 v 与 B 的夹角.当 $\theta = 0$ 或 π 时,$F_m = 0$;当 $\theta = \pi/2$ 时,F_m 有最大值,这正是 3.1 节中定义磁感强度大小和方向的依据.

由于洛伦兹力 F_m 始终和 v 垂直,因此,**洛伦兹力不做功**.

3.6.2 带电粒子在均匀磁场中的运动

我们分三种情形讨论一个电量为 q、速度为 v 的粒子在磁感应强度为 B 的均匀磁场中的运动.

1. 粒子的初速度 v 与 B 平行

在这种情况下,由式(3-20)可知,粒子所受洛伦兹力为零,因此粒子的运动不受磁场影响,v 保持不变.

2. 粒子的初速度 v 垂直于 B

依据式(3-20),洛伦兹力 F_m 始终在垂直于 B 的平面内,而粒子的初速度 v 也在这个平面内,故粒子的运动轨道不会越出这个平面.

由于洛伦兹力 F_m 始终与 v 垂直,只改变粒子运动的方向,而不改变其速率,因此粒子在上述平面内作匀速圆周运动,如图 3-20 所示.设粒子的质量为 m,圆周轨道半径为 R,则因维持粒子作圆周运动的力就是洛伦兹力,且 v 与 B 垂直,所以有

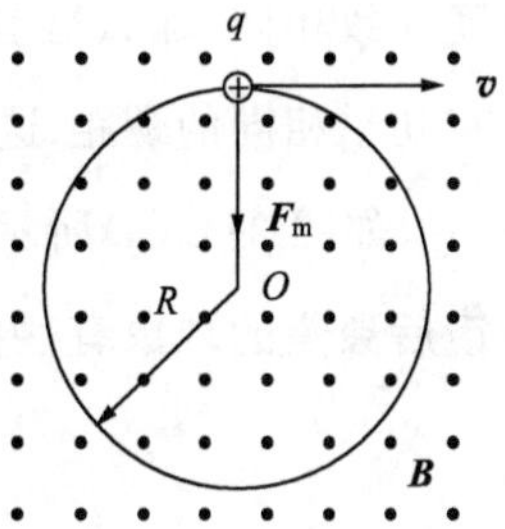

图 3-20

$$F_m = qvB = \frac{mv^2}{R}$$

得轨道半径为

$$R = \frac{mv}{qB} \tag{3-21}$$

上式表明,R 与 v 成正比,而与 B 成反比.

粒子在轨道上环绕一周所需要的时间 T 称为**回旋周期**.利用式(3-20)结果,可得

$$T = \frac{2\pi R}{v} = \frac{2\pi m}{qB} \tag{3-22}$$

可见,带电粒子沿圆形轨道运行的周期与运动速率无关.

3. 粒子的初速度 v 与 B 成 θ 角

如图 3-21 所示,我们将速度 v 分解为平行于 $\boldsymbol{B}$ 的分量 $v_{/\!/} = v\cos\theta$ 和垂直于 $\boldsymbol{B}$

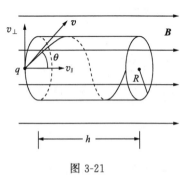

图 3-21

的分量 $v_{\perp} = v\sin\theta$.根据上面的讨论,在垂直于磁场的方向,由于粒子有速率 $v_{\perp}$,磁场力将使粒子在垂直于 $\boldsymbol{B}$ 的平面内作匀速圆周运动,半径为 $R = \frac{mv_{\perp}}{qB}$.在平行于磁场的方向,粒子不受磁力作用,粒子将以 $v_{/\!/}$ 作匀速直线运动.这两个分运动的合成轨道是一条螺旋线,螺距为

$$h = v_{/\!/} \, T = v_{/\!/} \, \frac{2\pi m}{qB} \tag{3-23}$$

上式表明,粒子沿螺旋线每旋转一周,在 $\boldsymbol{B}$ 方向前进的路程正比于 $v_{/\!/}$ 而与 $v_{\perp}$ 无关.

如果在均匀磁场中某点 A 处引入一发散角很小的带电粒子束,并且各粒子的速度大致相同,那么这些粒子沿磁场方向分速度的大小就几乎相等,因而它们的轨道有几乎相同的螺距.这样,经过一个回旋周期后,这些粒子将重新会聚穿过另一点 A',如图 3-22(a)所示.这种发散粒子束会聚到一点的现象叫磁聚焦.这与光束经透镜后聚焦的现象有些类似.

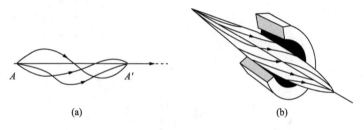

(a)   (b)

图 3-22

　　上述均匀磁场中的磁聚焦现象靠长螺线管来实现.图 3-22(b)是短线圈产生的非均匀磁场的聚焦作用,这里的线圈作用与光学中的透镜相似,故称磁透镜.磁聚焦的原理广泛应用于电子真空器件,特别是电子显微镜中.

3.6.3　带电粒子在非均匀磁场中的运动

　　带电粒子在非均匀磁场中的运动比较复杂,这里不作一般讨论,仅对带电粒子的磁约束作一些介绍.

　　我们首先对带电粒子在非均匀磁场中所受洛伦兹力的情况作一定性分析.如图 3-23(a)所示,非均匀磁场成轴对称分布.这种磁场可以用两只圆形平面载流线圈来实现,线圈中通有方向相同的电流,在靠近载流线圈两端的区域磁场较强,而在中间区域磁场则较弱.设磁场中的粒子带负电,正向右方磁场增强的方向运动,如图 3-23(b)所示.粒子所受洛伦兹力 F_m 的方向与轨道上的磁场方向垂直,将 F_m 分解为与轨道中心处磁场 B 相垂直的分量和相平行的分量,其中垂直分量提供粒子作圆周运动的力,平行分量(称为轴向力)的方向指向磁场减弱的方向,使粒子向右的轴向运动减速.随着磁场的增强,回旋半径和螺距逐渐减小.若粒子向左方磁场增强的方向运动,同样的分析可知,粒子仍受到一指向磁场减弱方向的轴向分力,使粒子向左的轴向运动减速.若粒子带正电,结论也是如此.因此,带电粒子在非均匀磁场中运动时,所受的洛伦兹力 F_m 总有一个指向磁场减弱方向的轴向分力.在这个分力作用下,接近端部的带电粒子就像光线遇到镜面反射一样,沿一定的螺线向中部磁场较弱部分返回,这就是所谓的磁镜效应.这样,带电粒子以及由大量自由的带电粒子组成的等离子体在磁场约束下只能在一定的区域内来回振荡.在可控热核反应装置中,常应用这种磁场把高温等离子体约束在有限的空间区

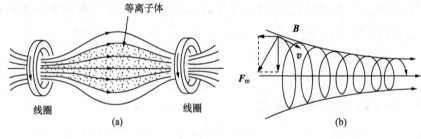

图 3-23

域内,以求实现热核反应.

　　磁约束现象还存在于自然界中.例如地球磁场,两极附近磁场强而中间区域磁场弱,是一个天然的磁约束捕集器,使得来自宇宙射线的带电粒子在两磁极间来回振荡.1958 年,探索者 1 号卫星在外层空间发现被地磁场俘获的来自宇宙射线和太阳风的质子层和电子层,称之为范·阿仑(Van Allen) 辐射带,如图 3-24 所示.罩在地球上空的这两个带电粒子层,是地磁场磁约束效应的结果.正是因为这种效应将来自宇宙空间的能致生物于死地的各种高能射线或粒子捕获住,才使人类和其他生物不被伤害,得以安全地生存下来.

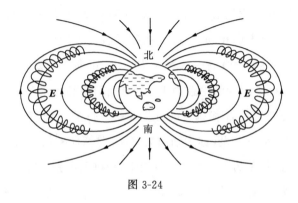

图 3-24

3.6.4　霍尔效应

　　1879 年,美国物理学家霍尔发现将一块通有电流 I 的导体板,放在磁感应强度为 B 的匀强磁场中,当磁场方向与电流方向垂直时,如图 3-25,则在导体板的 a、b 两个侧面之间出现微弱的电势差 U_{ab}.这一现象称为霍尔效应,U_{ab} 称为霍尔电势差.实验证明,霍尔电势差 U_{ab} 与通过导体板的电流 I 和磁感应强度 B 的大小成正比,与板的厚度 d 成反比,即

$$U_{ab} = K \frac{IB}{d} \tag{3-24}$$

式中的比例系数 K 称为霍尔系数.

　　霍尔效应可以用运动电荷在磁场中受洛伦兹力的作用来解释.如图 3-25 示,现在假设导体板内载流子的电荷量 q 为负,其运动方向与电流方向相反,在磁场 B

中受到方向向下的洛伦兹力 $\boldsymbol{F}_m$ 作用,该作
用力使导体板内的载流子发生偏转.结果在
a 面和 b 面上分别聚集了异号电荷,并在导
体内形成不断增大的由 b 指向 a 的电场 $\boldsymbol{E}$
(又称霍尔电场).由于载流子 q 受到的电场
力 $\boldsymbol{F}_e$ 与洛伦兹力 $\boldsymbol{F}_m$ 反向,所以,电场力将
阻碍载流子继续向 a 面聚集.当载流子受
到的电场力与洛伦兹力达到平衡时,载流
子将不再做侧向运动.这样,在 a,b 两面间
便形成了一定的霍尔电势差 U_{ab}.

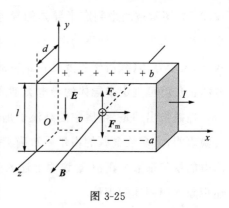

图 3-25

　　下面,我们来定量地分析霍尔效应.设导体板内载流子的电荷量为 q,做定向
运动的平均速度为 $\bar{v}$,磁场的磁感应强度为 $\boldsymbol{B}$,当电场力与磁场力达到平衡时,由
式(3-23)有

$$q(\boldsymbol{E} + \bar{v} \times \boldsymbol{B}) = 0$$

则可知霍尔电场的大小为

$$E = \bar{v}B$$

若导体板的宽度为 l,于是,霍尔电势差为

$$U_{ab} = El = \bar{v}Bl \tag{3-25}$$

　　设导体板中的载流子浓度,即导体板中单位体积内的载流子数为 n,根据电流
的定义

$$I = nq\bar{v}S$$

式中,$S = ld$,为导体板的横截面积.从式(3-24)和电流公式中消去 $\bar{v}$,可得

$$U_{ab} = \frac{IB}{nqd} \tag{3-26}$$

与式(3-23)比较可知,霍尔系数为

$$K = \frac{1}{nq} \tag{3-27}$$

式(3-26)表明:霍尔系数与载流子浓度 n 成反比.半导体材料的导电性能不如金属
好,半导体材料的载流子浓度比金属小,因而半导体材料的霍尔效应显著.

式(3-26)还常被用来判定半导体的导电类型和测定载流子的浓度.半导体材料分为两种基本类型,一种称为电子(n)型半导体(载流子主要是电子),另一种称为空穴(p)型半导体(载流子主要是带正电的空穴).通过实验测定霍尔系数或霍尔电势差的正负就可判定半导体的导电类型.

还需指出的是,金属中的载流子是自由电子,按上述分析,霍尔系数应是负值.实验表明,大多数金属的霍尔系数确实是负值,但也有些金属(如铁、铍、锌、镉等)测得的霍尔系数为正值.这说明上述的简单理论(经典电子论)是近似的,要解释上述现象须用固体能带论.

霍尔效应有着广泛应用,如载流子浓度、电流和磁场的测量,电信号转换及运算等.特别是利用等离子体的霍尔效应可设计磁流体发电机,这种发电机效率很高,一旦研制成功并投入使用,将有可能取代火力发电机.

值得提出的是,美籍华人科学家崔琦和德国科学家斯特默(H. Stormer)从1982年开始研究低温和强磁场下半导体砷化镓和砷铝化镓的霍尔效应实验研究.他们发现当将一块砷化镓晶片和另一块砷铝化镓晶片叠在一起时,电子就在这两半导体之间的界面上聚集起来,而且非常密集.若使界面的温度降低到约 0.1K,磁场增强到约 50T 时,他们惊奇地发现,在这种极低温和强磁场条件下半导体界面上的量子霍尔效应(即霍尔电阻出现了一系列台阶)要比德国科学家克利钦(K. Von.Klitzing)发现的要高出三倍.由于极低的温度和强大的磁场限制了电子的热运动,于是大量相互作用的电子形成一种类似液体的物理形态—量子流体.这种量子流体具有一些特异性质,如在某种情况下阻力消失,出现几分之一电子电荷的奇特现象等.之后,美国物理学家劳克林(R .Laughlin)对崔琦、斯特默的实验结果做出了理论解释.崔琦和斯特默的发现有重要的应用价值,可应用于研制功能更强大的计算机和更先进的通讯设备等.为了表彰崔琦、斯特默和劳克林在上述工作中的贡献,他们共享了1998年度诺贝尔物理学奖.

3.7 磁 介 质

在磁场作用下能被磁化并反过来影响磁场的物质称为磁介质.任何实物在磁场作用下都或多或少地发生磁化并反过来影响原来的磁场,因此,任何实物都是磁介质.前面讲到,安培提出了关于揭示物质磁性本质的分子电流假说,据此,物质磁性来源于物质中的分子电流.

3.7.1　磁介质的分类

一切由分子、原子组成的物质都是磁介质.当把磁介质放在由电流产生的外磁场 B_0 中时,本来没有磁性的磁介质变得有磁性,并能激发一附加的磁场,这种现象称为磁介质的磁化.由于磁介质的磁化而产生的附加磁场 B' 叠加在原来的外磁场 B_0 上,这时总的磁感应强度 B 为 B_0 和 B' 的矢量和,即

$$B = B_0 + B'$$

不同的磁介质,磁化程度有很大的差异.根据 B' 和 B_0 关系,可将磁介质分为顺磁质、抗磁质和铁磁质三类.以下以磁介质置于均匀外磁场 B_0 中为例来说明:

(1) 若 B' 与 B_0 同方向,而且 $B' \ll B_0$,则这种磁介质称为**顺磁质**. 如锰、铬、铝、铂、氮等.

(2) 若 B' 与 B_0 反方向,而且 $B' \ll B_0$,则这种磁介质称为**抗磁质**. 如铋、汞、银、铜、氢及惰性气体等.

(3) 若 B' 与 B_0 同方向,而且 $B' \gg B_0$,则这种磁介质称为**铁磁质**. 如铁、钴、镍、钆和它们的合金以及铁氧化(某些含铁的氧化物)等.此外,铁磁质还有一些特殊的性质,它们的应用也极为广泛.

3.7.2　顺磁质和抗磁质的磁化

下面以安培的分子电流学说简单说明顺磁性和抗磁性的起源.任何物质都是由分子或原子构成的,它们所包含的每一个电子都同时参与了两种运动,一是电子绕原子核的轨道运动.为简单计,把它看成是一个圆形电流,具有一定的轨道磁矩,如图 3-26(a)所示;二是电子的自旋,相应地有自旋磁矩.一个分子的磁矩,是它所包含的所有电子各种磁矩的矢量和,统称为分子固有磁矩(也称分子磁矩),用 P_m 表示.每一个分子磁矩可以看成是由一个等效圆电流 i_m 产生的,故称 i_m 为分子电流,如图 3-26(b)所示.

研究表明,抗磁质在没有磁场 B_0 作用时,其分子磁矩 P_m 为零(即这类分子中各电子磁矩的总和在没有磁场 B_0 作用时为零);而顺磁质在没有磁场 B_0 作用时,

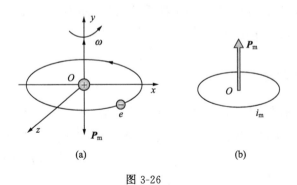

图 3-26

虽然分子磁矩 P_m 不为零,但是由于分子的热运动,使各分子磁矩的取向杂乱无章,如图 3-27(a)所示.因此,在无磁场 B_0 作用时,不论是顺磁质还是抗磁质,宏观上对外都不显磁性.

当磁介质放在磁场 B_0 中去,磁介质的分子将受到两种作用:

(1)分子固有磁矩将受到磁场 B_0 的力矩作用,使各分子磁矩要克服热运动的影响而转向磁场 B_0 的方向排列,如图 3-27(b)所示.这样各分子磁矩将沿磁场 B_0 方向产生一附加磁场 B'.

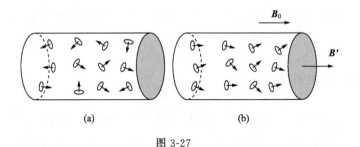

图 3-27

(2)磁场 B_0 将使分子磁矩 P_m 发生变化,每个分子产生一个与 B_0 反向的附加磁矩 $\Delta P'_m$.考虑分子中一个磁矩为 P_m 的电子以速度 v 沿圆轨道运动,当磁场 B_0 的方向与 P_m 一致时,电子受到的洛伦兹力沿轨道半径向外,这使电子所受的向心力减小.理论研究表明,若电子运动轨道半径不变,则电子运动的角速度将减小,相应的电子磁矩就要减小,这等效于产生一个方向与 B_0 相反的附加分子磁矩 $\Delta P'_m$,如图 3-28(a)所示.当磁场 B_0 方向与 P_m 相反时,如图 3-28(b)所示,读者自己可以证明,附加分子磁矩 $\Delta \boldsymbol{P}_{\mathrm{m}}'$ 的方向仍和 $\boldsymbol{B}_0$ 方向相反.因此,可以得出结论.不论磁场 $\boldsymbol{B}_0$ 的方向与电子磁矩 $\boldsymbol{P}_{\mathrm{m}}$ 方向相同或相反,加上磁场 $\boldsymbol{B}_0$ 后,总要产生一个与 $\boldsymbol{B}_0$ 方向相反的附加分子磁矩 $\Delta \boldsymbol{P}_{\mathrm{m}}'$,即产生一个与 $\boldsymbol{B}_0$ 方向相反的附加磁场 $\boldsymbol{B}'$.

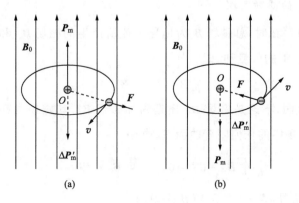

图 3-28

　　由于抗磁质的分子磁矩 $\boldsymbol{P}_{\mathrm{m}}$ 为零,加上磁场 $\boldsymbol{B}_0$ 后,分子磁矩的转向效应不存在,所以,磁场引起的附加磁矩是抗磁质磁化的唯一原因.因此,抗磁质产生的附加磁场 $\boldsymbol{B}'$ 总是与 $\boldsymbol{B}_0$ 方向相反,使得原来磁场减弱.这就是产生抗磁性的微观机理.而顺磁质的分子磁矩 $\boldsymbol{P}_{\mathrm{m}}$ 不为零,加上磁场 $\boldsymbol{B}_0$ 后,各个分子磁矩要转向与磁场 $\boldsymbol{B}_0$ 同向.同时,也要产生上述的与磁场 $\boldsymbol{B}_0$ 反向的附加分子磁矩.但由于顺磁质的分子磁矩 $\boldsymbol{P}_{\mathrm{m}}$ 一般要比附加分子磁矩 $\Delta \boldsymbol{P}_{\mathrm{m}}'$ 大得多,所以,顺磁质产生的附加磁场 $\boldsymbol{B}'$ 主要以所有分子的磁矩转向与磁场 $\boldsymbol{B}_0$ 同向为主.因此,顺磁质产生的附加磁场 $\boldsymbol{B}'$ 使得原来磁场加强.这就是产生顺磁性的微观机理.

　　比较电介质和磁介质,不难看出,顺磁质的磁化与有极分子电介质的极化很相似.例如,顺磁质具有分子磁矩,在磁场作用下具有取向作用,而有极电介质分子具有固有电偶极矩,在电场作用下也具有取向作用.但是两者又有不同之处,如顺磁质磁化后在其内部产生的附加磁场 $\boldsymbol{B}'$ 与磁场 $\boldsymbol{B}_0$ 的方向相同,而电介质极化后在其内部产生的附加电场 $\boldsymbol{E}'$ 与电场 $\boldsymbol{E}_0$ 的方向相反.抗磁质的磁化则与无极分子电介质的极化很相似.例如,抗磁质的分子磁矩是在磁场作用下才产生的,磁介质内部的附加磁场 $\boldsymbol{B}'$ 与磁场 $\boldsymbol{B}_0$ 方向总是相反的,而无极电介质分子的电偶极矩也是在电场作用下才产生的,电介质内部的附加电场 $\boldsymbol{E}'$ 与电场 $\boldsymbol{E}_0$ 方向也总是相反的.

关于铁磁质的磁化,我们将稍后进行讨论.

3.7.3 磁介质中的安培环路定理 磁场强度

1. 有磁介时的高斯定理

在有磁介质存在时,总磁场 $\boldsymbol{B}$ 为传导电流所产生的磁场 $\boldsymbol{B}_0$ 和磁介质磁化后产生的附加磁场 $\boldsymbol{B}'$ 的矢量和,即

$$\boldsymbol{B} = \boldsymbol{B}_0 + \boldsymbol{B}'$$

理论研究表明,不论是磁场 $\boldsymbol{B}_0$ 还是附加磁场 $\boldsymbol{B}'$,其磁场线都是一些闭合曲线.因此,对于磁场中的任何闭合曲面 S,均有

$$\oint_S \boldsymbol{B}_0 \cdot \mathrm{d}\boldsymbol{S} = 0, \qquad \oint_S \boldsymbol{B}' \cdot \mathrm{d}\boldsymbol{S} = 0$$

于是,对于有磁介质存在的总磁场 $\boldsymbol{B}$ 来说,有

$$\oint_S \boldsymbol{B} \cdot \mathrm{d}\boldsymbol{S} = \oint_S (\boldsymbol{B}_0 + \boldsymbol{B}') \cdot \mathrm{d}\boldsymbol{S} = 0 \qquad (3\text{-}28)$$

这就是有磁介质存在时的磁高斯定理.这一结论表明,**不论是否存在磁介质,磁场高斯定理都是普遍成立的.**

2. 有磁介质时的安培环路定理

首先,我们引入一宏观物理量——磁化强度 $\boldsymbol{M}$ 来表示磁介质的磁化程度,其定义为:磁介质中某点附近、单位体积内分子磁矩的矢量和,即

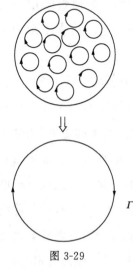

$$\boldsymbol{M} = \frac{\sum \boldsymbol{P}_{\mathrm{m}}}{\Delta V} \qquad (3\text{-}29)$$

式中,$\boldsymbol{P}_{\mathrm{m}}$ 为单个分子的磁矩.磁化强度 $\boldsymbol{M}$ 愈大,表明磁介质内分子的排列愈整齐,分子磁矩 $\boldsymbol{P}_{\mathrm{m}}$ 的矢量和愈大.

磁介质在外磁场中被磁化后,对于顺磁质来说,分子磁矩沿外磁场方向有一定的取向.若考虑分子磁矩取向完全一致的情况,此时相应的分子电流平面与外磁场方向垂直,介质内任意一位置处所通过的分子电流是成对的,且方向相反(见图 3-29),因此互相抵消.而只有在介质的外边缘处的分子电流未被抵消,形成沿介质截面

图 3-29

边缘的大环形电流,称为磁化电流 I'.同理,对于抗磁质来说,磁化电流是与分子附加磁矩相应的等效圆电流所形成的.

　　磁化电流的产生是与介质的磁化紧密相关的.所以磁化电流必然与磁化强度有关系.理论上可以证明,磁介质的磁化强度矢量 M 沿任意闭合环路的线积分等于穿过以此积分环路为周界的任意曲面磁化电流强度的代数和 $\sum_L I'$,用公式表示为

$$\oint_L M \cdot \mathrm{d}l = \sum_L I' \tag{3-30}$$

　　在有磁介质存在时,除传导电流外,还有磁化电流.若将真空中的安培环路定理 $\oint_L B \cdot \mathrm{d}l = \mu_0 \sum_L I$ 应用于有磁介质存在的情况,则 $\sum_{L内} I$ 中应包括传导电流 I_0 和磁化电流 I',此时安培环路定理的表达式为

$$\oint_L B \cdot \mathrm{d}l = \mu_0 \sum_L I_0 + \mu_0 \sum_L I' \tag{3-31}$$

因为磁化电流 I' 通常是未知的,且大小与 B 有关,所以上式使用起来很不方便,为此作如下变换.将式(3-29)代入式(3-30),并消去 $\sum_L I'$ 后得

$$\oint_L B \cdot \mathrm{d}l = \mu_0 \sum_L I_0 + \mu_0 \oint_L M \cdot \mathrm{d}l$$

将上式除以 μ_0,再移项有

$$\oint_L \left(\frac{B}{\mu_0} - M \right) \cdot \mathrm{d}l = \sum_L I_0$$

令 $H = \dfrac{B}{\mu_0} - M$ 则上式可写为

$$\oint_L H \cdot \mathrm{d}l = \sum_L I_0 \tag{3-32}$$

这就是有磁介质存在时安培环路定理的数学表达式,其中 H 称为磁场强度矢量.式(3-32)说明,磁场强度 H 沿任意闭合环路的线积分等于穿过以闭合环路为周界的任意曲面的传导电流强度的代数和,即只决定于传导电流的分布,而与磁化电流无关.因此,引入磁场强度 H 为研究有磁介质存在时的情况提供了方便.但是真正具有物理意义的、确定磁场中运动电荷或电流受力的是 B,而不是 H. H 与电介质中的电位移矢量 D 的地位相当,只是由于历史的原因才把它称为磁场强度.

在国际单位制中,磁场强度 $\boldsymbol{H}$ 的单位是安/米(A·m^{-1})。

实验表明,在各向同性均匀磁介质中,$\boldsymbol{B}$ 和 $\boldsymbol{H}$ 成正比,即

$$\boldsymbol{B} = \mu\boldsymbol{H} \tag{3-33}$$

式中,μ 为磁介质的磁导率.

实验还表明,各向同性磁介质的磁化强度 $\boldsymbol{M}$ 与磁场强度 $\boldsymbol{H}$ 成正比,即

$$\boldsymbol{M} = \chi_m\boldsymbol{H} \tag{3-34}$$

式中,χ_m 称为磁介质的磁化率.由式 $\boldsymbol{H} = \dfrac{\boldsymbol{B}}{\mu_0} - \boldsymbol{M}$ 和式(3-33),可导出

$$\boldsymbol{B} = \mu_0(1 + \chi_m)\boldsymbol{H}$$

与式(3-32)相比较,可得

$$\mu_r = 1 + \chi_m, \qquad \mu = \mu_0\mu_r \tag{3-35}$$

μ_r 称为磁介质的相对磁导率.

在真空中,$\boldsymbol{M} = 0$,所以 $\chi_m = 0$,$\mu_r = 1$,即真空相当于磁化率为零,相对磁导率为 1 的磁介质.

磁介质的磁化率 χ_m、磁导率 μ 和相对磁导率 μ_r 都是描述介质磁化特性的物理量,只要知道这三个量中的一个就能求出另两个,也就是说只要知道三个量中的一个,介质的磁化特性就清楚了.

顺磁质的磁化率 $\chi_m > 0$,相对磁导率 $\mu_r > 1$,磁导率 $\mu > \mu_0$;而抗磁质的 $\chi_m < 0$,$\mu_r < 1$,$\mu < \mu_0$.这两类磁介质的 χ_m 的绝对值都是很小的值($10^{-4} \sim 10^{-6}$),这说明它们的磁性都很弱,它们对电流的外磁场只产生微弱的影响.

例题 3.4 无限长圆柱形铜线,外面包一层相对磁导率为 μ_r 的圆筒形磁介质.导线半径为 R_1,磁介质的外半径为 R_2,铜线内通有均匀分布的电流 I,如图 3-30 所示.铜的相对磁导率可取为 1,试求无限长圆柱形铜线和介质内外的磁场强度 $\boldsymbol{H}$ 与磁感应强度 $\boldsymbol{B}$.

解 当无限长圆柱形铜线中通有电流时,根据铜线的轴对称性,可将轴线上任一点为圆心,在垂直于轴线平面内以任意半径作圆周.在该圆周上,磁场强度 $\boldsymbol{H}$ 和磁感应强度 $\boldsymbol{B}$ 的大小分别为常量,方向都沿圆周切线方向,因此,可用安培环路定理求解.

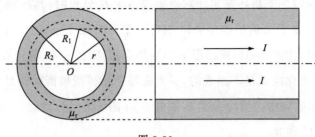

图 3-30

选取铜线轴线上一点为圆心,半径为 r 的圆周为积分路径 L,则

(1) 当 $0 \leqslant r \leqslant R_1$ 时,根据安培环路定理

$$\oint_L \boldsymbol{H} \cdot \mathrm{d}\boldsymbol{l} = \sum_L I_i$$

可得

$$H_1 2\pi r = \frac{I}{\pi R^2} \pi r^2$$

$$H_1 = \frac{Ir}{2\pi R_1^2}$$

由于铜线的 μ_r 取为 1,得

$$B_1 = \mu_0 H_1 = \frac{\mu_0 Ir}{2\pi R_1^2}$$

(2) 当 $R_1 \leqslant r \leqslant R_2$ 时,有

$$H_2 2\pi r = I, \qquad H_2 = \frac{I}{2\pi r}$$

由于磁介质的 $\mu = \mu_0 \mu_r$,可得

$$B_2 = \mu H_2 = \frac{\mu_0 \mu_r I}{2\pi r}$$

(3) 当 $r > R_2$ 时,有

$$H_3 = \frac{I}{2\pi r}$$

在磁介质外,$\mu = \mu_0$,可得

$$B_3 = \mu H_3 = \frac{\mu_0 I}{2\pi r}$$

用有磁介质时的安培环路定理求磁感应强度 B 分布时,其步骤与用真空中的安培环路定理求 B 分布的解法相类似.首先需要分析磁场分布的对称性,然后选取合适的闭合路径,由式(3-31)求出磁场中磁场强度 H 的分布.值得注意的是,在这一求解过程中,磁化电流是不出现的,只考虑闭合路径所包围的传导电流.最后,由式(3-32)可求出磁场中磁感应强度 B 的分布.在磁场无对称性时,一般不能用安培环路定理求解 H 和 B.

3.7.4 铁磁质

铁磁质最突出的特点是在居里温度以下,经磁化后产生的附加磁场特别强.铁磁质的相对磁导率 μ_r 不仅很大(其数量级为 $10^2 \sim 10^3$,有些甚至达到 10^6 以上),而且与外加磁场、磁化历史等因素有关.因此,铁磁质的磁化规律用一般磁介质的磁化理论是无法解释的.

1. 铁磁质的磁化规律 磁滞回线

铁磁质的磁化规律指的是 M 与 B 之间的关系.由于 $H = \dfrac{B}{\mu_0} - M$,也可以说磁化规律指的是 M 与 H 的关系或 B 与 H 的关系.在实验上易于测量的是 B 和 H,所以常用实验方法来研究 B 与 H 的关系.图 3-31 代表实验测得的磁化曲线,它有如下特点,$H = 0$ 时,$B = 0$(说明处于未磁化状态);当 H 逐渐增加时,B 先是缓慢增加(OA 段),后来急剧增加(AM 段),过了 M 点后 B 的增加变得缓慢(MN 段),最后当 H 很大时,B 趋于饱和,饱和时的 B_s 称为饱和磁感应强度.铁磁质的磁化曲线的特点是非线性.

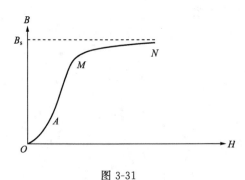

图 3-31

　　由 **B-H** 曲线上的每一点的 **B** 和 **H** 的值可求得磁导率 μ.图 3-32 绘出了 μ-H
曲线,H＝0 时的磁导率 μ_i 称为起始磁导率,曲线的峰值 μ_m 称为最大磁导率.铁
磁质的 $\mu \gg \mu_0$,即 $\mu_r \gg 1$ 或 $\chi_m \gg 1$.

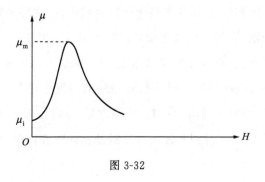

图 3-32

　　当 **B** 达到饱和值后,使 **H** 减小,则 **B** 不沿原
磁化曲线下降,而是沿 SR 曲线下降(图 3-33).当
H 下降到零时,**B** 并不减至零,而有一定的值
B_r,B_r 称为剩余磁感应强度.为了使 **B** 减小到
零,必须加反向磁场.当 **B**＝0 时的 **H** 值称为矫
顽力,用 H_c 表示.当反向的 **H** 继续加大,则 **B** 将
达到反向的饱和值. **H** 再减小至零,然后再改变
磁场方向为正方向,再逐渐增大,最后又回到 S,
构成一闭合曲线.在上述变化过程中 **B** 的变化总
是落后于 **H** 的变化,这一现象称为**磁滞现象**,上

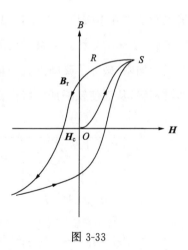

图 3-33

述闭合曲线称为磁滞回线.磁滞的成因是由于磁畴周界(称为畴壁)的移动和磁畴
磁矩的转动是不可逆的,当外磁场减弱或消失时磁畴不按原来变化的规律逆着退
回原状.磁滞回线表明,对铁磁质来说,**B** 与 **H** 的值不具有一一对应的关系.它们
的比值不仅随 **H** 的变化而异,而且对同一个 **H** 值而言,比值一般不是唯一的,**B**
的数值等于多少不仅决定于外磁场和铁磁质本身,而且与铁磁质达到这个状态所
经历的磁化过程有关.当铁磁质在交变磁场作用下反复磁化时,由于磁滞效应,磁
体要发热而散失能量,这种能量损失称为磁滞损耗,磁滞回线所包围的面积越大,
磁滞损耗也越大.

2. 铁磁质的磁化机制 磁畴

铁磁性的起源可以用"磁畴"理论来解释.在铁磁体内存在着无数个自发磁化的小区域,称为磁畴,其横向宽度约为 0.01～0.1cm.在每个磁畴中,所有原子的磁矩都向着同一方向整齐排列.在未被磁化的铁磁质中,各磁畴磁矩的取向是无规则的,如图 3-34(a)所示,因而整块铁磁质在宏观上不显示磁性.

在外磁场作用下,磁畴将发生变化,磁矩与外磁场方向一致或接近的磁畴这时处在有利地位,于是这种磁畴向外扩展,磁畴的畴壁发生位移,如图 3-34(b)所示.当外磁场较强时,还会发生磁畴的转向,外场越强,转向作用亦越强,从而产生很强的附加磁场.当所有磁畴都转到其磁矩与外磁场相同的方向时,介质的磁化就达到了饱和.

由于磁畴的转向需要克服阻力(来自磁畴间的"摩擦"),因此当外磁场减弱或消失时磁畴并不按原来的变化规律退回原状,因而表现出磁滞现象.外磁场的作用停止后,磁畴的某种排列被保留下来,使得铁磁质仍然具有磁性.温度升高时,分子热运动加剧,破坏了磁畴的整齐排列,因此铁磁质具有居里温度.高于此温度,磁畴即被瓦解,从而使铁磁质的特性消失,成为非铁磁性物质.

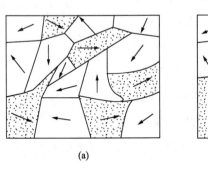
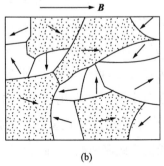

图 3-34

本 章 要 点

1. 基本定律

(1)毕奥-萨伐尔定律　$\mathrm{d}\boldsymbol{B}=\dfrac{\mu_0}{4\pi}\dfrac{I\,\mathrm{d}\boldsymbol{l}\times\boldsymbol{e}_r}{r^2}$

（2）安培定律　$\mathrm{d}\boldsymbol{F}=I\mathrm{d}\boldsymbol{l}\times\boldsymbol{B}$

2．基本场方程

（1）高斯定理

$$\oint_S \boldsymbol{B}\cdot\mathrm{d}\boldsymbol{S}=0 \quad \text{（表明磁场是无源场）}$$

（2）安培环路定理

真空中的安培环路定理$\oint_L \boldsymbol{B}\cdot\mathrm{d}\boldsymbol{l}=\mu_0\sum_{L\text{内}} I_i$（表明磁场是涡旋场）；介质中的安

培环路定理$\oint_L \boldsymbol{H}\cdot\mathrm{d}\boldsymbol{l}=\sum_{L\text{内}} I_i$（表明磁场是涡旋场），其中，$\boldsymbol{B}=\mu\boldsymbol{H}$.

3．几种典型的磁场

（1）直导线的磁场　$B=\dfrac{\mu_0 I}{4\pi a}(\cos\theta_1-\cos\theta_2)$

无限长直电流的磁场　$B=\dfrac{\mu_0 I}{2\pi a}$

（2）圆电流轴线上的磁场　$B=\dfrac{\mu_0 I R^2}{2(R^2+x^2)^{\frac{3}{2}}}$

圆电流圆心处 $\boldsymbol{B}$ 的大小为 $B=\dfrac{\mu_0 I}{2R}$

张角为 θ 的圆弧圆心处产生 $\boldsymbol{B}$ 的大小为 $B=\dfrac{\mu_0 I}{2R}\dfrac{\theta}{2\pi}$

（3）均匀密绕长直螺线管内部的磁场　$B=\mu_0 n I$

（4）运动电荷的磁场　$\boldsymbol{B}=\dfrac{\mu_0}{4\pi}\dfrac{q\boldsymbol{v}\times\boldsymbol{e}_r}{r^2}$

4．磁场对电流的作用

（1）载流导线在磁场中受安培力 $\boldsymbol{F}=\displaystyle\int I\mathrm{d}\boldsymbol{l}\times\boldsymbol{B}$

（2）载流平面线圈在均匀磁场中受磁力矩

$$\boldsymbol{M}=\boldsymbol{p}_{\mathrm{m}}\times\boldsymbol{B}=IS\boldsymbol{n}\times\boldsymbol{B}$$

5．磁场对运动电荷的作用

（1）洛伦兹力　$\boldsymbol{F}_{\mathrm{m}}=q\boldsymbol{v}\times\boldsymbol{B}$

回旋半径、回旋周期、螺距：

$$R=\frac{mv_\perp}{qB}, \quad T=\frac{2\pi R}{v}=\frac{2\pi m}{qB}, \quad h=v_{//}T=v_{//}\frac{2\pi m}{qB}$$

(2) 霍尔效应　$U_H=\dfrac{IB}{nqd}$

6. 磁介质的种类

(1) 顺磁质:$\mu_r>1$,增强原磁场

(2) 抗磁质:$\mu_r<1$,削弱原磁场

(3) 铁磁质:$\mu_r\gg1$,大大增强原磁场

习　　题

3-1　是否可以像定义场强 E 的方向那样,用作用于运动电荷上磁力的方向,来定义磁感应强度 B 的方向?

3-2　在一条给定的磁感线上,各点 B 的量值是否总是相等的?

3-3　无限长直电流磁场的磁感应强度公式是 $B=\dfrac{\mu_0 I}{2\pi a}$. 当场点无限接近导线,即 $a\to0$ 时,$B\to\infty$,应当如何理解?

3-4　在静止的电子附近放一根载流金属导线,(1)此时电子是否发生运动? (2)如果以一束电子射线代替载流导线,结果又如何?

3-5　在无限长的载流直导线附近的两点 A 和 B,依次放入同样大小的电流元,如果两点到导线的距离相等,问电流元所受到的磁力大小是否一定相等?

3-6　四条互相平行的长直载流导线的电流强度均为 I,如图放置。正方形的边长为 $2l$,则正方形中心 O 的磁感应强度 B 为(　　　)

(A) $\dfrac{2\mu_0 I}{\pi l}$　　　(B) $\dfrac{3\mu_0 I}{\pi l}$　　　(C) 0　　　(D) $\dfrac{\mu_0 I}{\pi l}$

3-7　载有电流 I 的导线如图放置,在圆心 O 处的磁感应强度 B 为(　　　)

(A) $\mu_0 I/4R+\mu_0 I/4\pi R$　　　(B) $\mu_0 I/2\pi R+3\mu_0 I/8R$

(C) $\mu_0 I/4\pi R+3\mu_0 I/8R$　　　(D) $\mu_0 I/4R+3\mu_0 I/2\pi R$

3-8　如图所示,共面放置一根无限长的载流导线和一矩形线圈,在磁场力的作用下,线圈将在该平面内如何运动? (　　　)

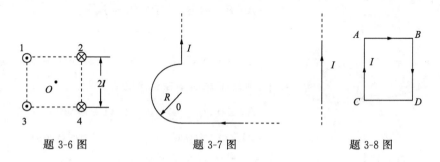

题 3-6 图　　　　　　　　题 3-7 图　　　　　　　　题 3-8 图

（A）向上　　　　（B）向下　　　　（C）向左　　　　（D）向右

3-9　一个带电粒子以速度 v 垂直进入匀强磁场 $\boldsymbol{B}$ 中,其运动轨迹是一半径为 R 的圆。要使半径变为 $2R$,磁感应强度 B 应变为(　　)

（A）$2B$　　　　（B）$\dfrac{B}{2}$　　　　（C）$\sqrt{2}B$　　　　（D）$\dfrac{\sqrt{2}\,B}{2}$

3-10　如图,半径为 a_1 的载流圆形线圈与边长为 a_2 的方形载流线圈,通有相同的电流,若两线圈中心 Q_1 和 Q_2 的磁感应强度大小相同,则半径与边长之比 a_1：a_2 为(　　)

（A）$1：1$　　　（B）$\sqrt{2}\pi：1$　　　（C）$\sqrt{2}\pi：4$　　　（D）$\sqrt{2}\pi：8$

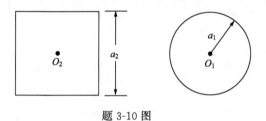

题 3-10 图

3-11　氢原子处在基态(正常状态)时,它的电子可看作是沿半径为 0.53×10^{-8} cm 的轨道作匀速圆周运动,速率为 2.2×10^8 cm/s,那么在轨道中心 $\boldsymbol{B}$ 的大小为(　　)

（A）8.5×10^{-6} T　（B）12.5 T　　　（C）8.5×10^{-4} T　（D）37.5 T

3-12　如图,两根长度相同的细导线分别多层密绕在半径为 R 和 r 的两个长直圆筒上形成两个螺线管,两个螺线管的长度相同,$R=2r$,螺线管通过的电流相同为 I,螺线管中的磁感应强度大小 B_R、B_r 满足(　　)

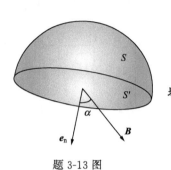

题 3-13 图

(A) $B_R=2B_r$　　(B) $B_R=B_r$

(C) $2B_R=B_r$　　(D) $B_R=4B_r$

3-13　一个半径为 r 的半球面如图放在均匀磁场中,通过半球面的磁通量为(　　)

(A) $2\pi r^2 B$　　　　　　(B) $\pi r^2 B$

(C) $2\pi r^2 B\cos\alpha$　　　　(D) $\pi r^2 B\cos\alpha$

3-14　下列说法正确的是(　　)

(A) 闭合回路上各点磁感应强度都为零时,回路内一定没有电流穿过

(B) 闭合回路上各点磁感应强度都为零时,回路内穿过电流代数和必定为零

(C) 磁感应强度沿闭合回路的积分为零时,回路上各点磁感应强度必定为零

(D) 磁感应强度沿闭合回路的积分不为零时,回路上任意一点的磁感应强度都不可能为零

3-15　在图(a)和(b)中各有一半径相同的圆形回路 L_1、L_2,圆周内有电流 I_1、I_2,其分布相同,且均在真空中,但在(b)图中 L_2 回路外有电流 I_3,P_1、P_2 为两圆形回路上的对应点,则(　　)

(A) $\oint_{L_1} \boldsymbol{B}\cdot\mathrm{d}\boldsymbol{l}=\oint_{L_2} \boldsymbol{B}\cdot\mathrm{d}\boldsymbol{l}, B_{P1}=B_{P2}$　　(B) $\oint_{L_1} \boldsymbol{B}\cdot\mathrm{d}\boldsymbol{l}\neq\oint_{L_2} \boldsymbol{B}\cdot\mathrm{d}\boldsymbol{l}, B_{P1}=B_{P2}$

(C) $\oint_{L_1} \boldsymbol{B}\cdot\mathrm{d}\boldsymbol{l}=\oint_{L_2} \boldsymbol{B}\cdot\mathrm{d}\boldsymbol{l}, B_{P1}\neq B_{P2}$　　(D) $\oint_{L_1} \boldsymbol{B}\cdot\mathrm{d}\boldsymbol{l}\neq\oint_{L_2} \boldsymbol{B}\cdot\mathrm{d}\boldsymbol{l}, B_{P1}\neq B_{P2}$

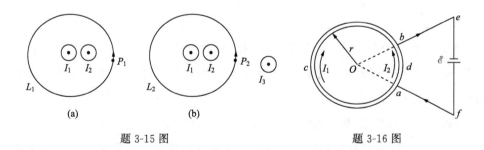

题 3-15 图　　　　　　　　　　题 3-16 图

3-16　如图所示,有两根导线沿半径方向接触铁环的 a、b 两点,并与很远处的电源相接。求环心 O 的磁感应强度.

3-17　如图所示,几种载流导线在平面内分布,电流均为 I,它们在点 O 的磁感应强度各为多少?

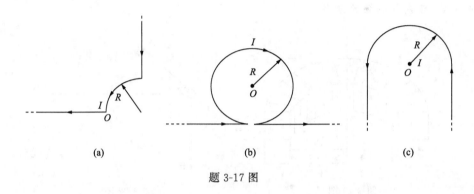

(a)　　　　　　　　　(b)　　　　　　　　　(c)

题 3-17 图

3-18　如图所示,一个半径为 R 的无限长半圆柱面导体,沿长度方向的电流 I 在柱面上均匀分布.求半圆柱面轴线 OO' 上的磁感应强度.

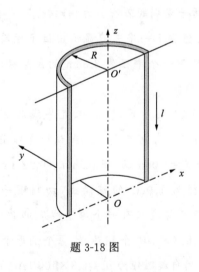

题 3-18 图

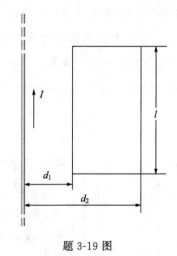

题 3-19 图

3-19　如图所示,载流长直导线的电流为 I,试求通过矩形面积的磁通量.

3-20　有一同轴电缆,其尺寸如图所示.两导体中的电流均为 I,但电流的流向相反,导体的磁性可不考虑.试计算以下各处的磁

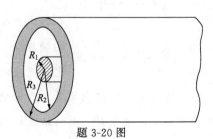

题 3-20 图

感应强度：$(1)r<R_1$；$(2)R_1<r<R_2$；$(3)R_2<r<R_3$；$(4)r>R_3$.

3-21　如图所示，N 匝线圈均匀密绕在截面为长方形的中空骨架上，求通入电流 I 后，环内外磁场的分布.

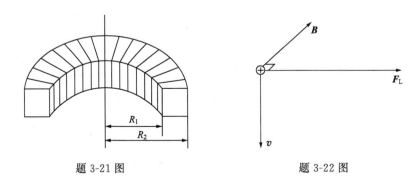

题 3-21 图　　　　　　　　　　　　　题 3-22 图

3-22　已知地面上空某处地磁场的磁感强度 $B= 0.4\times10^{-4}$T ，方向向北.若宇宙射线中有一速率 $v= 5.0\times10^7$m · s^{-1} 的质子，垂直地通过该处.求：(1)洛伦兹力的方向；(2)洛伦兹力的大小，并与该质子受到的万有引力相比较.

3-23　带电粒子在过饱和液体中运动，会留下一串气泡显示出粒子运动的径迹.设在气泡室有一质子垂直于磁场飞过，留下一个半径为 3.5cm 的圆弧径迹，测得磁感应强度为 0.20T，求此质子的动量和动能.

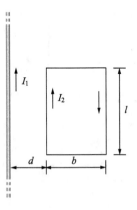

题 3-24 图

3-24　如题 3-24 图所示，一根长直导线载有电流 $I_1=30$A，矩形回路载有电流 $I_2=20$A.试计算作用在回路上的合力.已知 $d=1.0$cm，$b=8.0$cm，$l=0.12$cm.

3-25　在直径为 1.0cm 的铜棒上，切割下一个圆盘，设想这个圆盘的厚度只有一个原子线度那么大，这样在圆盘上约有 6.2×10^{14} 个铜原子.每个铜原子有 27 个电子，每个电子的自旋磁矩为 $\mu_e=9.3\times10^{-24}$A · m^2.我们假设所有电子的自旋磁矩方向都相同，且平行于铜棒的轴线.求：(1)圆盘的磁矩；(2)如这磁矩是由圆盘上的电流产生的，那么圆盘边缘上需要有多大的电流.

3-26　半径为 R 的圆片均匀带电，电荷面密度为 σ，令该圆片以角速度 ω 绕通过其中心且垂直于圆平面的轴旋转.求轴线上距圆片中心为 x 处的 P 点的磁感应强度和旋转圆片的磁矩.

3-27　电子在 $B = 70 \times 10^{-4}$ T 的匀强磁场中作圆周运动,圆周半径 $r = 3.0$ cm.已知 $\boldsymbol{B}$ 垂直于纸面向外,某时刻电子在圆周上的某点处,速度 v 向上,如图所示.

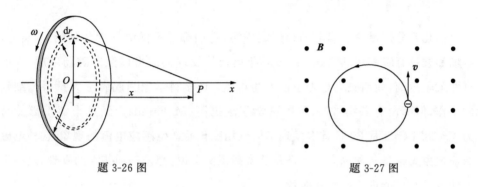

题 3-26 图　　　　　　　　　　题 3-27 图

(1)求这电子速度 v 的大小;(2)求这电子的动能 E_k.

第 **4** 章　电磁感应　电磁场

　　前几章分别讨论了静电场和恒定磁场,它们都是不随时间变化的场.事实上,电场和磁场有着密切的联系.自 1820 年奥斯特发现电流可以激发磁场以后,人们自然就联想到,利用磁场是否也能产生电流? 许多科学家为此做了大量艰苦细致的工作,但都没有获得成功.英国科学家法拉第(M. Faraday)经过十年不懈的努力,于 1831 年 8 月 29 日首次发现了因磁场变化而产生感应电流的现象.这种电磁感应现象无论是从理论意义上还是从实践意义上说,都是一项伟大的发现,这一发现使人类有可能进入电气化时代.

　　麦克斯韦(J. C. Maxwell)在前人研究成果的基础上,特别是在法拉第"力线"概念的启示下,对电磁现象做了系统的研究.他提出了涡旋电场的假设,建立了变化的磁场和电场之间的联系;同时,又提出了位移电流的假设,建立了变化的电场与磁场之间的联系.在此基础上,麦克斯韦总结出描述电磁场的一组完整的方程式,即麦克斯韦方程组,建立了麦克斯韦电磁理论.该理论指出:静电场和恒定磁场是电磁场的特例,如果一开始由于电荷的运动或电流的变化在空间激发了变化的电场或磁场,则变化的电场和变化的磁场会互相激发,形成变化的电磁场在空间传播.由此,麦克斯韦预言了电磁波的存在,并计算出其传播速度等于光速.20 年后,赫兹(G. L. Hertz)首次用实验证实了电磁波的存在.

　　本章主要内容有:电磁感应现象;电磁感应遵从的基本定律;感应电动势产生的机制和计算方法;磁场能量等.本章还简要地介绍麦克斯韦电磁场理论,给出了积分形式的麦克斯韦方程组.

4.1　电 磁 感 应

4.1.1　电磁感应现象

　　图 4-1 表示几个典型的电磁感应实验.图(a)表示闭合导体回路附近有磁铁与

它发生相对运动;图(b)表示闭合导体回路附近有变化的电流;图(c)表示闭合回路中的导体在磁场中运动和导体回路在磁场中转动.结果发现这几个闭合回路中都有电流产生.

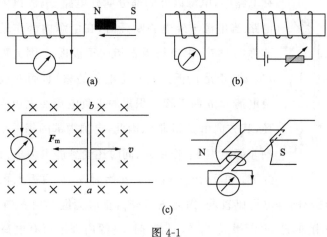

图 4-1

　　在上述实验中,回路中产生电流的原因似乎不同,然而,仔细分析可以发现它们有一个共同的特点,就是穿过闭合导体回路的磁通量都发生了变化,而且磁通量变化越快,回路中的电流就越大;磁通量变化越慢,回路中的电流就越小.分析实验规律,可得出如下结论:当穿过闭合导体回路的磁通量发生变化时(不管这种变化是由什么原因引起的),回路中就有电流产生.这种现象称为电磁感应现象.回路中产生的电流称为**感应电流**,相应的电动势则称为**感应电动势**.

4.1.2　电动势

　1.电源

　　一般说来,一旦把两个电势不等的导体用导线连接起来,导线中就会有电流产生.电容器的放电过程就是这样.但在静电力作用下,正电荷从电势高的一端经导线向电势低的一端移动,随着时间的推移,正、负电荷逐渐中和,导体两端的电势差逐渐减小,从而破坏恒定条件.假如我们能够沿另一途径把正电荷送回电势高的一端,以维持导体两端电势差不变,这样就可以在导体中维持恒定电流.显然靠静电力是不可能完成上述过程的,必须有非静电性的力使正电荷逆着静电场方向,从低电势处返回高电势处,使导体两端的电势差保持恒定,从而形成恒定电流.

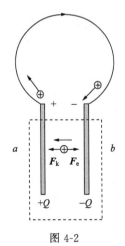

图 4-2

提供非静电力的装置称为电源.图 4-2 是电源装置的原理图.电源有两个电极,电势高的为正极,电势低的为负极.在电路中,电源以外的部分叫外电路,电源以内的部分叫内电路.当电源与外电路断开时,在电源内部作用于正电荷的非静电力 F_k 由负极板 b 指向正极板 a,因此正电荷由 b 向 a 运动,于是 a 板上就有正电荷的累积,而 b 板则带有等量负电荷.a、b 两极板上积累的正负电荷在电源内部产生静电场,其方向由 a 指向 b,因此,电源内部的每一个正电荷除受到非静电力 F_k 作用外,同时还受到静电力 F_e 的作用,方向与 F_k 相反,由 a 指向 b.开始时,a、b 两板上积累的正负电荷不多,电源内部的静电场比较弱,因此 $F_k > F_e$,正电荷继续由 b 向 a 迁移.随着 a、b 上电荷的增加,F_e 逐渐增大.当 $F_k = F_e$ 时,电源内部不再有电荷的迁移,a、b 上正负电荷不再变化,两极板间的电势差亦保持恒定.

如果将电源与外电路接通,形成闭合电路,则在两极板电荷产生的电场的作用下,导线中形成了从 a 到 b 的电流.随着电荷在外电路中的定向移动,a、b 板上积累的正负电荷减少,使得电源内部的正电荷受到的静电力 F_e 又小于非静电力 F_k,于是电源内部又出现由 b 向 a 运动的正电荷.可见,外电路接通后,在电源内部也出现电流,方向是从低电势处流向高电势处.综上所述,在内电路,正电荷受非静电力作用从负极 b 移向正极 a;在外电路,正电荷受静电力作用从正极 a 移向负极 b,从而使电源正负极板上的电荷分布维持稳定,形成恒定电流.显然,**电源中非静电力的存在是形成恒定电流的根本原因.**

从能量观点看,非静电力移动电荷时必须反抗电场力做功.在这一过程中,被移动电荷的电势能增大,是由电能以外的其他形式的能量转换而来的.因此,电源是一种能够不断地把其他形式的能量转换为电能的装置.

电源的类型很多.不同类型电源中形成非静电力的过程不同,所以能量转换形式也不同.如在发电机中,非静电力是一种电磁作用,是将机械能转化为电能;在化学电源中,非静电力是一种化学作用,是将化学能转化为电能;在温差电源中,非静电力是与温差和浓度差相联系的扩散作用,是将热能转化为电能;太阳能电池则是直接把光能转变成电能的一种装置,等等.

2.电源的电动势

从上面的讨论可知,电源在电路中的作用是把其他形式的能量转换为电能.衡量电源转换能量能力大小的物理量称为电源的电动势,它反映了电源中非静电力移动电荷做功的本领大小.

在电源内部,单位正电荷从负极移到正极的过程中,非静电力所做的功叫做电源的电动势,用 $\mathscr{E}$ 表示.若 A_k 表示在电源内部将电量为 q 的正电荷从负极移到正极时非静电力所做的功,以 E_k 表示非静电电场强,则电源的电动势定义为

$$\mathscr{E} = \frac{A_k}{q} = \oint E_k \cdot \mathrm{d}l \tag{4-1}$$

考虑到外电路的导线只存在静电场,没有非静电场;非静电电场强度 E_k 只存在于电源内部,故在外电路上有

$$\int_{外} E_k \cdot \mathrm{d}l = 0$$

这样,式(4-1)可改写为

$$\mathscr{E} = \oint E_k \cdot \mathrm{d}l = \int_{内} E_k \cdot \mathrm{d}l \tag{4-2}$$

电动势是标量,但它和电流强度一样规定有方向.通常**规定从负极经电源内部指向正极的方向为电动势的方向**.沿电动势方向,非静电力做正功,使正电荷的电势能增加.

电动势的单位名称是伏特,符号为 V.

4.1.3　电磁感应定律

法拉第(M.Faraday)对电磁感应现象作了定量的研究.他分析了大量实验,得出如下结论:**当穿过闭合导体回路的磁通量发生变化时,回路中产生的感应电动势的大小与磁通量对时间的变化率成正比**. 在 SI 中,这一规律可表示为

$$\mathscr{E}_i = \left| \frac{\mathrm{d}\Phi}{\mathrm{d}t} \right|$$

将上述结论和楞次定律结合起来,得到既反映电动势大小又反映电动势方向的电磁感应定律.为此,可以先规定回路的绕行正方向,并根据这个方向按右手螺

旋定则确定回路所围曲面的法线 **n** 的正方向.若磁感线沿 **n** 方向穿过曲面,则磁通量 Φ 为正.这时,若回路中磁通量增加,即 dΦ>0,如图 4-3(a)所示,则由楞次定律,感应电流的磁通量应为负值,以阻碍原磁通量的增加,其磁感线只能逆 **n** 方向穿过曲面.按右手螺旋定则,感应电流应沿回路的负方向流动,即与规定的回路正方向相反,所以感应电动势 $\mathscr{E}_i$<0.若回路中磁通量减少,即 dΦ<0,如图 4-3 所示(b)所示,则由楞次定律,感应电流的磁通量应为正值,以阻碍原磁通量的减少,其磁感线沿 **n** 方向穿过曲面.按右手螺旋定则,感应电流应沿回路正方向流动,所以感应电动势 $\mathscr{E}_i$>0.如果在规定了回路的正方向以后,磁感线逆 **n** 方向穿过曲面,则 Φ 为负.这种情况的讨论留给读者,结论是相同的.即不论回路的磁通量如何变化,感应电动势的符号与 dΦ 的符号相反.因此,电磁感应的规律可写成

$$\mathscr{E}_i = -\frac{\mathrm{d}\Phi}{\mathrm{d}t} \tag{4-3}$$

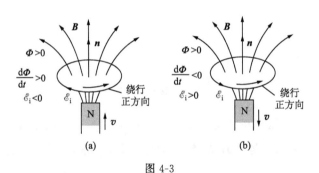

图 4-3

上式称为**法拉第电磁感应定律**.式中负号反映感应电动势的方向,是楞次定律的数学表示.

若闭合回路是 N 匝密绕线圈,则当磁通量发生变化时,其总电动势为

$$\mathscr{E}_i = -N\frac{\mathrm{d}\Phi}{\mathrm{d}t} = -\frac{\mathrm{d}\Psi}{\mathrm{d}t} \tag{4-4}$$

式中,$\Psi = N\Phi$ 称为线圈的磁通链数(简称磁链)或全磁通,表示通过 N 匝密绕线圈的总磁通量.

4.2　感应电动势

法拉第电磁感应定律表明,闭合回路的磁通量发生变化就有感应电动势产生.实际上,磁通量的变化不外有两种原因:一种是回路或其一部分在磁场中有相对运动,这样产生的感应电动势称为动生电动势;另一种是回路在磁场中没有相对运动,这种仅由磁场的变化而产生的感应电动势,称为感生电动势.

4.2.1　动生电动势

若长为 l 的导体棒 a、b,在恒定的均匀磁场中以匀速度 v 沿垂直于磁场 B 的方向运动,见图 4-4(a).这时,导体棒中的自由电子将随棒一起以速度 v 在磁场 B 中运动,因而每个自由电子都受到洛伦兹力 F_m 的作用

$$F_\mathrm{m} = -e(v \times B)$$

上式中,力 F_m 的方向由 b 指向 a.在力 F_m 的作用下,自由电子沿棒向 a 端运动.自由电子运动的结果,使导体棒 a、b 两端出现了上正下负的电荷累积,从而产生自 b 指向 a 的静电场,其电场强度为 E,于是电子又受到一个与洛伦兹力方向相反的静电力 F_e.此静电力随电荷的累积而增大.当静电力的大小增大到等于洛伦兹力的大小时,a、b 两端形成一定的电势差.如果用导线把 a、b 两端联结起来,见图 4- 4(b),则在外电路 aGb 上,自由电子在静电力的作用下,将由 a 端沿 aGb 方向运动到 b 端.由于电荷的移动,使 a、b 两端累积的电荷减少,从而静电场的电场强度 E 变小.于是运动棒内原来两力平衡的状态被破坏,又会发生电子沿洛伦兹力 F_m 方

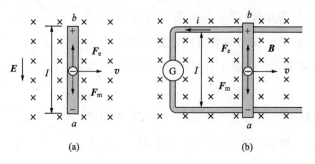

图 4-4

向运动补充 a、b 两端减少的电荷,使匀速运动棒的两端维持一定的电势差,这时导体棒 a、b 相当于一个具有一定电动势的电源.显然,洛伦兹力是此"电源"的非静电力,它不断地在此"电源"内部把电子从高电势处搬到低电势处,使运动导体棒内形成动生电动势,产生闭合回路中的电流.

运动导体棒内与洛伦兹力相对应的非静电性场强 E_k 为

$$E_k = -\frac{F_m}{e} = (v \times B)$$

由电动势的定义,导体棒 ab 上的动生电动势为

$$\mathscr{E}_i = \int_a^b E_k \cdot \mathrm{d}l = \int_a^b (v \times B) \cdot \mathrm{d}l \qquad (4-5)$$

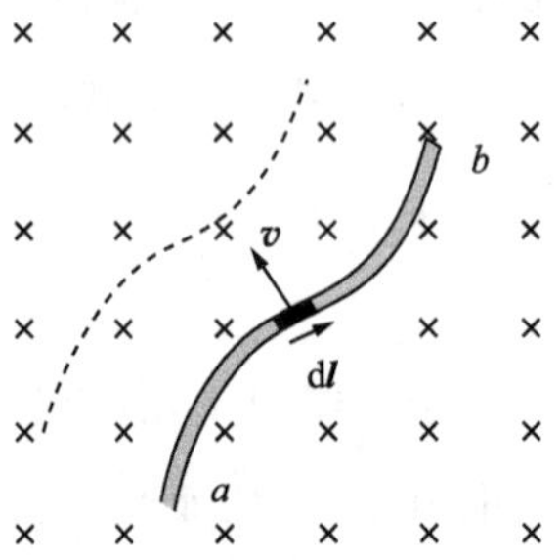

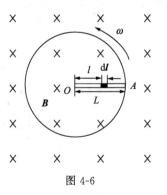

对于任意形状的一段导线 ab,在恒定的非均匀磁场中运动时,如图 4-5 所示,导线中的自由电子在随导线一起运动时,同样会受到洛伦兹力 F_m 的作用,一般情况下,导线内会出现 E_k 并产生动生电动势.此时导线 ab 上动生电动势应为

$$\mathscr{E}_i = \int_a^b E_k \cdot \mathrm{d}l = \int_a^b (v \times B) \cdot \mathrm{d}l \qquad (4-6)$$

图 4-5

此式可作为动生电动势的一般表达式.

在图 4-4 中,v,B,$\mathrm{d}l$ 三者互相垂直,当积分路径由 a 到 b,则 v 和 B 的夹角 $\theta = \pi/2$,$v \times B$ 与 $\mathrm{d}l$ 的夹角 $\varphi = 0$,由式(4-6)得到 ab 棒上的动生电动势为

$$\mathscr{E}_i = \int_a^b (v \times B) \cdot \mathrm{d}l = Blv$$

$\mathscr{E}_i > 0$,说明 a 点电势比 b 点的电势低.

例题 4.1 长为 L 的铜棒在磁感强度为 B 的均匀磁场中,以角速度 ω 在与磁场方向垂直的平面内绕棒的一端 O 匀速转动,如图 4-6 所示.求棒中的动生电动势.

解 在铜棒上距 O 点为 l 处取线元 $\mathrm{d}l$,其方向沿 O 指向 A,其运动速度的大小为 $v = \omega l$.显然 v、B、$\mathrm{d}l$ 相互垂直,所以 $\mathrm{d}l$ 上的动生电动势为

图 4-6

$$\mathrm{d}\mathscr{E}_i = (\boldsymbol{v} \times \boldsymbol{B}) \cdot \mathrm{d}l = -vB\,\mathrm{d}l$$

由此可得金属棒上总电动势为

$$\mathscr{E}_i = \int_L \mathrm{d}\mathscr{E}_i = -\int_0^L vB\,\mathrm{d}l = -\int_0^L \omega lB\,\mathrm{d}l = -\frac{1}{2}B\omega L^2$$

因为 $\mathscr{E}_i < 0$，所以 $\mathscr{E}_i$ 的方向为 $A \to 0$，即 O 点电势较高.事实上由 $\boldsymbol{v} \times \boldsymbol{B}$ 的指向即可判断 O 点电势较高.

如果这个问题中的铜棒换成半径为 L 的铜圆盘,结果如何,请读者思考.

例题 4.2　直导线 ab 以速率 v 沿平行于长直载流导线的方向运动,ab 与直导线共面,且与它垂直,如图 4-7(a)所示.设直导线中的电流强度为 I,导线 ab 长为 L,a 端到直导线的距离为 d,求导线 ab 中的动生电动势,并判断哪一端电势较高.

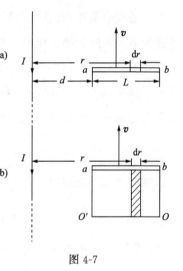

图 4-7

解　在导线 ab 所在的区域,长直载流导线在距其 r 处的磁感强度 $\boldsymbol{B}$ 的大小为

$$B = \frac{\mu_0 I}{2\pi r}$$

$\boldsymbol{B}$ 的方向垂直纸面向外.

在导线 ab 上距载流导线 r 处取一线元 $\mathrm{d}\boldsymbol{r}$,方向向右.因 $\boldsymbol{v} \times \boldsymbol{B}$ 方向也向右,所以该线元中产生的电动势为

$$\mathrm{d}\mathscr{E}_i = (\boldsymbol{v} \times \boldsymbol{B}) \cdot \mathrm{d}\boldsymbol{r} = vB\,\mathrm{d}r = \frac{\mu_0 I}{2\pi r}v\,\mathrm{d}r$$

故导线 ab 中的总电动势为

$$\mathscr{E}_{ab} = \int_a^b \mathrm{d}\mathscr{E}_i = \int_d^{d+L} \frac{\mu_0 Iv}{2\pi r}\mathrm{d}r = \frac{\mu_0 Iv}{2\pi}\ln\frac{d+L}{d}$$

由于 $\mathscr{E}_{ab} > 0$,表明电动势的方向由 a 指向 b,b 端电势较高.

导体或导体回路(整体或部分)在恒定磁场中运动时产生的感应电动势称为动生电动势,它是由磁场对导体中载流子作用的洛伦兹力引起的,有关动生电动势的计算方法有两种:一是用式(4-6)进行计算,这时先要在运动导体上选定 $\mathrm{d}l$,弄清 $\mathrm{d}l$ 的速度 v 和 $\mathrm{d}l$ 所在处的 $\boldsymbol{B}$.一般情况下,在积分路径上不同 $\mathrm{d}l$ 处的 v 和 $\boldsymbol{B}$ 是各

不相同的,特别要注意正确地确定各量及它们之间的夹角关系.正确地写出$\mathrm{d}\mathscr{E}_i=$ $(v\times B)\cdot\mathrm{d}l$.这是正确应用式(4-6)进行计算的前提;二是根据导体在单位时间内切割磁场线数的式(4-3)进行计算.

4.2.2 感生电动势 感生电场

静止闭合回路中的任一部分处于随时间变化的磁场中时,也会产生感应电动势.这种电动势称为感生电动势.麦克斯韦对此作了深入的分析后,于 1861 年指出:即使不存在导体回路,变化的磁场也会在空间激发出一种场,麦克斯韦称它为感生电场或有旋电场.感生电场对电荷的作用力规律与静电场相同.设感生电场的场强为 E_k,则处于感生电场中的电荷 q 受的力为 $F=qE_k$.当导体回路所围面积内的磁场变化时,在导体回路上就有感生电场,导体中的自由电子在感生电场作用下形成了感应电流.感生电场与静电场的区别在于,感生电场不是由电荷激发的,而是由变化的磁场激发的,描述感生电场的电场线是闭合的,即

$$\oint E_k\cdot\mathrm{d}l\neq 0$$

所以感生电场不是保守场.产生感生电动势的非静电力 F_k 正是这一感生电场,即

$$\mathscr{E}_i=\oint_L E_k\cdot\mathrm{d}l=-\frac{\mathrm{d}\Phi}{\mathrm{d}t}=-\frac{\mathrm{d}}{\mathrm{d}t}\int_S B\cdot\mathrm{d}S$$

式中,积分的面积 S 是以闭合回路为界的任意曲面.在这里闭合回路是固定的,因而可将上式改写为

$$\oint_L E_k\cdot\mathrm{d}l=-\frac{\mathrm{d}}{\mathrm{d}t}\int_S B\cdot\mathrm{d}S \tag{4-7}$$

式(4-7)反映了变化磁场与感生电场(有旋电场)之间的联系.

有旋电场有许多重要的应用,例如,电子感应加速器就是利用有旋电场不断对电子加速获得高能量的电子束轰击不同的靶来获得 X 射线和 γ 射线.如在工业上,金属导体处于交变磁场中,使导体内产生有旋电场,导体的自由电子受有旋电场作用产生闭合感应电流(俗称涡电流,也称傅科电流).由于大块导体一般电阻很小,涡电流强度很大,产生大量的焦耳热,高频感应冶金炉就是应用这个原理.有时候也要限制涡电流,如变压器内的铁芯,需要用很薄的硅钢片,表面并涂以绝缘漆就是这个缘故.

例题 4.3　如图 4-8(a)所示,在半径为 R 的圆柱形区域内存在着垂直于纸面向里的均匀磁场 $\boldsymbol{B}$,当 $\boldsymbol{B}$ 以 $\mathrm{d}\boldsymbol{B}/\mathrm{d}t$ 的恒定速率增强时,求空间各处感生电场的场强 $\boldsymbol{E}_\mathrm{k}$ 和同心圆回路的感生电动势.

(a)

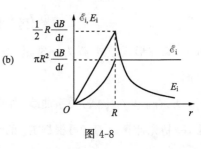

(b)

图 4-8

解　由磁场变化的对称性和感生电场线的闭合性可知,电场线是一些以圆柱轴线为轴的同心圆,圆上各点场强的大小相等.

取顺时针方向为上述圆形回路的正方向,如图 4-8(a)所示.依题意 $\mathrm{d}\boldsymbol{B}/\mathrm{d}t$ 的方向与 $\boldsymbol{B}$ 的方向相同,因此与回路所围平面的正法线方向相同.设感生电场的场强 $\boldsymbol{E}_\mathrm{k}$ 的方向和回路的正向相同,于是由式(4-7)有

$$\oint_L \boldsymbol{E}_\mathrm{k} \cdot \mathrm{d}\boldsymbol{l} = 2\pi r E_\mathrm{k} = -\frac{\mathrm{d}}{\mathrm{d}t}\int_s B\,\mathrm{d}S$$

因为圆柱形区域内的磁场是均匀的,所以有

$$\oint_L \boldsymbol{E}_\mathrm{k} \cdot \mathrm{d}\boldsymbol{l} = 2\pi r E_\mathrm{k} = -\frac{\mathrm{d}B}{\mathrm{d}t}\int_s \mathrm{d}S$$

当圆形回路半径 $r<R$ 时,上式变为

$$2\pi r E_\mathrm{k} = -\frac{\mathrm{d}B}{\mathrm{d}t}\pi r^2$$

得

$$E_\mathrm{k} = -\frac{1}{2}r\frac{\mathrm{d}B}{\mathrm{d}t}$$

式中,负号表示感生电场的方向与所设方向相反,即为逆时针方向.回路的感生电动势为

$$\mathscr{E}_\mathrm{i} = \oint_L \boldsymbol{E}_\mathrm{k} \cdot \mathrm{d}\boldsymbol{l} = 2\pi r E_\mathrm{k} = -\pi r^2 \frac{\mathrm{d}B}{\mathrm{d}t}$$

回路的感生电动势亦可由电磁感应定律算出,即

$$\mathscr{E}_\mathrm{i} = -\frac{\mathrm{d}\varPhi}{\mathrm{d}t} = -\frac{\mathrm{d}}{\mathrm{d}t}(BS)$$

$$= -\pi r^2 \frac{\mathrm{d}B}{\mathrm{d}t}$$

当 $r>R$ 时,同理可得

$$2\pi r E_k = -\frac{dB}{dt}\pi R^2, \quad E_k = -\frac{1}{2}\frac{R^2}{r}\frac{dB}{dt}$$

相应地感生电动势为

$$\mathscr{E}_i = \oint_L \boldsymbol{E}_k \cdot d\boldsymbol{l} = 2\pi r E_k = -\pi R^2 \frac{dB}{dt}$$

可见,圆柱形区域外 $\mathscr{E}_i$ 为一常量,与 r 无关.$\boldsymbol{E}_k$、$\mathscr{E}_i$ 的方向也都沿圆形回路逆时针方向.

　　$\boldsymbol{E}_k(r)$ 和 $\mathscr{E}_i(r)$ 的关系曲线,如图 4-8(b)所示.因此计算感生电动势有两种方法,一是先计算出 $\boldsymbol{E}_k$,再根据 $\boldsymbol{E}_k$ 的线积分计算 $\mathscr{E}_i$,一般情况下,计算 $\boldsymbol{E}_k$ 是困难的,只是在某些具有对称性情况,才能求出 $\boldsymbol{E}_k$;二是先找出穿过闭合回路的磁通量,再根据电磁感应定律算出 $\mathscr{E}_i$.对非闭合导体常可通过做辅助线构成闭合回路再计算出 $\mathscr{E}_i$,只是要注意所作辅助线中的感生电动势一般并不为零.但选择恰当时,辅助线中的感生电动势也可以为零或者比较容易算出,这样就不难求出所要求的感生电动势.

4.2.3　电子感应加速器

　　利用有旋电场对电子进行加速的装备称为电子感应加速器,其构造原理如图 4-9(a)所示,图中 N 和 S 是圆柱形电磁铁的两个磁极,两磁极间隙中安放一个环形真空室.交变强电流激励产生交变磁场.工作时,由电子枪射入真空室中的电子被磁场中洛伦兹力控制在真空室圆周轨道上运行.变化磁场产生的有旋电场使电子加速.设交变磁场按正弦规律变化,见图 4-9(b),图中 $\boldsymbol{B}$ 为正,表示 $\boldsymbol{B}$ 的方向垂直纸面向外,用左手螺旋定则确定的有旋电场方向也标注在图上.如果在真空室中的电子沿逆时针方向运动,见图 4-9(c),则电子只在第一和第四个 1/4 周期内可以被加速.另一方面要使电子沿圆周轨道运动,则磁场对电子的洛伦兹力必须指向圆心,这只有在第一、第二个 1/4 周期内才能实现.因此,只有在第一个 1/4 周期内才能使电子沿圆轨道运动并被不断加速.实际上,是在第一个 1/4 周期末,利用偏转系统把高速电子引出,射到靶上.由于电子质量很小,即使在极短的 1/4 周期内,例如 10^{-4}s 内,已在真空室内回转数十万,甚至数百万次,并获得很高的能量.目前采用的电子感应加速器,可把电子加速到最高能量约为 300MeV 左右.

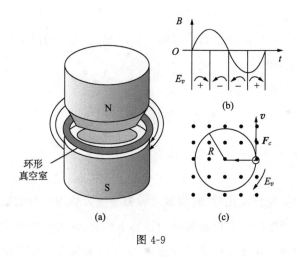

图 4-9

电子感应加速器中有一个基本问题,就是如何使电子稳定在圆形轨道上加速,这对磁场的径向分布,有较严格的要求.设电子圆形轨道处的磁感应强度为 B_R,某时刻的速率为 v,由于电子作半径为 R 的圆周运动的向心力是洛伦兹力,故有

$$evB_R = m\frac{v^2}{R} \quad 或 \quad mv = eB_R R$$

因此,只要磁感应强度随电子的动量正比地增加,R 就将保持不变.也就是说电子稳定在半径不变的圆形轨道上运动.怎样才能实现这一条件呢? 我们知道,穿过电子轨道包围面积 S 的磁通量 $\varPhi = \pi R^2 \bar{B}$,此处 $\bar{B}$ 为面积 S 内磁感应强度的平均值,由于它是随时间变化的,从而产生有旋电场.根据例题 4.3 的结果知,电子圆轨道上,有旋电场强度 $\boldsymbol{E}_k$ 的大小为

$$E_k = -\frac{1}{2}R\frac{\mathrm{d}\bar{B}}{\mathrm{d}t}$$

电子沿圆轨道切向运动微分方程应为

$$\frac{\mathrm{d}(mv)}{\mathrm{d}t} = eE_k = \frac{eR}{2}\frac{\mathrm{d}\bar{B}}{\mathrm{d}t}$$

将前式代入,简化后得

$$B_R = \frac{1}{2}\bar{B}$$

这就是使电子保持在稳定圆轨道上运动的条件.

电子感应加速器原来主要用于核物理研究,由于低能电子感应加速器结构简单、造价低廉,目前在国民经济的许多部门也广泛被采用.如用于工业上的 γ 探伤,医疗上用于诊治癌症等.

4.3 自感和互感

4.3.1 自感

当一线圈中的电流变化时,它所激发的磁场通过线圈自身的磁通量也在变化,由此在线圈自身产生的感应电动势称为自感电动势,这种现象称为自感现象.

由于线圈中的电流激发的磁感应强度 B 与电流强度 I 成正比,因此通过线圈的磁通量 Φ 也正比于 I,即

$$\Phi = LI \tag{4-8}$$

式中的比例系数 L 称为自感系数,它与线圈中的电流无关,取决于线圈的大小、几何形状和匝数.若存在磁介质,L 还与磁介质的性质有关(若磁介质是铁磁质,则 L 与线圈中的电流有关).在 SI 制中,自感系数的单位为亨利(H).

将式(4-8)代入式(4-3),得线圈中的自感电动势为

$$\mathscr{E}_i = -\frac{\mathrm{d}\Phi}{\mathrm{d}t} = -L\,\frac{\mathrm{d}I}{\mathrm{d}t} \tag{4-9}$$

由式(4-9)可以看出,对于相同的电流变化率,自感系数 L 越大的线圈所产生的自感电动势越大,即自感作用越强,式(4-9)中负号说明自感电动势将反抗回路中电流的变化.

自感系数的计算方法一般比较复杂,实际上常采用实验方法测量.对于简单的对称线路可根据毕奥–萨伐尔定律(或安培环路定理)和 $\Phi = LI$ 计算.

自感现象在电工和无线电技术中应用广泛.自感线圈是交流电路或无线电设备中的基本元件,它和电容器的组合可以构成谐振电路或滤波器,利用线圈具有阻碍电流变化的特性,可以恒定电路的电流.自感现象有时也会带来害处.在供电系统中切断载有强大电流的电路时,由于电路中自感元件的作用,开关处会出现强烈的电弧,足以烧毁开关,造成火灾,为了避免事故,必须使用带有灭弧结构的开关.

4.3.2　互感

图 4-10 中的两个线圈 1 和 2 靠得较近.当线圈 1 中的电流变化时,它所激发的变化磁场会在线圈 2 中产生感应电动势;同样,线圈 2 中的电流变化时也会在线圈 1 中产生感应电动势.这种感应电动势称为互感电动势,这种现象称为互感现象.

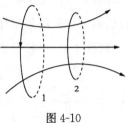

图 4-10

设线圈 1 中的电流 I_1 在线圈 2 产生的磁通量为 Φ_{21},线圈 2 中的电流在线圈 1 中产生的磁通量为 Φ_{12}. 在无铁磁介质存在情况下, $\Phi_{21} \propto I_1$, $\Phi_{12} \propto I_2$,写成等式有

$$\Phi_{21} = M_{21} I_1 \tag{4-10}$$

$$\Phi_{12} = M_{12} I_2 \tag{4-11}$$

式中,比例系数 M_{21} 称为线圈 1 对线圈 2 的互感系数, M_{12} 称为线圈 2 对线圈 1 的互感系数,它们的数值决定于线圈的大小、几何形状、匝数及两线圈的相对位置.互感系数单位和自感系数的单位相同.

可以证明, M_{12} 和 M_{21} 是相等的,统一用 M 表示,即

$$M_{12} = M_{21} = M$$

于是式(4-10)和式(4-11)两式可写为

$$\Phi_{21} = M I_1 \tag{4-12}$$

$$\Phi_{12} = M I_2 \tag{4-13}$$

根据电磁感应定律,线圈 1 中的电流 I_1 变化时,在线圈 2 中产生的互感电动势为

$$\mathscr{E}_{21} = -\frac{\mathrm{d}\Phi_{21}}{\mathrm{d}t} = -M \frac{\mathrm{d}I_1}{\mathrm{d}t} \tag{4-14}$$

同理,线圈 2 中的电流 I_2 变化时,在线圈 1 中产生的互感电动势为

$$\mathscr{E}_{12} = -\frac{\mathrm{d}\Phi_{12}}{\mathrm{d}t} = -M \frac{\mathrm{d}I_2}{\mathrm{d}t} \tag{4-15}$$

式(4-14)和式(4-15)表明,对于具有互感的两个线圈中的任何一个,只要线圈中的电流变化相同,就会在另一线圈中产生大小相同的互感电动势.

互感在电工和无线电技术中应用广泛.通过互感线圈能使能量或信号由一个

线圈方便地传递到另一个线圈.电工和无线电技术中使用的各种变压器(电力变压器,中周变压器,输入和输出变压器等)都是互感器件.但有时互感现象也有害,例如,有线电话的串音就是两路电话之间的互感引起的.可采用磁屏蔽方法来减小电路之间由于互感引起的互相干扰.例如,常温下可采用起始磁导率很高的坡莫合金,低温下可采用超导体做成的磁屏蔽装置.

例题 4.4 半径分别为 R 和 r 的两个同轴圆形线圈,相距为 d,且 $d \gg R$、$R \gg r$,见图 4-11,若大线圈中通有电流 $I = I_0 \sin\omega t$.试求(1)两线圈的互感系数;(2)小线圈中的互感电动势.

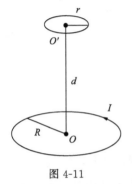

图 4-11

解 (1)大线圈中的电流在小线圈中心 O' 处产生的磁感应强度的大小为

$$B = \frac{\mu_0 I R^2}{2(R^2 + d^2)^{\frac{3}{2}}}$$

由于两线圈相距很远,又小线圈半径甚小,故可以认为小线圈中的磁场是均匀分布的.因此,通过小线圈的磁通量为

$$\Phi_{小} = \boldsymbol{B} \cdot \boldsymbol{S} = \frac{\mu_0 I R^2}{2(R^2 + d^2)^{\frac{3}{2}}} \pi r^2$$

根据互感的定义,有

$$M = \frac{\Phi_{小}}{I} = \frac{\pi \mu_0 R^2 r^2}{2(R^2 + d^2)^{\frac{3}{2}}} \approx \frac{\pi \mu_0 R^2 r^2}{2d^3}$$

(2)小线圈中的互感电动势为

$$\mathscr{E} = -M \frac{\mathrm{d}I}{\mathrm{d}t} = -\frac{\pi \mu_0 R^2 r^2 I_0 \omega}{2d^3} \cos\omega t$$

一般说来,自感系数和互感系数是不容易通过计算求出的.问题的关键在于能否找出磁通量的表达式.在自感情况下,能否找出回路中电流产生的磁场,穿过自身回路的磁通量.在互感情况下,则是指能否找出回路 1 中电流产生的磁场穿过回路 2 中的磁通量.或者找出回路 2 中的电流产生的磁场穿过回路 1 中的磁通量.然后再根据自感系数和互感系数的定义,求出自感和互感.正如前面讲过的,要计算任意形状回路中的电流产生的磁场的磁感应强度,即使是可能的话,也将是十分复杂的.何况算出了磁感应强度的分布,计算穿过任意形状回路的磁通量也是非常困

难的.对于规则形状的回路,如圆线圈、长直密绕螺线管、螺绕环、长直导线等中通以电流,产生的磁场分布比较容易求出,若要计算磁通量的回路几何形状也是规则的,这时才有可能根据定义计算出自感和互感.

4.4 磁 场 能 量

与电场类似,磁场中也贮有能量.现研究图 4-12 所示的实验电路.电路接通后,灯泡 S 发光发热的能量是由电源提供的,当迅速断开电路中的电源,灯泡 S 并不立即熄灭.为使实验效果明显,可使线圈 L 的电阻比灯泡电阻小得多,这样在断开电路中电源前,线圈 L 支路中的电流比灯泡支路中的电流大很多.这时断开电路中电源会看到灯泡 S 猛然一亮后才熄灭.断开电路中电源,灯泡 S 所消耗的能量是"谁"提供的呢? 要回答这个问题就要想想灯泡熄灭过程中,有什么伴随电流一起消失了? 显然,伴随电流一起消失的是它所激发的磁场,消失的磁场将其所具有的能量转化为灯泡的光能和热能了,这就是我们看到的在电路中电源断开后,灯泡会猛然一亮的原因.

现仍以图 4-12 所示电路为例来推导磁场能量公式.当电路接通时,在 L 支路中,由于自感电动势作用,电流有一自零上升到恒定值的短暂过程,随着电流上升,电流激发的磁场也由零逐渐增强,在此过程中,电源做了两部分功:一是为电路中出现的焦耳过程中出现的自感电动势而做功.后一部分功所消耗的能量,就转化为磁场的能量,即磁能.

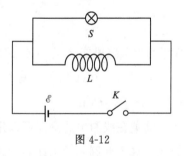

图 4-12

电路中电源接通后,在 dt 时间内,电源克服自感电动势 $\mathscr{E}_i$ 所做的元功为

$$dA = -\mathscr{E}_i i\,dt$$

式中,i 为 t 时刻线圈中的电流,而 $\mathscr{E}_i$ 为

$$\mathscr{E}_i = -\frac{d\Phi}{dt} = -L\,\frac{di}{dt}$$

所以

$$dA = Li\,di$$

线圈中电流由零增大到 I 的过程中,电源克服自感电动势所做功为

$$A = \int_0^I Li\,di = \frac{1}{2}LI^2$$

这部分功就等于线圈中储存的磁能.

当切断电源后,经过一段时间,线圈中的电流才由 I 减小到零.这时线圈中的自感电动势会阻碍电流的减小,也就是说,自感电动势的方向与电流的方向相同. 在 dt 时间内,自感电动势所做的功为

$$dA = \mathscr{E}_i i\,dt = -Li\,di$$

在这过程中自感电动势所做的总功为

$$A = \int_I^0 -Li\,di = \frac{1}{2}LI^2$$

这表明自感电动势所做的功,恰好等于自感中形成恒定电流时线圈中储藏的磁能.同时也说明,在断开电源时,储藏在线圈中的磁能通过自感电动势对外做功又释放出来了.由此可见,一个自感为 L 通过电流为 I 的线圈,其中所储存的磁能 W_m 为

$$W_m = \frac{1}{2}LI^2 \tag{4-16}$$

W_m 称为自感磁能.与电容 C 储能作用一样,自感线圈 L 也是一个储能元件.例如一个自感 $L = 10\mathrm{H}$ 的长直螺线管,当通有 2A 的恒定电流时,线圈中存储的磁能 $W_m = LI^2/2 = 20\mathrm{J}$.

储藏在线圈中的磁能可以用描述磁场的物理量 $\boldsymbol{B}$ 或 $\boldsymbol{H}$ 来表示.下面,用长直螺线管这个特例来导出此表达式.长直螺线管的自感为 $L = \mu n^2 V$,当螺线管中的电流为 I 时,其磁能为

$$W_m = \frac{1}{2}LI^2 = \frac{1}{2}\mu n^2 I^2 V$$

对于长直螺线管,有

$$H = nI, \quad B = \mu nI$$

代入上式得

$$W_m = \frac{1}{2}BHV$$

在螺线管内,磁场均匀分布在体积 V 中,因此单位体积中的磁场能量,即磁能密度为

$$w_m = \frac{1}{2}\boldsymbol{B} \cdot \boldsymbol{H} \tag{4-17}$$

式(4-17)虽是由螺线管中均匀磁场特例导出的,但进一步研究表明,它适用于一切磁场.式(4-17)表明,某点磁场的能量密度只与该点的磁感应强度 $\boldsymbol{B}$ 和介质的性质有关.一般情况下,磁能密度是空间位置和时间的函数.对于不均匀磁场,可把磁场存在的空间划分为体积元 dV,体积元 dV 内的磁能为

$$dW_m = w_m dV = \frac{1}{2}\boldsymbol{B} \cdot \boldsymbol{H} dV$$

有限体积 V 内的磁能则为

$$W_m = \int_V dW_m = \omega_m dV = \frac{1}{2}\int_V \boldsymbol{B} \cdot \boldsymbol{H} dV \tag{4-18}$$

磁场能量一般是采用磁能密度对空间积分计算,对载流线圈在已知线圈自感的情况下,则用式(4-16)计算较为方便.

4.5　麦克斯韦电磁场理论简介

到现在为止,我们已经学习了静电场、恒定磁场以及电磁感应的一系列重要规律.本节是电磁理论的总结,介绍麦克斯韦方程组.

麦克斯韦电磁理论是物理学中最伟大的成就之一,它奠定了经典电动力学的基础,也为无线电技术的进一步发展开辟了广阔前景.

4.5.1　位移电流

前面介绍了变化的磁场能产生涡旋电场,那么,变化的电场能否产生磁场呢?

我们知道,恒定电流的磁场遵从安培环路定理,即

$$\oint_L \boldsymbol{H} \cdot d\boldsymbol{l} = \sum_{L内} I_i$$

式中的电流是穿过以闭合曲线 L 为边界的任意曲面 S 的传导电流(电荷定向运动

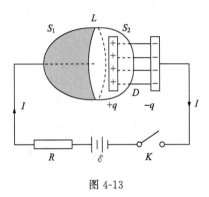

图 4-13

形成的电流).对于非恒定电流产生的磁场,安培环路定理是否还适用呢? 例如电容器充、放电过程中,在电容器的一个极板附近,任取一包围载流导线的闭合曲线 L,以 L 为边界作 S_1 和 S_2 两个曲面,见图 4-13,当把安培环路定理应用于曲面 S_1 和曲面 S_2 上时,对于 S_1 曲面,因有传导电流 I 穿过该面,故有

$$\oint_L \boldsymbol{H} \cdot \mathrm{d}\boldsymbol{l} = I$$

对于曲面 S_2,它伸展到电容器两极板之间,不与载流导线相交,则穿过该曲面的传导电流为零,因此有

$$\oint_L \boldsymbol{H} \cdot \mathrm{d}\boldsymbol{l} = 0$$

于是在非恒定电流产生的磁场中,把安培环路定理应用到以同一闭合曲线 L 为边界的不同曲面时,得到完全不同的结果.

麦克斯韦认为上述矛盾的出现,是由于把 H 的环流认为唯一的由传导电流决定,而传导电流在电容器两极板间却中断不连续了.他注意到,在电容器充、放电过程中,电容器极板间虽无传导电流,却存在着电场,电容器极板上自由电荷 q 随时间变化形成传导电流的同时,极板间的电场、电位移也在随时间变化着.设极板的面积为 S,某时刻极板上自由电荷面密度为 σ,则电位移 $D = \sigma$,于是极板间的电位移通量 $\Phi_D = DS = \sigma S$.电位移通量 Φ_D 的时间变化率为

$$\frac{\mathrm{d}\Phi_D}{\mathrm{d}t} = \frac{\mathrm{d}}{\mathrm{d}t}(\sigma S) = \frac{\mathrm{d}q}{\mathrm{d}t}$$

式中,$\mathrm{d}q/\mathrm{d}t$ 为导线中的传导电流.由上式可知,穿过 S_2 曲面有与穿过 S_1 曲面的传导电流 $\mathrm{d}q/\mathrm{d}t$ 相等的电位移通量变化率 $\mathrm{d}\Phi_D/\mathrm{d}t$.麦克斯韦把 $\mathrm{d}\Phi_D/\mathrm{d}t$ 称为位移电流 I_D,即

$$I_D = \frac{\mathrm{d}\Phi_D}{\mathrm{d}t} \tag{4-19}$$

引入位移电流概念以后,在电容器极板处中断的传导电流 I 被位移电流

$d\Phi_D/dt$ 接替,使电路中电流保持连续不断.传导电流和位移电流之和称为全电流.在上述非闭合、电流不恒定的电路中,全电流 $I+I_D$ 是保持连续的.上面所讲,应用安培环路定理出现的问题就在于电流不连续.现在有了位移电流,这就使得全电流在电流非恒定情况下也保持连续.很自然地想到,在电流非恒定情况下安培环路定理应推广为

$$\oint_L \boldsymbol{H} \cdot \mathrm{d}\boldsymbol{l} = I + I_D \tag{4-20}$$

上式称为全电流安培环路定理.它表明不仅传导电流 I 能产生有旋磁场,位移电流也能产生有旋磁场.应该注意的是位移电流只表示电位移通量的变化率,不是有真实的电荷在空间运动.我们之所以把电位移通量的变化率称为电流,仅仅是因为它在产生磁场这一点上和传导电流一样.显然,形成位移电流不需要导体,它不会产生热效应,即使在真空中仍可以有位移电流存在.如上所述,位移电流产生的磁场也是有旋场,根据式(4-20),I_D 的方向与 $\boldsymbol{H}$ 方向之间的关系,与 I 和 $\boldsymbol{H}$ 方向之间的关系相同,即满足右螺旋定则.麦克斯韦的位移电流假设的实质是"变化的电场能产生磁场".

例题 4.5　极板半径 R 的圆形平行板电容器,某一时刻正以 I 的电流充电.求此时在距极板轴线 r_1 处和 r_2 处的磁感强度(忽略边缘效应).

解　如图 4-14(a)所示.由于两极板间的电场对圆形平板具有轴对称性,因此磁场的分布也具有轴对称性,磁感线都是垂直于电场而圆心在圆板中心轴线上的同心圆,其绕向与 $\partial D/\partial t$ 的方向成右手螺旋关系;同一圆周上磁场强度 $\boldsymbol{H}$ 的大小

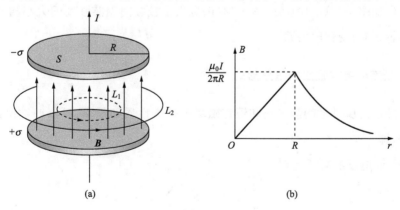

(a)　　　　　　　　　　(b)

图 4-14

处处相等.

　　在和极板间电场垂直的平面上取半径为 $r_1(r_1 < R)$ 的圆周作为积分回路 L_1，H 的环流为

$$\oint_{L_1} \boldsymbol{H}_1 \cdot \mathrm{d}\boldsymbol{l} = H_1 \cdot 2\pi r_1 = I_D$$

式中，I_D 为回路 L_1 所包围的位移电流.因极板间电场均匀，并且 $D = \sigma = q/\pi R^2$，故有

$$I_D = \frac{\mathrm{d}\Phi_D}{\mathrm{d}t} = \frac{\mathrm{d}D}{\mathrm{d}t}S_1 = \frac{1}{\pi R^2} \frac{\mathrm{d}q}{\mathrm{d}t} \pi r_1^2$$

所以

$$H_1 = \frac{I_D}{2\pi r_1} = \frac{Ir_1}{2\pi R^2}$$

由此可得

$$B_1 = \mu_0 H_1 = \frac{\mu_0 I r_1}{2\pi R^2}$$

再取半径为 $r_2(r_2 > R)$ 的圆周作为积分回路 L_2，注意到极板外 $D = 0$，则回路 L_2 所包围的位移电流 I'_D 为

$$I'_D = I$$

$$B_2 = \mu_0 H_2 = \frac{\mu_0 I'_D}{2\pi r_2} = \frac{\mu_0 I}{2\pi r_2}$$

磁场方向如图 4-14(a)中所示.图 4-14(b)画出了极板间磁感强度的大小随 r（场点到中心轴距离）变化的关系.

4.5.2　麦克斯韦方程组的积分形式

　　回顾前面所讲过的静电场和恒定磁场的基本性质和规律，可以归纳出如下四个方程，即

　　（1）静电场的高斯定理

$$\oint_S \boldsymbol{D}^{(1)} \cdot \mathrm{d}\boldsymbol{S} = \sum_i q_i$$

它表明静电场是有源场，电荷是产生电场的源.

（2）静电场的环路定理

$$\oint_L \boldsymbol{E}^{(1)} \cdot \mathrm{d}\boldsymbol{l} = 0$$

它表明静电场是保守（无旋、有势）场.上两式中,$\boldsymbol{D}^{(1)}$ 和 $\boldsymbol{E}^{(1)}$ 表示的是静止电荷所产生的电场的电位移和电场强度.对各向同性介质,$\boldsymbol{D}^{(1)}$ 和 $\boldsymbol{E}^{(1)}$ 的关系是

$$\boldsymbol{D}^{(1)} = \varepsilon \boldsymbol{E}^{(1)}$$

式中,ε 是电介质的介电常数.

（3）恒定磁场的高斯定理

$$\oint_S \boldsymbol{B}^{(1)} \cdot \mathrm{d}\boldsymbol{S} = 0$$

它表明恒定磁场是无源场.

（4）安培环路定理

$$\oint_L \boldsymbol{H}^{(1)} \cdot \mathrm{d}\boldsymbol{l} = \sum_{(L\text{内})} I$$

它表明恒定磁场是有旋（非保守）场.$\boldsymbol{B}^{(1)}$ 和 $\boldsymbol{H}^{(1)}$ 是恒定电流所产生的磁场的磁感应强度和磁场强度.对于各向同性介质,$\boldsymbol{B}^{(1)}$ 和 $\boldsymbol{H}^{(1)}$ 的关系是

$$\boldsymbol{B}^{(1)} = \mu \boldsymbol{H}^{(1)}$$

式中,μ 为磁介质的磁导率.

麦克斯韦提出"有旋电场"和"位移电流"的假设,并总结了电场和磁场之间相互激发的规律之后,对描述静电场和恒定磁场的方程进行了修正,归纳出一组描述统一电磁场的方程组.

麦克斯韦认为:在一般情况下,电场既包括自由电荷产生的静电场 $\boldsymbol{D}^{(1)}$、$\boldsymbol{E}^{(1)}$,也包括变化磁场产生的有旋电场 $\boldsymbol{D}^{(2)}$、$\boldsymbol{E}^{(2)}$,电场强度 $\boldsymbol{E}$ 和电位移 $\boldsymbol{D}$ 是两种电场的矢量和.即

$$\boldsymbol{E} = \boldsymbol{E}^{(1)} + \boldsymbol{E}^{(2)}$$
$$\boldsymbol{D} = \boldsymbol{D}^{(1)} + \boldsymbol{D}^{(2)}$$

同时,磁场既包括传导电流产生的磁场 $\boldsymbol{B}^{(1)}$、$\boldsymbol{H}^{(1)}$,也包括位移电流（变化电场）产生的磁场 $\boldsymbol{B}^{(2)}$、$\boldsymbol{H}^{(2)}$,磁感应强度 $\boldsymbol{B}$ 和磁场强度 $\boldsymbol{H}$ 是两种磁场的矢量和.即

$$B = B^{(1)} + B^{(2)}$$

$$H = H^{(1)} + H^{(2)}$$

这样就得到在一般情况下电磁场所满足的方程组为

（1）电场的高斯定理

$$\oint_S D \cdot \mathrm{d}S = \sum_i q_i$$

（2）法拉第电磁感应定律

$$\oint_L E \cdot \mathrm{d}l = -\int_s \frac{\partial B}{\partial t} \cdot \mathrm{d}S$$

（3）磁场的高斯定理

$$\oint_S B \cdot \mathrm{d}S = 0$$

（4）全电流的安培环路定理

$$\oint_L H \cdot \mathrm{d}l = \sum_{(L内)} (I_D + I)$$

这四个方程就称为麦克斯韦方程组的积分形式.

　　根据麦克斯韦的"变化电场能产生磁场"和"变化磁场能产生电场"的假设,如果在空间某一区域内,有变化的电场(如电荷作加速运动),那么在邻近区域内就会产生变化的有旋磁场.这变化的磁场又会在较远处产生变化的有旋电场.这样产生出的电场也是随时间变化的场,它必定要产生新的有旋磁场.如果介质不吸收电磁场能量,则电场与磁场之间的相互激发过程就会永远循环下去,形成相互联系在一起的不可分割的统一电磁场,并由近及远的传播出去形成电磁波.大量的实验和事实证实电磁场具有能量、动量和质量,它和实物一样是客观存在的物质形式.但它与实物有区别,例如同一空间不能被几个实物所占据,而几个电磁场可以叠加在同一空间里.

　　麦克斯韦电磁理论是从宏观电磁现象总结出来的,可以应用在各种宏观电磁现象中,如用它可以研究高速运动电荷所产生的电磁场及一般辐射问题.然而,在分子原子等微观过程中的电磁现象,需由更普遍的量子电动力学来解决.麦克斯韦电磁理论可以被看作量子电动力学在某些特殊情况下的近似.

本 章 要 点

1. 法拉第电磁感应定律

$$\mathscr{E}_i = -\frac{\mathrm{d}\Phi}{\mathrm{d}t}, \quad \mathscr{E}_i = -N\frac{\mathrm{d}\Phi}{\mathrm{d}t} = -\frac{\mathrm{d}\Psi}{\mathrm{d}t}$$

2. 动生电动势

$$\mathscr{E}_{ab} = \int_a^b (\boldsymbol{v} \times \boldsymbol{B}) \cdot \mathrm{d}\boldsymbol{l} \quad \text{（非静电力是洛伦兹力）}$$

3. 感生电动势和感生电场

$$\mathscr{E} = \oint_L \boldsymbol{E} \cdot \mathrm{d}\boldsymbol{l} = -\frac{\mathrm{d}}{\mathrm{d}t}\int_s \boldsymbol{B} \cdot \mathrm{d}\boldsymbol{S} \quad \text{（非静电力是涡旋电场力）}$$

4. 自感和互感

$$L = \frac{\Phi}{I}, \quad \mathscr{E}_L = -L\frac{\mathrm{d}I}{\mathrm{d}t}$$

$$M = \frac{\Psi_{21}}{I_1} = \frac{\Psi_{12}}{I_2}, \quad \mathscr{E}_{12} = -M\frac{\mathrm{d}I_2}{\mathrm{d}t}, \quad \mathscr{E}_{21} = -M\frac{\mathrm{d}I_1}{\mathrm{d}t}$$

5. 磁场能量

(1) 磁场能量密度　$w_m = \dfrac{B^2}{2\mu} = \dfrac{1}{2}BH$

(2) 磁场能量　$W_m = \displaystyle\int_V w_m \mathrm{d}V = \int_V \dfrac{1}{2}BH \mathrm{d}V$

(3) 自感磁能　$W_m = \dfrac{1}{2}LI^2$

6. 位移电流密度和位移电流

$$\boldsymbol{j}_d = \frac{\partial \boldsymbol{D}}{\partial t} \quad I_d = \frac{\mathrm{d}\Phi_D}{\mathrm{d}t} = \int_s \frac{\partial \boldsymbol{D}}{\partial t} \cdot \mathrm{d}\boldsymbol{S}$$

7. 麦克斯韦方程组的积分形式为

(1) 电场的高斯定理：$\displaystyle\oint_S \boldsymbol{D} \cdot \mathrm{d}\boldsymbol{S} = \sum_i q_i$

(2) 法拉第电磁感应定律：$\displaystyle\oint_L \boldsymbol{E} \cdot \mathrm{d}\boldsymbol{l} = -\int_s \frac{\partial \boldsymbol{B}}{\partial t} \cdot \mathrm{d}\boldsymbol{S}$

(3) 磁场的高斯定理：$\oint_S \boldsymbol{B} \cdot d\boldsymbol{S} = 0$

(4) 全电流的安培环路定理：$\oint_L \boldsymbol{H} \cdot d\boldsymbol{l} = \sum_{(L内)} (I_D + I)$

习　题

4-1　电磁感应定律指出：穿过回路的磁通量发生变化时，回路中就会产生感应电动势.试问有哪些方法能使穿过回路的磁通量发生变化？

4-2　如果电路中通有强电流，当你突然打开闸刀断电时，就有电火花跳过闸刀.试解释这一现象.

4-3　在环式螺线管中，磁能密度较大的地方是在内半径附近，还是在外半径附近？

4-4　什么叫位移电流？它和传导电流有什么异同？

4-5　电容器的极板上有电荷时，极板间一定有位移电流；无电荷时，极板间一定没有位移电流.这种说法对吗？

4-6　利用公式 $\mathcal{E}_i = BLv$ 计算动生电动势的条件.指出下列叙述错误的是：

(A) 直导线 L 不一定是闭合回路中的一段

(B) 切割速度 v 不一定必须是常量

(C) 导线 L 一定在匀强磁场中

(D) $\boldsymbol{B}$、L 和 v 三者必须互为垂直

4-7　一根无限长平行直导线载有电流 I，一矩形线圈位于导线平面内沿垂直于载流导线方向以恒定速率运动（如图所示），则（　　）

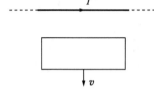

题 4-7 图

(A) 线圈中无感应电流

(B) 线圈中感应电流为顺时针方向

(C) 线圈中感应电流为逆时针方向

(D) 线圈中感应电流方向无法确定

4-8　将形状完全相同的铜环和木环静止放置在交变磁场中，并假设通过两环面的磁通量随时间的变化率相等，不计自感时则（　　）

(A) 铜环中有感应电流,木环中无感应电流

(B) 铜环中有感应电流,木环中有感应电流

(C) 铜环中感应电动势大,木环中感应电动势小

(D) 铜环中感应电动势小,木环中感应电动势大

4-9　有两个线圈,线圈 1 对线圈 2 的互感系数为 M_{21},而线圈 2 对线圈 1 的互感系数为 M_{12}.若它们分别流过 i_1 和 i_2 的变化电流且 $\left|\dfrac{\mathrm{d}i_1}{\mathrm{d}t}\right| < \left|\dfrac{\mathrm{d}i_2}{\mathrm{d}t}\right|$,并设由 i_2 变化在线圈 1 中产生的互感电动势为 $\mathscr{E}_{12}$,由 i_1 变化在线圈 2 中产生的互感电动势为 $\mathscr{E}_{21}$,下述论断正确的是(　　)

(A) $M_{12}=M_{21}$, $\mathscr{E}_{21}=\mathscr{E}_{12}$

(B) $M_{12}\neq M_{21}$, $\mathscr{E}_{21}\neq\mathscr{E}_{12}$

(C) $M_{12}=M_{21}$, $\mathscr{E}_{21}>\mathscr{E}_{12}$

(D) $M_{12}=M_{21}$, $\mathscr{E}_{21}<\mathscr{E}_{12}$

4-10　对位移电流,下述四种说法中哪一种说法正确的是(　　)

(A) 位移电流的实质是变化的电场

(B) 位移电流和传导电流一样是定向运动的电荷

(C) 位移电流服从传导电流遵循的所有定律

(D) 位移电流的磁效应不服从安培环路定理

4-11　下列概念正确的是(　　)

(A) 感应电场是保守场

(B) 感应电场的电场线是一组闭合曲线

(C) $\Phi_\mathrm{m}=LI$,因而线圈的自感系数与回路的电流成反比

(D) $\Phi_\mathrm{m}=LI$,回路的磁通量越大,回路的自感系数也一定大

4-12　一铁心上绕有线圈 100 匝,已知铁心中磁通量与时间的关系为 $\Phi=8.0\times10^{-5}\sin 100\pi t(\mathrm{Wb})$,求在 $t=1.0\times10^{-2}\mathrm{s}$ 时,线圈中的感应电动势.

4-13　有两根相距为 d 的无限长平行直导线,它们通以大小相等流向相反的电流,且电流均以 $\mathrm{d}I/\mathrm{d}t$ 的变化率增长.若有一边长为 d 的正方形线圈与两导线处于同一平面内,如图所示.求线圈中的感应电动势.

4-14　如图所示,把一半径为 R 的半圆形导线 OP 置于磁感强度为 $\boldsymbol{B}$ 的均匀

磁场中,当导线以速率 v 水平向右平动时,求导线中感应电动势 $\mathcal{E}$ 的大小,哪一端电势较高?

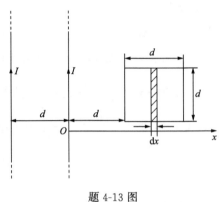

題 4-13 图　　　　　　　　　　　題 4-14 图

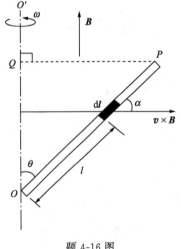

題 4-16 图

4-15　长为 L 的铜棒,以距端点 r 处为支点,以角速率 ω 绕通过支点且垂直于铜棒的轴转动.设磁感强度为 B 的均匀磁场与轴平行,求棒两端的电势差.

4-16　如图所示,长为 L 的导体棒 OP,处于均匀磁场中,并绕 OO' 轴以角速度 ω 旋转,棒与转轴间夹角恒为 θ,磁感强度 B 与转轴平行.求 OP 棒在图示位置处的电动势.

4-17　如图所示,金属杆 AB 以匀速 $v=2.0\text{m}\cdot\text{s}^{-1}$ 平行于一长直导线移动,此导线通有电流 $I=40\text{A}$.求杆中的感应电动势,杆的哪一端电势较高?

4-18　如图所示,在"无限长"直载流导线的近旁,放置一个矩形导体线框,该线框在垂直于导线方向上以匀速率 v 向右移动,求在图示位置处,线框中感应电动势的大小和方向.

4-19　有一磁感强度为 B 的均匀磁场,以恒定的变化率 $\mathrm{d}B/\mathrm{d}t$ 在变化.把一块质量为 m 的铜,拉成截面半径为 r 的导线,并用它做成一个半径为 R 的圆形回路.圆形回路的平面与磁感强度 B 垂直.试证:这回路中的感应电流为

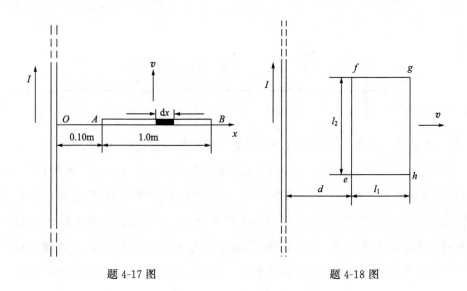

题 4-17 图　　　　　　　　　　题 4-18 图

$$I = \frac{m}{4\pi\rho d}\frac{\mathrm{d}B}{\mathrm{d}t}$$

式中,ρ 为铜的电阻率,d 为铜的密度.

4-20　在半径为 R 的圆柱形空间中存在着均匀磁场,$\boldsymbol{B}$ 的方向与柱的轴线平行.如图所示,有一长为 l 的金属棒放在磁场中,设 $\boldsymbol{B}$ 随时间的变化率 $\mathrm{d}B/\mathrm{d}t$ 为常量.试证:棒上感应电动势的大小为

$$\mathscr{E} = \frac{\mathrm{d}B}{\mathrm{d}t}\frac{l}{2}\sqrt{R^2 - \left(\frac{l}{2}\right)^2}$$

4-21　设有半径 $R = 0.20\mathrm{m}$ 的圆形平行板电容器,两板之间为真空,板间距离 $d = 0.50\mathrm{cm}$,以恒定电流 $I = 2.0\mathrm{A}$ 对电容器充电.求位移电流密度(忽略平板电容器的边缘效应,设电场是均匀的).

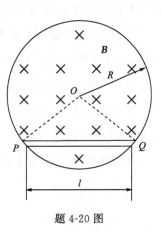

题 4-20 图

第 **5** 章 机械振动

物体在其稳定平衡位置附近所作的往复运动称为机械振动,简称振动.

振动在自然界和工程技术中经常见到,如正常人的心脏在不停息地振动着,又如运行着的机器零件、机座的振动,火车过桥引起桥梁的振动等.振动常是有害的,如降低机床加工精度、影响机械设备的寿命,甚至引起重大破坏事故等.但是,振动也有其有利的一面,如选矿筛、混凝土捣固机等都是利用振动原理设计的.为了利用振动的有利因素,避免其有害因素,我们就要研究振动遵从的基本规律.

物体在弹性介质(如空气)中振动时,可以影响周围的介质,使介质质点也陆续地振动起来,这种振动向外传播的过程,就是以后要讲的机械波.因此,振动理论也是研究机械波所必备的基础知识.

交流电、无线电技术及物理学中的电磁学、光学、原子物理学等部分中有许多问题,虽从本质上讲并不是机械振动,但实验和理论研究表明,或者它们所遵循的基本规律和机械振动的规律在形式上有许多共同点,或者采用一定的机械振子模型处理这类问题,能得到较好的结果.因此掌握机械振动基本规律也是进一步学习交流电、无线电技术及物理学各有关部分知识的必要基础.

本章主要研究简谐运动.

5.1 简谐运动

在一切振动中,最简单和最基本的振动是简谐运动,也称谐振动,其运动量按正弦函数或余弦函数的规律随时间变化.一般说来,任何复杂的振动都可看成是若干简谐运动的合成.因此,简谐运动是我们研究的重点.

5.1.1　简谐运动

1.简谐运动的动力学特征

　　如图 5-1 所示,将轻弹簧的一端固定,另一端系一质量为 m 的物体,水平放置在光滑平面上.弹簧处于原长度时,物体所在位置 O 是平衡位置.以平衡位置 O 为原点,建立 x 轴.现将物体从 O 点移动一小段距离至 A 点,然后释放,这时便可观察到物体在弹性力作用下,在 O 点附近作来回往复的运动.在弹簧本身的质量和摩擦阻力可以忽略的情况下,

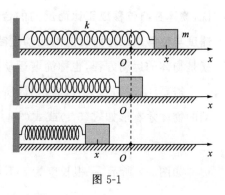

图 5-1

物体的这种运动就是简谐振动.这种由物体和轻弹簧组成的振动系统称为弹簧振子.

　　当物体离开坐标原点 O 的位移为 x 时,它将受到一个弹性力 f 的作用.由胡克定律

$$f = -kx \tag{5-1}$$

式中,k 为弹簧的劲度系数,负号表示力的方向总是与位移的符号相反.根据牛顿第二定律,有

$$m\frac{\mathrm{d}^2 x}{\mathrm{d}t^2} = -kx \tag{5-2}$$

式(5-2)可以改写成

$$m\frac{\mathrm{d}^2 x}{\mathrm{d}t^2} + kx = 0 \tag{5-3}$$

令 $\omega^2 = \dfrac{k}{m}$,则式(5-3)可变成

$$\frac{\mathrm{d}^2 x}{\mathrm{d}t^2} + \omega^2 x = 0 \tag{5-4}$$

式(5-4)为简谐振动的微分方程.其解为

$$x = A\cos(\omega t + \varphi) \tag{5-5}$$

其中 A 和 φ 为两个积分常量,它们由初始条件来决定,它们的物理意义和计算方

法将在后面讨论.

　　式(5-5)表明,物体的位移按余弦函数的规律随时间作周期性变化,这种运动正是简谐运动.由于式(5-5)是式(5-4)的解,而式(5-4)又源于式(5-1),因此可以说,**物体在与位移成正比而反向的合外力作用的运动一定是简谐运动**.或者说,**加速度与位移成正比而反向的运动是简谐运动**.这是简谐运动的动力学特征.式(5-5)就是物体的运动方程,也称简谐运动方程,或简谐运动表达式.

　　需要注意的是,只有选取物体所受合力为零的平衡位置为坐标原点,作简谐运动的物体才有形如式(5-1)或式(5-4)的方程和相应形式的解.

　　2. 单摆

　　如图 5-2 所示,一根长度为 l 不会伸长的轻线,上端固定,下端悬挂一个质量

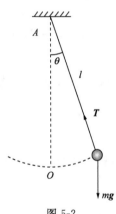

图 5-2

为 m 的小球,就成为一个单摆.线在铅直位置时,小球处于平衡位置 O 点.将小球从平衡位置作一微小角位移然后释放,这时小球便在重力和悬线张力作用下,在铅直平面内沿弧线作来回往复的摆动.当小球离开平衡位置的角位移为 θ (规定小球在平衡位置右方时 θ 角为正,在左方时 θ 为负)时,作用在小球上的重力的切向分力的大小为 $mg\sin\theta$,其方向总是与摆线垂直且指向平衡位置.这个力起着回复力的作用,可用下式表示

$$f = -mg\sin\theta$$

当 θ 足够小时,$\sin\theta$ 可用 θ 来代替,这时回复力可写为

$$f = -mg\theta \tag{5-6}$$

式中,负号表示 f 与角位移 θ 的符号相反.此力与角位移的一次方成正比,属于线性回复力,它在这里所起的作用与弹性力相似,但在本质上又不是弹性力,称为准弹性力.从受力角度看,单摆与弹簧振子的运动是相同的.

　　根据牛顿第二定律,有

$$m\frac{\mathrm{d}v}{\mathrm{d}t} = m\frac{\mathrm{d}}{\mathrm{d}t}(l\omega) = ml\frac{\mathrm{d}\omega}{\mathrm{d}t} = ml\frac{\mathrm{d}^2\theta}{\mathrm{d}t^2} = -mg\theta$$

上式可改写成

$$\frac{\mathrm{d}^2\theta}{\mathrm{d}t^2} + \frac{g}{l}\theta = 0 \qquad\qquad (5\text{-}7)$$

令 $\omega^2 = \dfrac{g}{l}$，则式(5-7)可表示为

$$\frac{\mathrm{d}^2\theta}{\mathrm{d}t^2} + \omega^2\theta = 0 \qquad\qquad (5\text{-}8)$$

这是简谐振动微分方程的标准形式,其解为

$$\theta = \theta_A \cos(\omega t + \varphi) \qquad\qquad (5\text{-}9)$$

式中,θ_A 和 φ 是两个积分常量,它们由初始条件决定.综上所述:当物体所受的回复力与物体相对于平衡位置的位移(或角位移)成正比且方向相反时,物体的运动是简谐振动;若物体运动的微分方程可归结为式(5-4)的形式(其中常量 ω 由系统的固有性质决定),则物体的运动为简谐振动;若物体相对平衡位置的位移(或角位移)是时间的余弦函数,即满足式(5-5)的形式,则物体的运动是简谐振动.以上三种对简谐振动的表述都是等价的.

3.简谐运动物体的速度和加速度

将式(5-5)对时间分别求一阶和二阶导数,可得到简谐振动物体的速度和加速度表达式

$$v = \frac{\mathrm{d}x}{\mathrm{d}t} = -\omega A \sin(\omega t + \varphi) = -v_m \sin(\omega t + \varphi) \qquad (5\text{-}10)$$

$$a = \frac{\mathrm{d}^2 x}{\mathrm{d}t^2} = -\omega^2 A \cos(\omega t + \varphi) = -a_m \cos(\omega t + \varphi) \qquad (5\text{-}11)$$

式中,$v_m = \omega A$,$a_m = \omega^2 A$ 分别称为速度幅值和加速度幅值.可见,物体作简谐运动时,其速度和加速度也随时间作周期性变化,这是简谐运动为周期性运动的必然结果.

5.1.2　描述简谐振动的物理量

1.振幅

在简谐振动的运动方程 $x = A\cos(\omega t + \varphi)$ 中,因 $|\cos(\omega t + \varphi)| \leqslant 1$,所以 $x \leqslant A$,即物体位移 x 的绝对值最大为 A,我们把物体离开平衡位置的最大位移的绝对值 A 叫作振幅.

2.周期

物体作一次完全振动所经历的时间叫作振动的周期.用 T 表示,单位为秒(s).根据周期定义应有

$$A\cos(\omega t+\varphi)=A\cos[\omega(t+T)+\varphi]$$

由于余弦函数的周期为 2π,所以有

$$\omega T=2\pi$$

即

$$T=\frac{2\pi}{\omega} \tag{5-12}$$

对于弹簧振子, $\omega^2=\dfrac{k}{m}$,因而

$$T=2\pi\sqrt{\frac{m}{k}} \tag{5-13}$$

对于单摆, $\omega^2=\dfrac{g}{l}$.因而

$$T=2\pi\sqrt{\frac{l}{g}} \tag{5-14}$$

周期的倒数称为频率,它表示单位时间内物体所作的完全振动的次数.频率的单位是秒$^{-1}$(s^{-1}),称为赫兹(Hz),如果用 ν 表示频率,则

$$\nu=\frac{1}{T}=\frac{\omega}{2\pi}$$

即

$$\omega=2\pi\nu \tag{5-15}$$

称 ω 为角频率,它的单位是每秒弧度($rad\cdot s^{-1}$).它表示物体在 2π 秒这段时间内所作的完全振动的次数.显然角频率 ω 是由振动系统本身的性质所决定的,而周期和频率是由 ω 决定的,因此也是由振动系统本身性质所决定的.这种由振动系统本身性质所决定的频率、周期和角频率叫作固有频率、固有周期和固有角频率.

利用式(5-12)和式(5-15),还可将简谐振动的表达式(5-5)写成下列两种形式:

$$x=A\cos\left(\frac{2\pi}{T}t+\varphi\right) \text{ 或 } x=A\cos(2\pi\nu t+\varphi)$$

3.相位和初相位

由式(5-5)和式(5-10)可知,当振幅 A 和角频率 ω 一定时,振动物体在任一时刻的位移和速度都取决于量$(\omega t + \varphi)$,所以它是决定振动物体运动状态的物理量,我们称$(\omega t + \varphi)$为相位.常量 φ 是 $t = 0$ 时的相位,叫作振动的初相位.φ 的值由初始条件决定,它反映物体初始时刻的运动状态.相位和初相位之所以重要,还因为它们在讨论两个简谐振动叠加时(如声波或光波的干涉现象等)起着非常重要的作用.合振动是加强还是减弱,起决定作用的是两个分振动的相位差.

4.振幅 A 和初相位 φ 的确定

可由振动的初始条件,即 $t = 0$ 时的位移和速度值来确定振动的振幅 A 和初相位 φ.将 $t = 0, x = x_0, v = v_0$ 代入式(5-5)和式(5-10),得

$$x_0 = A\cos\varphi \tag{5-16}$$

$$v_0 = -\omega A\sin\varphi \tag{5-17}$$

由上式可得

$$A = \sqrt{x_0^2 + \frac{v_0^2}{\omega^2}} \tag{5-18}$$

$$\tan\varphi = -\frac{v_0}{\omega x_0} \tag{5-19}$$

振动物体在 $t = 0$ 时的位移 x_0 和速度 v_0 常称为振动的初始条件,可见简谐运动方程中的两个积分常量由初始条件确定.

需要注意的是,在用式(5-16)或式(5-19)确定 φ 时,一般说来,在 $-\pi$ 到 π 之间有两个值,还要根据式(5-17)判断取舍.

例题 5.1　如图 5-1 所示,弹簧振子沿 x 轴作简谐振动,振幅为 0.2m,周期为 2s,当 $t = 0$ 时,位移为 0.1m,且向 x 轴正方向运动.求:初相位和此简谐振动的运动方程.

解　设此简谐振动的运动方程为

$$x = A\cos(\omega t + \varphi)$$

则其速度的表达式为

$$v = -\omega A\sin(\omega t + \varphi)$$

将 $A = 0.2\text{m}, \omega = 2\pi/T = \pi(\text{rad} \cdot \text{s}^{-1})$,代入运动方程

$$x = 0.2\cos(\pi t + \varphi)$$

将初始条件 $t = 0$, $x_0 = 0.1\mathrm{m}$, 代入上式

$$0.1 = 0.2\cos\varphi$$

则

$$\varphi = \pm\frac{\pi}{3}$$

由 $t = 0$ 时, $v_0 > 0$, $v_0 = -A\omega\sin\varphi$, 得

$$\sin\varphi < 0$$

所以

$$\varphi = -\frac{\pi}{3}$$

此简谐振动的运动方程为

$$x = 0.2\cos\left(\pi t - \frac{\pi}{3}\right)(\mathrm{m})$$

5.2　简谐运动的旋转矢量表示

5.2.1　简谐运动的旋转矢量表示法

如图 5-3 所示, 一长度等于振幅 A 的矢量 $\boldsymbol{A}$ 在纸平面内绕 O 点沿逆时针方向匀速旋转, 其角速度与简谐运动的角频率 ω 相等, 这个矢量 $\boldsymbol{A}$ 称为旋转矢量. 假设 $t = 0$ 时刻, 矢量 $\boldsymbol{A}$ 的矢端在位置 M_0, 与 Ox 轴的夹角为 φ; 任意时刻 t, 矢量 $\boldsymbol{A}$ 的矢端在位置 M, 与 Ox 轴的夹角应为 $\omega t + \varphi$; 这时, M 在 Ox 轴上的投影点 P 的位移为

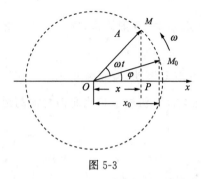

图 5-3

$$x = A\cos(\omega t + \varphi)$$

这正是质点沿 Ox 轴作简谐运动的运动方程. 它表明, 旋转矢量 $\boldsymbol{A}$ 的矢端 M 在 Ox 轴上的投影点 P 的运动是简谐运动. 矢量 $\boldsymbol{A}$ 旋转一周, 相当于 P 点在 Ox 轴上作了一次完全振动. x 为 P 点相对 O 点的位移; A 的长度对应于 P 点的振幅; A 的角

速度 ω 对应于 P 点作简谐运动时的角频率 ω；在 $t=0$ 时刻，A 与 Ox 轴的夹角 φ 对应于初相；任意时刻 t，A 与 Ox 轴的夹角 $\omega t + \varphi$，则对应于该时刻简谐运动的相位.可见一个标明 A、ω、φ 的图就能够直观地描述一个简谐运动，这种方法称为简谐运动的旋转矢量表示法.

图 5-4(a)、(b)均表示振幅为 A、角频率为 ω 的简谐运动.图(a)表示在初始时刻，质点位于平衡位置并向 Ox 轴负方向运动；图(b)则表示在初始时刻质点位于平衡位置而向 Ox 轴正方向运动.

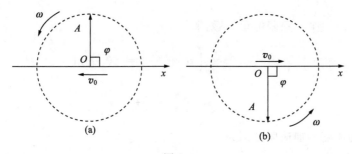

图 5-4

必须指出，旋转矢量本身并不作简谐运动，我们是利用旋转矢量端点在 x 轴上的投影点的运动，形象地展示简谐运动的规律.

例题 5.2 一质点沿 Ox 轴作简谐运动，振幅 $A=0.06\text{m}$，周期 $T=2\text{s}$，初始时质点位于 $x_0=0.03\text{m}$ 处且向 Ox 轴正向运动.试求：(1)初相位；(2)在 $x_1=-0.03\text{m}$ 处，且向 Ox 轴负方向运动时物体的速度和加速度，以及从这一位置回到平衡位置所需的最短时间.

解 (1)取平衡位置为坐标原点，质点的运动方程可写为

$$x = A\cos(\omega t + \varphi)$$

依题意，$A=0.06\text{m}$，$T=2\text{s}$，则 $\omega = 2\pi/T = \pi(\text{rad} \cdot \text{s}^{-1})$，$t=0$ 时有

$$x_0 = A\cos\varphi = 0.06\cos\varphi = 0.03\text{m}$$

$$v_0 = -\omega A\sin\varphi > 0$$

可得 $\cos\varphi = 1/2$，$\sin\varphi < 0$，所以取 $\varphi = -\pi/3$.于是质点的运动方程为

$$x = 0.06\cos\left(\pi t - \frac{\pi}{3}\right)$$

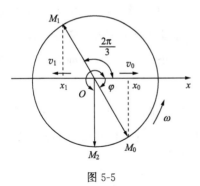

图 5-5

我们再用旋转矢量法求解.根据初始条件,初始时刻旋转矢量 **A** 的矢端应在图 5-5 中的 M_0 位置,即有 $\cos\varphi = x_0/A = 1/2$,且 φ 在第四象限,所以 $\varphi = -\pi/3$.

(2) 设 $t = t_1$ 时,$x_0 = -0.03\text{m}$,$v_0 < 0$.这时旋转矢量 **A** 的矢端应在 M_1 位置,即有

$$x_1 = 0.06\cos\left(\pi t_1 - \frac{\pi}{3}\right) = -0.03\text{m}$$

且 $(\pi t_1 - \pi/3)$ 为第二象限的角,不妨取

$$x_1 = 0.06\cos\left(\pi t_1 - \frac{\pi}{3}\right) = -0.03\text{m}$$

$$\pi t_1 - \frac{\pi}{3} = \frac{2}{3}\pi$$

此时质点的速度和加速度分别为

$$v = \frac{\mathrm{d}x}{\mathrm{d}t}\bigg|_{t=t_1} = (-0.06\pi)\sin\frac{2\pi}{3} = -0.16$$

$$a = \frac{\mathrm{d}^2 x}{\mathrm{d}t^2}\bigg|_{t=t_1} = (-0.06\pi^2)\cos\frac{2\pi}{3} = 0.30$$

从 $x_0 = -0.03\text{m}$ 回到平衡位置 O,对应于旋转矢量 A 的矢端由 M_1 位置逆时针旋转到 M_2 位置.由图可见,从 M_1 到 M_2 旋转矢量 A 转过的最小角度为 $\frac{3}{2}\pi - \frac{2}{3}\pi = \frac{5}{6}\pi$. 由于其角速度为 ω,所以所需的最短时间为

$$\Delta t = \frac{5\pi}{6\omega} = \frac{5\pi}{6\pi} = 0.83(\text{s})$$

可见用旋转矢量法求解是很直观方便的.

5.2.2　相位差

通过相位关系可方便地比较两个同频率简谐运动的步调,用旋转矢量图进行比较则更为直观.设有下列两个同频率简谐运动:

$$x_1(t) = A_1\cos(\omega t + \varphi_1)$$

$$x_2(t) = A_2\cos(\omega t + \varphi_2)$$

它们的相位差为

$$\Delta\varphi = (\omega t + \varphi_2) - (\omega t + \varphi_1) = \varphi_2 - \varphi_1$$

上式表明,两个同频率简谐运动在任意时刻的相位差都等于其初相之差.这在旋转矢量图上表现为两个旋转矢量 $\boldsymbol{A}_1$ 和 $\boldsymbol{A}_2$ 的夹角不随时间变化.若 $\Delta\varphi = \varphi_2 - \varphi_1 > 0$,如图 5-6 所示,它们的矢端在 Ox 轴上的投影表明:x_2 振动先于 x_1 振动到达各自同方向的极端位置,我们就说 x_2 的振动相位比 x_1 超前 $\Delta\varphi$,或者说 x_1 的振动相位比 x_2 落后 $\Delta\varphi$.

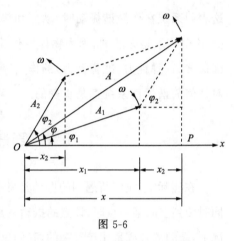

图 5-6

　　若 $\Delta\varphi = 0$(或 2π 的整倍数),则 $\boldsymbol{A}_1$ 和 $\boldsymbol{A}_2$ 的矢端在 x 轴上的投影表明:两振动质点将同时到达各自同方向的极端位置,并且同时越过平衡位置向同一方向运动,它们的步调完全相同,这种情况称为同相.若 $\Delta\varphi = \pi$(或 π 的奇数倍),则 $\boldsymbol{A}_1$ 和 $\boldsymbol{A}_2$ 的矢端在 x 轴上的投影表明:两振动质点将同时到达各自相反方向的极端位置,并且同时越过平衡位置但向相反方向运动,它们的步调完全相反,这种情况称为反相.

　　相位差在研究简谐运动合成问题时起着决定性的作用,这将在以后的相关内容中进行讨论.

5.3　简谐运动的能量

　　以弹簧振子为例讨论简谐振动的能量.某一时刻弹簧振子的位移和速度分别为

$$x = A\cos(\omega t + \varphi)$$

$$v = -\omega A\sin(\omega t + \varphi)$$

所以,该时刻弹簧振子的动能和势能分别为

$$E_k = \frac{1}{2}mv^2 = \frac{1}{2}m\left[\omega A\sin(\omega t + \varphi)\right]^2 = \frac{1}{2}kA^2\sin^2(\omega t + \varphi)$$

$$E_p = \frac{1}{2}kx^2 = \frac{1}{2}kA^2\cos^2(\omega t + \varphi)$$

系统的总能量为

$$E = E_k + E_p = \frac{1}{2}kA^2 = \frac{1}{2}m\omega^2 A^2 \qquad (5\text{-}20)$$

这表明系统在作简谐振动时,动能和势能都随时间作周期性变化,但总能量保持不变.这个结果是必然的,因为物体在作简谐振动时,没有外力作用,物体仅受系统内部保守力(弹性力、准弹性力)的作用,所以简谐振动的机械能是守恒的,这一结论对任何简谐运动系统都是正确的.

5.4　简谐运动的合成

在实际中,我们所遇到的振动常常是由几个振动叠加而成的.例如,当两列光波同时传到空间某一点时,该点的振动就是两列光波在该点引起的振动的合成.一般情况下,振动的合成是比较复杂的,我们仅讨论几种特殊情况下的简谐振动的合成.

5.4.1　两个同方向同频率简谐运动的合成

设两个振动方向相同、频率相同的简谐振动的表达式为

$$x_1(t) = A_1\cos(\omega t + \varphi_1)$$
$$x_2(t) = A_2\cos(\omega t + \varphi_2)$$

式中,A_1 和 A_2 分别为两简谐振动的振幅,φ_1 和 φ_2 分别为两简谐振动的初相位.在任意时刻合振动的位移为

$$x(t) = x_1(t) + x_2(t) = A_1\cos(\omega t + \varphi_1) + A_2\cos(\omega t + \varphi_2)$$

虽然利用三角公式不难求得合成结果,但是用旋转矢量法将更简捷、更直观地给出结果.

如图 5-6 所示,矢量 $\boldsymbol{A}_1$ 和矢量 $\boldsymbol{A}_2$ 分别是简谐振动 $x_1(t)$ 和 $x_2(t)$ 的旋转矢量.$t = 0$ 时刻,$\boldsymbol{A}_1$ 和 $\boldsymbol{A}_2$ 与 x 轴的夹角分别为两简谐振动的初相位 φ_1 和 φ_2,$\boldsymbol{A}_1$ 和 $\boldsymbol{A}_2$ 以相同的角速度 ω 逆时针匀速旋转.矢量 $\boldsymbol{A}$ 为 $\boldsymbol{A}_1$ 和 $\boldsymbol{A}_2$ 的矢量和,$t = 0$ 时刻 $\boldsymbol{A}$ 与 x 轴夹角为 φ.由于 $\boldsymbol{A}_1$ 和 $\boldsymbol{A}_2$ 的旋转角速度相同,所以 $\boldsymbol{A}_2$ 和 $\boldsymbol{A}_1$ 之间的夹角 $(\varphi_2 - \varphi_1)$ 始终不变,$\boldsymbol{A}$ 的大小不变,且 $\boldsymbol{A}$ 也以相同的角速度 ω 随 $\boldsymbol{A}_1$ 和 $\boldsymbol{A}_2$ 一起旋

转.t 时刻，A 在 x 轴的投影 $x(t) = x_1(t) + x_2(t)$，表示合振动的位移，A 就是合振动的旋转矢量.因为 A 的大小不变，所以它所代表的合振动仍是角频率为 ω 的简谐振动.其表达式为

$$x(t) = A\cos(\omega t + \varphi) \tag{5-21}$$

利用图 5-6 中的几何关系可求出 A 的大小，即合振动的振幅

$$A = \sqrt{A_1^2 + A_2^2 + 2A_1A_2\cos(\varphi_2 - \varphi_1)} \tag{5-22}$$

$t=0$ 时刻，A 与 x 轴的夹角，即合振动的初相位

$$\varphi = \arctan\frac{A_1\sin\varphi_1 + A_2\sin\varphi_2}{A_1\cos\varphi_1 + A_2\cos\varphi_2} \tag{5-23}$$

下面讨论两简谐振动的合成中两种特殊情况：

(1) 当 $\varphi_2 - \varphi_1 = 2k\pi, k = 0, \pm 1, \pm 2, \cdots$ 时，有

$$A = A_1 + A_2 \tag{5-24}$$

即当两简谐振动的相位差为 2π 的整数倍时(此时称两简谐振动同相)，合振动的振幅最大，等于两分振动振幅之和.

(2) 当 $\varphi_2 - \varphi_1 = (2k+1)\pi, k = 0, \pm 1, \pm 2, \cdots$ 时，有

$$A = |A_1 - A_2| \tag{5-25}$$

即当两简谐振动的相位差为 π 的奇数倍时(此时称两简揩振动反相)，合振动的振幅最小，等于两分振动振幅之差的绝对值.若 $A_1 = A_2$，则 $A = 0$，这说明两个振幅相同、相位相反的简谐振动的合振动是完全不动.

5.4.2　两个相互垂直的同频率简谐运动的合成

设两个频率相同的简谐振动分别在相互垂直的 x 轴和 y 轴上进行，它们的振动表达式分别为

$$x_1(t) = A_1\cos(\omega t + \varphi_1), \quad y_2(t) = A_2\cos(\omega t + \varphi_2) \tag{5-26}$$

式(5-26)是用时间参量 t 表示的质点运动轨迹的参数方程.消去参量 t，可得合振动质点的轨迹方程为

$$\frac{x^2}{A_1^2} + \frac{y^2}{A_2^2} - \frac{2xy}{A_1A_2}\cos(\varphi_2 - \varphi_1) = \sin^2(\varphi_2 - \varphi_1) \tag{5-27}$$

一般说来，这是个椭圆方程.这个椭圆的形状由两个分振动的相位差 $(\varphi_2 - \varphi_1)$ 决

定.以下我们只讨论几种特殊情况：

（1）当 $\varphi_2-\varphi_1=0$ 时，即两个分振动的相位相同，由式(5-27)可得

$$\frac{x^2}{A_1^2}+\frac{y^2}{A_2^2}-\frac{2xy}{A_1A_2}=0 \tag{5-28}$$

整理成

$$\left(\frac{x}{A_1}-\frac{y}{A_2}\right)^2=0$$

于是有

$$y=\frac{A_2}{A_1}x$$

显然，这时合振动质点的轨迹是一条通过原点且在第一、第三象限内的直线（见图5-7(a)).合振动的位移为

$$r=\sqrt{x^2+y^2}=\sqrt{A_1^2+A_2^2}\cos(\omega t+\varphi_1)$$

上式表明合振动仍是简谐振动，频率与分振动的频率相同，振幅为 $\sqrt{A_1^2+A_2^2}$.

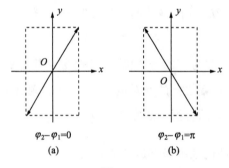

$\varphi_2-\varphi_1=0$ $\varphi_2-\varphi_1=\pi$
(a)   (b)

图 5-7

（2）当 $\varphi_2-\varphi_1=\pi$ 时，即两个分振动的相位相反，由式(5-27)可得

$$\frac{x^2}{A_1^2}+\frac{y^2}{A_2^2}+\frac{2xy}{A_1A_2}=0$$

整理成

$$\left(\frac{x}{A_1}+\frac{y}{A_2}\right)^2=0$$

于是有

$$y = -\frac{A_2}{A_1}x$$

上式表明,合振动质点的轨迹是一条通过原点且在第二、第四象限内的直线 (见图 5-7(b)).与上述情形一样,合振动仍是振幅为 $\sqrt{A_1^2 + A_2^2}$、频率为 ω 的简谐振动.

(3) 当 $\varphi_2 - \varphi_1 = \pi/2$ 时,由式(5-27)可得

$$\frac{x^2}{A_1^2} + \frac{y^2}{A_2^2} = 1$$

上式表明,合振动质点的轨迹是一个以坐标轴为主轴的正椭圆.下面看一看这个椭圆轨迹的形成过程.为了简便,令 $\varphi_1 = 0$,则 $\varphi_2 = \pi/2$,两分振动的表达式为

$$x = A_1 \cos\omega t$$

$$y = A_2 \cos\left(\omega t + \frac{\pi}{2}\right)$$

当 $t = 0$ 时刻,$x = A_1$,$y = 0$;在下一个时刻,t 稍微增大,$x > 0$,$y < 0$;这说明质点运动到第四象限,由此可见,这个椭圆轨迹是绕着顺时针方向旋转形成的,称这个正椭圆为右旋正椭圆(见图 5-8(a)).

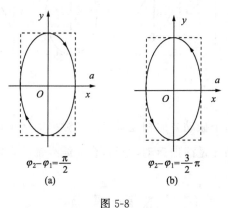

$$\varphi_2 - \varphi_1 = \frac{\pi}{2} \qquad \varphi_2 - \varphi_1 = \frac{3}{2}\pi$$
$$\text{(a)} \qquad\qquad \text{(b)}$$

图 5-8

(4) 当 $\varphi_2 - \varphi_1 = -\pi/2$ 时,由式(5-27)可得

$$\frac{x^2}{A_1^2} + \frac{y^2}{A_2^2} = 1$$

上式表明,合振动质点的轨迹仍是一个以坐标轴为主轴的正椭圆.用同样的方法,可判断出该椭圆轨迹是绕着逆时针方向旋转形成的,称这个正椭圆为左旋正椭圆

（见图 5-8(b)）.

要注意 $\varphi_2 - \varphi_1 = -\pi/2$ 和 $\varphi_2 - \varphi_1 = 3\pi/2$ 是等效的，因为相位超前 $3\pi/2$ 和相位落后 $3\pi/2$ 的意义相同.

还需指出的是，在上面两种情形下，当 $A_1 = A_2$ 时，即两分振动振幅相等时，合振动轨迹变为圆.

（5）当 $\varphi_2 - \varphi_1$ 等于其他值时，所得到的合振动轨迹为形状和旋转方向各不相同的斜椭圆.图 5-9 给出了相位差为 8 种不同值时的合振动的轨迹.

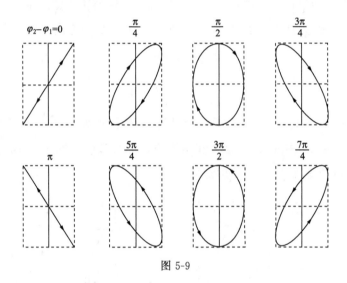

图 5-9

综上所述，对于两个振动方向相互垂直的同频率简谐运动的合成，仅当分振动同相或反相时，合运动才是简谐运动，否则，合成结果都不是简谐运动.

本 章 要 点

1.简谐振动动力学方程的基本形式

$$\frac{\mathrm{d}^2 x}{\mathrm{d}t^2} + \omega^2 x = 0$$

2.简谐振动运动方程

$$x = A\cos(\omega t + \varphi)$$

3.描述简谐振动的特征量

（1）振幅 A：振动物体偏离平衡位置最大位移的绝对值。振幅由系统的初始条件决定，其公式为

$$A = \sqrt{x_0^2 + (v_0/\omega)^2}$$

（2）相 $\omega t + \varphi$ 与初相 φ：相是决定振动系统在 t 时刻状态的物理量；初相则由系统的初始条件决定，有公式

$$\varphi = \arctan(-v_0/\omega x_0)$$

（3）周期 T 和频率 ν：T 表示系统作一次完全振动所需要的时间；ν 表示单位时间内系统所作的完全振动的次数.因而 $T = 1/\nu$。T 和 ν 是由系统本身的性质决定的.可由列出的动力学方程中的圆频率 ω 求出,有

$$T = 2\pi/\omega \quad 或 \quad \nu = \omega/2\pi$$

单摆的周期为　$T = 2\pi\sqrt{l/g}$

弹簧振子的周期为 $T = 2\pi\sqrt{m/k}$

4.几何描述法——旋转矢量（参考圆）

5.能量:简谐振动系统的总机械能守恒。对水平弹簧振子,

动能为　$E_k = \dfrac{1}{2}m\omega^2 A^2 \sin^2(\omega t + \varphi)$

势能为　$E_P = \dfrac{1}{2}m\omega^2 A^2 \cos^2(\omega t + \varphi)$

总机械能为　$E = \dfrac{1}{2}m\omega^2 A^2 = \dfrac{1}{2}kA^2$

6.简谐振动的合成

（1）振动方向相同、频率相同、相差固定的两个简谐振动,合成后仍为同向同频的简谐振动,其振动方程为

$$x = A\cos(\omega t + \varphi)$$

其中　$A = \sqrt{A_1^2 + A_2^2 + 2A_1 A_2 \cos(\varphi_1 - \varphi_2)}$

$$\varphi = \operatorname{arctg}\left(\frac{A_1 \sin\varphi_1 + A_2 \sin\varphi_2}{A_1 \cos\varphi_1 + A_2 \cos\varphi_2}\right)$$

且当 $\varphi_1 - \varphi_2 = 2k\pi (k = 0, \pm 1, \pm 2, \cdots)$ 时,$A = A_1 + A_2$,即振动得到最大的加强;

而当 $\varphi_1 - \varphi_2 = (2k+1)\pi(k=0, \pm1, \pm2, \cdots)$ 时,$A = |A_1 - A_2|$,即振动受到最大的削弱.

(2) 振动方向垂直、频率相同的两个简谐振动合成后,振动物体的轨迹一般为椭圆,特殊情况下为圆或直线.

习　题

5-1　质点作简谐运动.在什么情况下速度和加速度方向相同? 在什么情况下方向相反?

5-2　从运动学看什么是简谐振动? 从动力学看什么是简谐振动? 一个物体受到一个使它返回平衡位置的力,它是否一定作简谐振动?

5-3　有一弹簧振子,振幅 $A = 5.0 \times 10^{-2}\,\mathrm{m}$,周期 $T = 2.0\,\mathrm{s}$,初相为 $\pi/4$,试写出它的运动方程.

5-4　一质点做简谐振动,振动方程为 $x = A\cos(\omega t + \varphi)$,当时间 $t = T/2$(T 为周期)时,质点的速度为(　　　)

(A) $-A\omega\sin\varphi$ 　　(B) $A\omega\sin\varphi$ 　　(C) $-A\omega\cos\varphi$ 　　(D) $A\omega\cos\varphi$

5-5　一物体做简谐振动,振动方程为 $x = A\cos(\omega t + \pi/4)$,当时间 $t = T/4$ (T 为周期)时,物体的加速度为(　　　)

(A) $-A\omega^2 \times \sqrt{2}/2$ 　　　　　　　(B) $A\omega^2 \times \sqrt{2}/2$

(C) $-A\omega^2 \times \sqrt{3}/2$ 　　　　　　　(D) $A\omega^2 \times \sqrt{3}/2$

5-6　一简谐振动的曲线如题 5-6 图所示,该振动的周期为(　　　)

(A)10s 　　　　　(B)11s 　　　　　(C)12s 　　　　　(D)13s

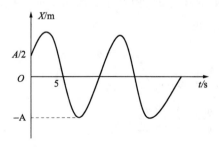

题 5-6 图

5-7　有一弹簧振子,总能量为 E,如果简谐振动的振幅增加为原来的两倍,重物的质量增加为原来的四倍,则它的总能量变为(　　)

(A)$2E$　　　　　(B)$4E$　　　　　(C)$E/2$　　　　　(D)$E/4$

5-8　一个弹簧振子和一个单摆,在地面上的固有振动周期分别为 T_1 和 T_2,将它们拿到月球上去,相应的周期分别为 T_1' 和 T_2',则有(　　)

(A)$T_1'>T_1$ 且 $T_2'>T_2$　　　　　(B)$T_1'<T_1$ 且 $T_2'<T_2$

(C)$T_1'=T_1$ 且 $T_2'=T_2$　　　　　(D)$T_1'=T_1$ 且 $T_2'>T_2$

5-9　一弹簧振子在光滑的水平面上做 简谐振动时,弹性力在半个周期内所做的功为(　　)

(A)kA^2　　　　(B)$kA^2/2$　　　(C)$kA^2/4$　　　(D)0

5-10　如题 5-10 图,一个质点作简谐运动,振幅为 A,在起始时刻质点的位移为 $-A/2$,且向 x 轴正方向运动,代表此简谐运动的旋转矢量为(　　)

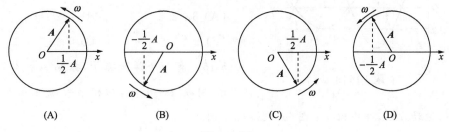

题 5-10 图

5-11　一质点作简谐振动,周期为 T,它由平衡位置沿 x 轴负方向运动到离最大负位移 1/2 处所需要的最短时间为(　　)

(A)$T/4$　　　　(B)$T/12$　　　(C)$T/6$　　　(D)$T/8$

5-12　已知某简谐运动的振动曲线如图所示,则此简谐运动的运动方程为(　　)

(A)$x=2\cos\left(\dfrac{2}{3}\pi t-\dfrac{2}{3}\pi\right)$(cm)　　　(B)$x=2\cos\left(\dfrac{4}{3}\pi t-\dfrac{2}{3}\pi\right)$(cm)

(C)$x=2\cos\left(\dfrac{2}{3}\pi t+\dfrac{2}{3}\pi\right)$(cm)　　　(D)$x=2\cos\left(\dfrac{4}{3}\pi t+\dfrac{2}{3}\pi\right)$(cm)

5-13　两个同周期简谐运动曲线如图所示,x_1 的相位比 x_2 的相位(　　)

(A) 落后 $\pi/2$　　　(B)超前 $\pi/2$　　　(C)落后 π　　　(D)超前 π

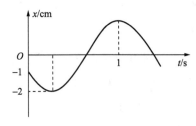

题 5-12 图

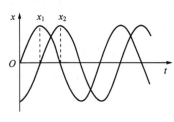

题 5-13 图

5-14　当质点以频率 ν 作简谐运动时,它的动能的变化频率为(　　)

(A)$\nu/2$　　　　　(B)ν　　　　　(C)2ν　　　　　(D)4ν

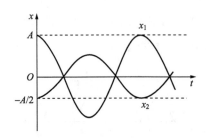

题 5-15 图

5-15　图中所画的是两个简谐运动的曲线,若这两个简谐运动可叠加,则合成的余弦振动的初相位为(　　)

(A) $3\pi/2$　　　　　　(B) $\pi/2$

(C) π　　　　　　　(D) 0

5-16　有一个弹簧振子,振幅 $A=2.0\times10^{-2}$m,周期 $T=1.0$s,初相 $\varphi=3\pi/4$.试写出它的运动方程,并作出 x-t 图、v-t 图和 a-t 图.

5-17　若简谐运动方程为 $x=0.10\cos(20\pi t+0.25\pi)$ (m),求:(1)振幅、频率、角频率、周期和初相;(2)$t=2$s 时的位移、速度和加速度.

5-18　一放置在水平桌面上的弹簧振子,振幅 $A=2.0\times10^{-2}$m,周期 $T=0.50$s.当 $t=0$ 时,(1)物体在正方向端点;(2)物体在平衡位置、向负方向运动;(3)物体在 $x=1.0\times10^{-2}$m 处,向负方向运动;(4)物体在 $x=-1.0\times10^{-2}$m 处,向正方向运动.求以上各种情况的运动方程.

5-19　某振动质点的 x-t 曲线如图所示,试求:(1)运动方程;(2) 点 P 对应的相位;(3)到达点 P 相应位置所需的时间.

5-20　作简谐运动的物体,由平衡位置向 x 轴正方向运动,试问经过下列路程所需的最短时

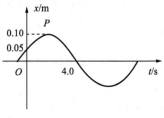

题 5-19 图

间各为周期的几分之几? (1)由平衡位置到最大位移处;(2)由平衡位置到 $x=A/2$ 处;(3)由 $x=A/2$ 处到最大位移处.

5-21 两质点作同频率、同振幅的简谐运动.第一个质点的运动方程为 $x_1=A\cos(\omega t+\varphi)$,当第一个质点自振动正方向回到平衡位置时,第二个质点恰在振动正方向的端点,试用旋转矢量图表示它们,并求第二个质点的运动方程及它们的相位差.

5-22 图为一简谐运动质点的速度与时间的关系曲线,且振幅为 2cm,求:(1)振动周期;(2)加速度的最大值;(3)运动方程.

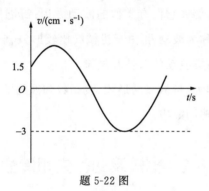

题 5-22 图

5-23 质量为 0.10kg 的物体,以振幅 1.0×10^{-2} m 作简谐运动,其最大加速度为 4.0ms^{-1}.求:(1)振动的周期;(2)物体通过平衡位置时的总能量与动能;(3)物体在何处其动能和势能相等?(4)当物体的位移大小为振幅的一半时,动能、势能各占总能量的多少?

5-24 一质量为 0.20kg 的质点作简谐振动,其振动方程为

$$x=0.6\cos\left(5t-\frac{1}{2}\pi\right)(\text{SI})$$

求:(1)质点的初速度;(2)质点在正向最大位移一半处所受的力.

第 *6* 章 机 械 波

振动状态在空间的传播过程称为波动,简称波.波动是自然界常见的一种物质运动形式.机械振动在弹性介质中的传播称为机械波,如声波、水波、地震波等.交变电磁场在空间的传播称为电磁波,如无线电波、光波、X 射线等.虽然它们的本质不同,但具有波的共性,例如它们有类似的波动方程;都能产生反射、折射、干涉和衍射等现象,这些性质称为波动性.由于机械波比较形象直观,因此,我们将通过对机械波的研究来揭示各类波动的共性和规律.

本章主要研究内容为:机械波的形式,波函数和波的能量,惠更斯原理,波的干涉,驻波以及声波的多普勒效应.

6.1 机械波的产生和传播

6.1.1 机械波的产生和传播

在连续的弹性介质(如空气、水、地层)中,如果某处的质元开始振动,则由于质元间的弹性力的作用,将导致周围质元先后振动起来,使振动在介质中传播开.这种机械振动在介质中的传播称为机械波,最先振动的那个质元叫作波源.**波源和弹性介质是产生机械波的两个基本条件.** 由于气体、液体和固体中都存在弹性,所以机械波可以在它们之中传播.声波、超声波、水波和地震波等都是机械波.变化的电场和变化的磁场在空间的传播叫作电磁波,如无线电波、光波等.显然,机械波和电磁波有着本质上的差别,它们都有各自的特性和规律,但作为波,在形式上又有许多共同的特征和规律.例如,它们都具有一定的传播速度,在波的传播过程中都伴随着能量的传播,都能产生反射、折射、干涉和衍射等.这里我们主要讨论机械波的基本规律,其中有许多也适用于电磁波.

6.1.2　纵波和横波

　　按波的振动方向和传播方向的关系,可将波分为纵波和横波.振动方向和传播方向平行的波叫作**纵波**(见图 6-1(a));振动方向和传播方向垂直的波叫作**横波**(见图 6-1(b)).气体、液体和固体中都能产生纵波.在气体中传播的声波就是纵波.但横波只能在固体中传播.这是因为横波的产生需要介质中有垂直于波的传播方向的切向弹性力,固体中有这种力,而气体和液体中没有这种力.将绳一端固定,沿垂直于绳长方向用手抖动绳的另一端,很容易观察到绳上传播的横波.横波和纵波是波的两种基本类型.复杂的波动包含着纵波和横波两种成分,在地壳中传播的地震波就属于这种情况.而水面波也是如此,当水面波发生时,水的质元一般都沿椭圆轨迹振动,使这些质元回到平衡位置的力不是一般的弹性力,而是重力和表面张力.要指出的是:无论是横波还是纵波,在波动传播的过程中,介质中的每一质元都只在自己的平衡位置附近振动,而不做长距离的迁移,但振动状态却可以逐点传播到很远的地方.由于相位是描述振动状态的物理量,所以振动的传播也可以说是相位的传播.

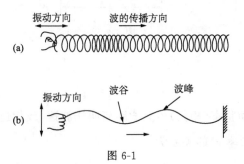

图 6-1

6.1.3　描述波动的三个基本物理量

1.波的周期和频率

　　在波的传播过程中,介质中的各质元都只在自己的平衡位置附近振动,每一质元都将依次重复波源的振动,所有质元都与波源有着相同的振动周期或频率.我们把各质元的振动周期或频率叫作波的周期或频率,通常用 T 和 ν 表示.波的周期

（或频率）描述了波在时间上的周期性.

2.波长

振动在一个周期中传播的距离称为波长,通常用 λ 表示,如图 6-2 所示.对一个质元来说,相隔一个周期后,它的振动状态将复原,而这个振动状态也刚好传播一个波长的距离.因此,在波的传播方向上,相隔一个波长的两质元之间的振动状态是相同的,即振动相位是相同的.由此可见,在波的传播方向上,两个相邻的同相质元之间的距离,就是波长.以横波为例,如果以振动位移达到正的最大值（波峰）来标记振动状态,则相邻两个波峰之间的距离就是一个波长.同理,相邻两个振动位移的负的最大值（波谷）之间的距离也是一个波长.波长描述了波在空间上的周期性.

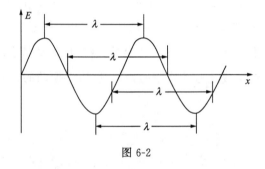

图 6-2

3.波速

单位时间内振动状态（相位）传播的距离叫作波速（或相速）,用 v 表示.它与波长 λ 和周期 T（或频率 ν）的关系为

$$v = \frac{\lambda}{T} = \lambda\nu \qquad (6-1)$$

式(6-1)表明,波速将波在时间上和空间上的周期性联系在一起.

机械波的传播速度取决于弹性介质的性质（弹性和惯性）.弹性模量越大,因形变而引起的弹性力越大,传播速度就越大;而介质的密度越大,惯性就越大,传播速度就越小.在拉紧的弦（或绳索）中的横波速度为

$$v = \sqrt{\frac{T}{\eta}} \qquad (6-2)$$

式中,T 为弦的张力,η 为弦的质量线密度.

在弹性细棒中,纵波速度为

$$v_{//} = \sqrt{\frac{Y}{\rho}} \tag{6-3}$$

式中,Y 为细棒的杨氏模量,ρ 为细棒的密度.

在无限大均匀各向同性固体弹性介质中的横波速度为

$$v_{\perp} = \sqrt{\frac{N}{\rho}} \tag{6-4}$$

式中,N 为介质切变弹性模量,ρ 为介质密度.

由于固体的切变模量小于杨氏模量,因此横波的波速小于纵波的波速.在理想气体中声波(纵波)的波速为

$$v_{\perp} = \sqrt{\frac{\gamma p}{\rho}} \tag{6-5}$$

式中,γ 为气体的比热容比,p 为压强,ρ 为密度.

深入的研究发现,波速除了与介质的性质有关外,还与温度有关.表 6-1 给出了几种介质中的声速.

表 6-1　在一些介质中的声速

介质	温度/(℃)	声速/(m·s⁻¹)
空气 (1.013×10^5 Pa)	0	331
空气 (1.013×10^5 Pa)	20	343
氢 (1.013×10^5 Pa)	0	1270
玻璃	0	5500
花岗岩	0	3950
冰	0	5100
水	20	1460
铝	20	5100
黄铜	20	3500

6.1.4　波线、波面和波前

当波源在三维连续介质中振动时,振动将沿各个方向传播.为了形象地描述波

的传播,常用几何图形来表示各质点的相位关系及波的传播方向.波在介质中传播时,任一时刻介质中相位相同的各点组成的曲面或平面叫作波面.在各向同性介质中,和波面垂直的线叫作波射线或波线,波线代表波的传播方向.波源开始振动后的某一时刻,振动到达的各点应是同相位的,由这些点所组成的面是最前方的波面,因此叫作波前或波阵面.

我们可以按波前的形状将波分类,波前为球面的称为球面波;波前为柱面的称为柱面波;波前为平面的称为平面波,如图 6-3 所示.

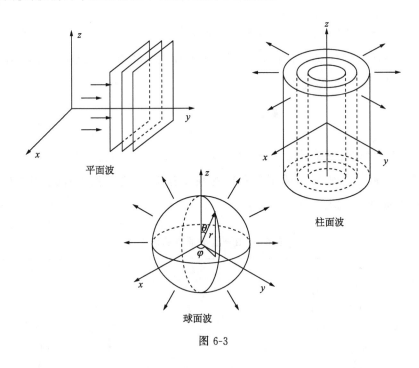

平面波

柱面波

球面波

图 6-3

6.2 平面简谐波的波函数

简谐波是简谐振动在介质中传播所形成的波,它是最简单最基本的波.我们知道任一复杂的振动可看成是由许多简谐振动叠加而成的,同样,任一复杂的波也可看成是由许多简谐波叠加而成的.因此讨论简谐波的规律有着重要意义.

6.2.1 平面简谐波的波函数

为简单起见,我们讨论平面简谐波,即波
面是平面的简谐波,并且假定波在理想的、均
匀无吸收的无限大介质中传播.由图 6-4 不难
看出,平面简谐波所有波线上波动传播情况完
全相同,因此,任一条波线上的波都能代表整
个介质中的波动.

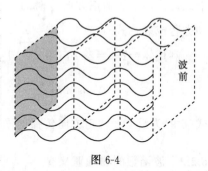

图 6-4

如图 6-5 所示,取任一波线为 Ox 轴,平面
简谐波以波速 u 沿 Ox 轴正方向传播,介质中各质点都在各自的平衡位置附近作
同一频率的简谐运动.设 O 点处质点的振动方程为

$$y_0 = A\cos(\omega t + \varphi) \tag{6-6}$$

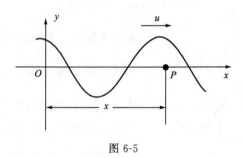

图 6-5

式中,y_0 表示 O 处质点在时刻 t 相对平衡位置的位移,A 是振幅,ω 是角频率.由
于研究的是平面波,且在无吸收的均匀介质中传播,所以各点的振幅相等.为了写
出 Ox 轴上所有质点在任一时刻的位移,我们在 Ox 轴正方向上任取一点 P,其坐
标为 x.显然,当振动从 O 点传播到 P 点时,P 处质点将以相同的振幅和频率重复
O 处质点的振动,但在时间上要落后 $t_0 = x/u$,或者说,P 处振动的相位要比 O 处
相位落后 ωt_0.因此,在时刻 t,P 处的相位应为 $\omega t - \omega t_0 + \varphi$,相应的位移为

$$y_P = A\cos(\omega t - \omega t_0 + \varphi) = A\cos\left[\omega\left(t - \frac{x}{u}\right) + \varphi\right] \tag{6-7}$$

考虑到 P 点在 Ox 轴上的任意性,可以去掉下标 P,而将上式写成

$$y = A\cos\left[\omega\left(t - \frac{x}{u}\right) + \varphi\right] \tag{6-8}$$

上式即为沿 Ox 轴正方向传播的平面简谐波的波函数,也常称为平面简谐波的波动方程或表达式.

利用 $\omega = 2\pi\nu = 2\pi/T$ 和 $u = \lambda T$,式(6-8)又可有如下形式:

$$y = A\cos\left[2\pi\left(\frac{t}{T} - \frac{x}{\lambda}\right) + \varphi\right] = A\cos\left[2\pi\left(\nu t - \frac{x}{\lambda}\right) + \varphi\right] \tag{6-9}$$

式(6-9)为沿 Ox 轴正方向传播的平面简谐波波函数的标准型.

6.2.2 波函数的物理意义

下面我们对平面简谐波的表达式作些讨论:

(1) 当 x 一定时(此时 x 为常数),则平面简谐波的表达式

$$y = A\cos\left[\omega\left(t - \frac{x}{u}\right) + \varphi\right]$$

表示坐标为 x 的一点处质元的振动方程.该点质元的初相位是 $\left(\varphi - \omega\frac{x}{u}\right)$.以 t 为横坐标,y 为纵坐标,可画出该质点的振动曲线,它描绘出该质点在不同时刻相对其平衡位置的位移,如图 6-6 所示,这是专为 x 处质点的运动情况拍摄的"录像".

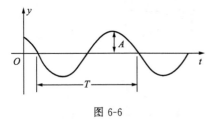

图 6-6

(2) 当 t 一定时(此时 t 为常数),则平面简谐波的表达式

$$y = A\cos\left[\omega\left(t - \frac{x}{u}\right) + \varphi\right]$$

表示 t 时刻 x 轴上各质元的振动位移分布情况.由该表达式所作的 $y - x$ 曲线称为波形曲线,如图 6-7 所示,这是在 t 时刻给波线上的所有质点拍摄的"集体照片".

(3) x 和 t 都变化.在这种情况下,波函数表示的是波线上所有质点的位移随时间变化的整体情况.如图 6-8 所示,实线表示 t 时刻

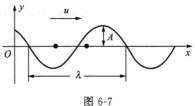

图 6-7

的波形,虚线表示经过 Δt 时间后,即 $t+\Delta t$ 时刻的波形.从图中可见,t 时刻 x 处的振动状态(或一定的相位)经过 Δt 时间沿波线传播到了 $x+\Delta x$ 处.根据式(6-8),则有

$$\omega\left(t-\frac{x}{u}\right)+\varphi=\omega\left[(t+\Delta t)-\frac{(x+\Delta x)}{u}\right]+\varphi$$
$$=\left[\omega\left(t-\frac{x}{u}\right)+\varphi\right]+\omega\left(\Delta t-\frac{\Delta x}{u}\right)$$

得到

$$\Delta x=u\Delta t$$

式中,u 是波速.可见波的传播是相位的传播,也是振动这种运动形式的传播,或者说是整个波形的传播.波速 u 就是相速,也是波形向前传播的速度.显然,波函数描述了波的传播过程.这种波是行波.

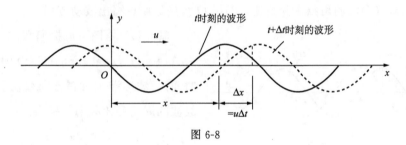

图 6-8

例题 6.1　一平面简谐波的波动方程为 $y=0.01\cos\pi\left(10t-\frac{x}{10}\right)$.

求　(1)该波的波速、波长、周期和振幅;(2)$x=10\mathrm{m}$ 处质点的振动方程及该质点在 $t=2\mathrm{s}$ 时的振动速度;(3)$x=20\mathrm{m}$ 和 $x=60\mathrm{m}$ 两处质点的相位差.

解　(1) 将波动方程写成标准形式

$$y=0.01\cos2\pi\left(\frac{t}{0.2}-\frac{x}{20}\right)(\mathrm{SI}) \qquad\qquad ①$$

与式(6-9)比较可得

$$y=A\cos\left[2\pi\left(\frac{t}{T}-\frac{x}{\lambda}\right)+\varphi\right]$$

比较可得

振幅 $A=0.01\text{m}$,波长 $\lambda=20\text{m}$,周期 $T=0.2\text{s}$,波速 $u=\dfrac{\lambda}{T}=100\text{m}\cdot\text{s}^{-1}$.

(2) 将 $x=10\text{m}$ 代入式①,整理后可得该处质点的振动方程为

$$y=0.01\cos(10\pi t-\pi)\,(\text{SI}) \qquad\qquad ②$$

将式②对时间求导,可得距原点 10m 处质点的振动速度为

$$v=-0.1\pi\sin(10\pi t-\pi)\,(\text{SI})$$

将 $t=2\text{s}$ 代入上式得 $v=0$.

(3) 令 $x_1=20\text{m}$,$x_2=60\text{m}$,则两处质点的相位差为

$$\Delta\varphi_{21}=-\frac{2\pi}{\lambda}\Delta x_{21}=-\frac{2\pi}{\lambda}(x_2-x_1)=-\frac{2\pi}{20}(60-20)=-4\pi$$

结果表明,x_2 处质点的振动相位比 x_1 处质点落后 4π.

例题 6.2　一向右传播的平面简谐波在 $t=0$ 和 $t=1\text{s}$ 时的波形如图 6-9,周期 $T>1\text{s}$.求:(1)波的角频率和波速;(2)以 O 为坐标原点写出波动方程.

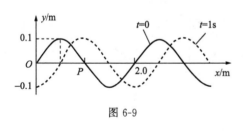

图 6-9

解　(1) 由图可见振幅和波长分别为 $A=0.1\text{m}$,$\lambda=2.0\text{m}$.在 $t=0$ 到 $t=1\text{s}$ 时间内,波形沿 x 轴正方向移动了 $\lambda/4$,故波的周期和角频率分别为

$$T=4\text{s},\qquad \omega=\frac{2\pi}{T}=\frac{\pi}{2}\text{rad}\cdot\text{s}^{-1}$$

由此可得波速为

$$u=\frac{\lambda}{T}=0.5\text{m}\cdot\text{s}^{-1}$$

(2) 设原点 O 处质点的振动方程为

$$y_0=A\cos(\omega t+\varphi)$$

由图可知,当 $t=0$ 时,O 处质点的振动位移和振动速度分别为

$$y_0=0,\qquad v_0=0$$

由旋转矢量可得,$\varphi=\pi/2$.

所以,此平面简谐波的波动方程为

$$y=A\cos\left(\omega t+\varphi-\omega\frac{x}{u}\right)=0.1\cos\left(\frac{\pi}{2}t+\frac{\pi}{2}-\pi x\right)(\text{SI})$$

6.3 波 的 能 量

机械波在介质中传播时,波动传到的各质点都在各自的平衡位置附近振动.由于各质点有振动速度,因而它们具有振动动能.同时因介质产生形变,它们还具有弹性势能.下面以棒中传播的纵波为例,对波的能量作简单分析.

6.3.1 波动能量的传播

1.质元的能量

当波在弹性介质中传播时,介质中的各质元都在各自的平衡位置附近振动.各质元因有振动速度而具有动能;因有形变而具有势能.也就是说,波在传播相位的同时,也传播能量.

设想一平面简谐波在密度为 ρ 的弹性介质中,沿 x 轴正向传播,其波的表达式为

$$y = A\cos\omega\left(t - \frac{x}{u}\right)$$

在介质中任取一小质元,其体积为 ΔV,质量为 $m = \rho\mathrm{d}V$,振动速度为

$$u = \frac{\partial y}{\partial t} = -A\omega\sin\omega\left(t - \frac{x}{u}\right)$$

其动能为

$$\Delta E_k = \frac{1}{2}mu^2 = \frac{1}{2}\rho\mathrm{d}VA^2\omega^2\sin^2\omega\left(t - \frac{x}{u}\right) \tag{6-10}$$

同时,体积元因形变而具有弹性势能 $\mathrm{d}E_p = k(\mathrm{d}y)^2/2$,此处 k 为棒的劲度系数,而 k 与弹性模量 Y 的关系为 $k = SY/\mathrm{d}x$,于是弹性势能为

$$\Delta E_p = \frac{1}{2}k(\mathrm{d}y)^2 = \frac{1}{2}YS\mathrm{d}x\left(\frac{\mathrm{d}y}{\mathrm{d}x}\right)^2$$

式中,$S\mathrm{d}x$ 为体积元的体积 $\mathrm{d}V$,再利用纵速度 $u = \sqrt{Y/\rho}$,上式可改写为

$$\Delta E_p = \frac{1}{2}\rho u^2 \mathrm{d}V\left(\frac{\mathrm{d}y}{\mathrm{d}x}\right)^2$$

由于 y 是 x 和 t 的函数,因此 $\mathrm{d}y/\mathrm{d}x$ 实际上应是 y 对 x 的偏导数.由波动方程

可得

$$\frac{\partial y}{\partial x} = -A\,\frac{\omega}{u}\sin\omega\left(t-\frac{x}{u}\right)$$

$$\Delta E_P = \frac{1}{2}\rho u^2\,\mathrm{d}V\left(\frac{\mathrm{d}y}{\mathrm{d}x}\right)^2 = \frac{1}{2}\rho\,\mathrm{d}VA^2\omega^2\sin^2\omega\left(t-\frac{x}{u}\right) \tag{6-11}$$

体积元的总能量为其动能与势能之和,即 $\mathrm{d}W = \mathrm{d}W_k + \mathrm{d}W_P$,所以

$$\mathrm{d}W = \rho\,\mathrm{d}VA^2\omega^2\sin^2\omega\left(t-\frac{x}{u}\right) \tag{6-12}$$

由式(6-10)和式(6-11)可见,在波传播过程中,介质中任一体积元的动能和势能同相地随时间变化,二者同时达到最大值,又同时为零,它们在任一时刻都有完全相同的值.振动动能和弹性势能的这种关系是波动中质元不同于孤立振动系统的一个重要特点.由式(6-12)可见,任一体积元的机械能是不守恒的,而是随时间作周期性变化.对于给定的时刻,不同位置处体积元的机械能又随 x 作周期性变化.这表明,沿着波动传播的方向,每一体积元都在不断地从后方介质获得能量,使能量从零逐渐增大到最大值,又不断地把能量传递给前方的介质,使能量从最大变为零.如此周期性地重复,能量就随着波动过程,从介质的这一部分传到另一部分,所以波动是能量传递的一种方式.

需要说明的是,上述结论虽然是以棒中纵波为例得出的,但对于其他纵波以及横波同样适用.

2.能量密度

为了描述介质中的能量分布情况,引入能量密度,定义介质单位体积内的能量叫作波的能量密度,用 w 表示

$$w = \frac{\mathrm{d}W}{\mathrm{d}V} = \rho A^2\omega^2\sin^2\omega\left(t-\frac{x}{u}\right) \tag{6-13}$$

能量密度在一个周期内的平均值叫作平均能量密度,用 $\overline{w}$ 表示

$$\overline{w} = \frac{1}{T}\int_0^T w\ \mathrm{d}t = \frac{1}{T}\int_0^T \rho A^2\omega^2\sin^2\omega\left(t-\frac{x}{u}\right)\ \mathrm{d}t = \frac{1}{2}\rho A^2\omega^2 \tag{6-14}$$

上式表明,波的平均能量密度与介质的密度、振幅的平方以及频率的平方成正比.

6.3.2　能流和能流密度

行波在传播的同时伴随着能量的传播,犹如能量在介质中流动一样.为了表述

波动能量的这一特性,引入能流概念.我们把单位时间内垂直通过介质中某一面积的平均能量称为通过该面积的平均能流,简称能流,用 $\bar{P}$ 表示.如图 6-10 所示,如果在介质中垂直于波速方向取一面积 S,则在单位时间内通过 S 面的平均能量就等于该面后方体积为 uS 的介质中的平均能量,即

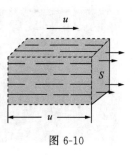

图 6-10

$$\bar{P} = \bar{w}uS = \frac{1}{2}\rho A^2 \omega^2 uS \qquad (6\text{-}15)$$

为了描述能流的空间分布和方向,引入能流密度矢量.我们把单位时间内通过与波的传播方向垂直的单位面积的平均能量,称为能流密度,用 I 表示.由式(6-15)得 I 的大小为

$$I = \frac{\bar{P}}{S} = \bar{w}u = \frac{1}{2}\rho A^2 \omega^2 u \qquad (6\text{-}16)$$

I 的方向就是波速 $\boldsymbol{u}$ 的方向,因此,将上式写成矢量式应为

$$\boldsymbol{I} = \bar{w}\boldsymbol{u} = \frac{1}{2}\rho A^2 \omega^2 \boldsymbol{u}$$

可见,能流密度与振幅的平方、频率的平方、介质的密度以及波速的大小成正比.平均能流密度越大,单位时间内通过单位面积的能量就越多,波就越强.因此能流密度也称为波的强度,其单位名称是瓦每二次方米,符号为 $\text{W} \cdot \text{m}^{-2}$.

6.4　惠更斯原理

　　波在各向同性的均匀介质中传播时,波速、波面形状、波的传播方向等均保持不变.但是,如果波在传播过程中遇到障碍物或传到不同介质的界面时,则波速、波面形状以及波的传播方向等都将发生改变,产生反射、折射、衍射、散射等现象.在这种情况下,要通过求解波动方程来预言波的行为就比较复杂了.惠更斯原理提供了一种定性的几何作图方法,在很广泛的范围内解决了波的传播方向问题.

6.4.1　惠更斯原理

　　当波在弹性介质中传播时,介质中任一点 P 的振动,将直接引起其邻近质点

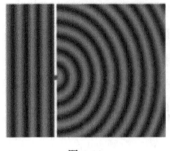

图 6-11

的振动.就 P 点引起邻近质点的振动而言,P 点和波源并没有本质上的区别,即 P 点可以看作新的波源.例如,在图 6-11 中,水面波传播时,遇到一障碍物,当障碍物上小孔的大小与波长相差不多时,就会看到穿过小孔后的波阵面是圆弧形的,与原来波阵面的形状无关,就像以小孔为波源产生的波动一样.

在总结这类现象的基础上,荷兰物理学家惠更斯(C. Huygens,1629~1695)于 1678 年首先提出:**介质中波动传播到的各点,都可以看成是发射子波(或称次波)的波源;在其后的任一时刻,这些子波的包络面就是新的波前.**

惠更斯原理不论对机械波还是对电磁波,也不论波动所经过的介质是均匀的还是非均匀的、是各向同性的还是各向异性的,都是适用的.只要知道某一时刻的波前与波速,就可以根据这一原理,用几何作图方法决定下一时刻的波前,从而确定波的传播方向.例如点波源 O 发出的波,以波速 u 在均匀各向同性介质中传播,在时刻 t 的波前是半径为 R_1 的球面 S_1,如图 6-12(a)所示.根据惠更斯原理,S_1 上各点都可以看成是发射子波的波源.以 S_1 面上各点为中心,以 $u\Delta t$ 为半径可以画出许多球形的子波,这些子波行进前方的包络面 S_2 就是 $t+\Delta t$ 时刻的波前.显然,S_2 是以 $R_1+u\Delta t$ 为半径的球面.又如,若已知平面波在时刻 t 的波前 S_1,用同样的方法也可求得 $t+\Delta t$ 时刻的波前 S_2,如图 6-12(b)所示.可以看出,只有当波动在无障碍物的均匀各向同性介质中传播时,根据惠更斯原理,波面的几何形状才能

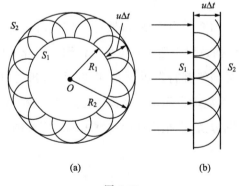

(a)　　　　　　　　(b)

图 6-12

保持不变,从而传播方向保持不变.

6.4.2　惠更斯原理的应用

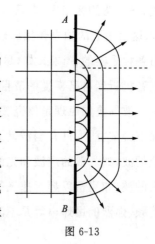

图 6-13

　　波在传播过程中遇到障碍物时,能绕过障碍物的边缘继续前进的现象,称为波的衍射(或绕射).用惠更斯原理很容易解释这一现象.如图 6-13 所示,当平面波到达障碍物 AB 上的一条狭缝时,缝上各点可看成是发射子波的波源,各子波源都发出球形子波.这些子波的包络面已不再是平面.靠近狭缝的边缘处,波面弯曲,波线改变了原来的方向,即波绕过了障碍物继续前进.如果障碍物的缝更窄,衍射现象就更为显著.

　　若波在传播过程中遇到小颗粒,波将以小颗粒为中心发出球面子波,沿各个方向传播出去,这就是波的散射.

　　用惠更斯原理还能方便地说明波的反射定律和折射定律.需要注意的是,反射波和入射波是在同一种介质中传播,因此波速相同,在同一时间内波行进的距离相等;而折射波和入射波是在不同的两种介质中传播,因此波速不同,在同一时间内,波行进的距离不等.读者可自行分析.

　　应当指出,惠更斯原理没有说明子波的强度分布,也没有说明子波为什么只向前传播而不会产生后退波.后来菲涅耳(A.Fresnel)对惠更斯原理作了重要补充,形成了惠更斯-菲涅耳原理,成为解决波衍射问题的理论基础.这些将在光学部分进行介绍.

6.5　波　的　干　涉

　　现在研究几列波同时在介质中传播并相遇时,介质中质点的运动情况及波的传播情况.

6.5.1　波的叠加原理

　　实验表明,几列不同的波同时在同一介质中传播时,无论相遇与否,都保持各自原有的特性(频率、波长、振动方向、传播方向等),就好像其他波不存在一样,因此,在相遇的区域内,各质元的振动是各波单独存在时在该点所引起的振动的合成.这就是波的独立传播原理或波的叠加原理.例如,在听交响乐时,我们仍能辨别出各种乐器的音调.又如,尽管天空中同时传播着许多无线电波,但我们仍可通过收音机听到自己喜爱的节目.

　　波的叠加原理是研究波的干涉和衍射现象的理论基础.但它并不是在任何情况下都成立的.只有当波动方程是线性微分方程时,波的叠加原理才成立.通常讨论的波,如一般的声波和光波都满足适用条件,所以波的叠加原理适用.但强度过大的波,如飞机以超音速飞行所形成的冲击波、大振幅电磁波在某些晶体内产生的倍频、强烈的爆炸声等是不满足适用条件的,所以波的叠加原理不再适用.

6.5.2　波的干涉

1.波的干涉现象

　　我们先观察水波的干涉实验.把两个小球装在同一支架上,使小球的下端紧靠水面.当支架沿垂直水面方向以一定的频率振动时,两小球和水面的接触点就成了

图 6-14

两个频率相同、振动方向平行、相位相同的波源,各自发出一列圆形的水面波.在它们相遇的水面上,呈现出如图 6-14 所示的现象.由图可以看出,有些地方水面起伏得很厉害(图中亮处),说明这些地方振动加强;而有些地方水面只有微弱的起伏,甚至平静不动(图中暗处),说明这些地方振动减弱,甚至完全抵消.也就是说,在这两列波相遇的区域内,振动的强弱是按一定的规律分布的.

　　人们把振动方向平行、频率相同、相位相同或相位差恒定的两列波在空间相遇时,使某些点的振动始终加强,另外一些点的振动始终减弱,形成一种稳定的强弱分布的现象,称为**波的干涉现象**.

　　振动方向平行、频率相同、相位相同或相位差恒定的条件称为相干条件.满足相干条件的波称为相干波,相应的波源称为相干波源.图 6-15 画出了用单一波源

产生两列相干波,实现波的干涉的一种方法.
在波源 S 附近放置一开有两个小孔 S_1 和 S_2
的障碍物,并且 $SS_1 = SS_2$.根据惠更斯原理,
S_1 和 S_2 看成是两个子波源,它们发出的子
波具有频率相同、振动方向平行、相位相同的
特性,是相干波.因此,这两列波叠加后会产
生干涉现象.从图可见,由 S_1 和 S_2 分别发出
一系列的球形波面,其波峰和波谷分别用实
线和虚线的圆弧表示.当两列波在空间相遇

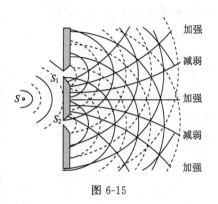

图 6-15

时,若它们的波峰与波峰或波谷与波谷相重合,振动始终加强,合振幅最大;若两波
的波峰与波谷相重合,振动最弱,合振幅最小.

2. 强弱分布规律

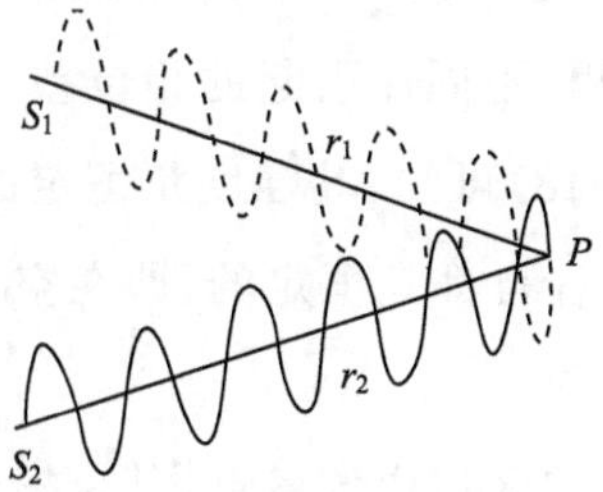

如图 6-16 所示,设两个相干波源 S_1 和 S_2 的振
动方程分别为

$$y_{10} = A_{10} \cos(\omega t + \varphi_1)$$
$$y_{20} = A_{20} \cos(\omega t + \varphi_2)$$

式中,A_{10} 和 A_{20} 为振幅,ω 和 φ_1、φ_2 分别为两波源的
角频率及初相.设波源 S_1 和 S_2 发出的两列波在均
匀且各向同性介质中传播.P 是两列波相遇区域内的任一点,它与两波源的距离分
别为 r_1 和 r_2,根据沿波的传播方向相位依次落后的规律,可以得出 S_1 和 S_2 单独
存在时,在 P 点引起的振动分别为

$$y_1 = A_1 \cos\left(\omega t + \varphi_1 - \frac{2\pi r_1}{\lambda}\right)$$

$$y_2 = A_2 \cos\left(\omega t + \varphi_2 - \frac{2\pi r_2}{\lambda}\right)$$

式中,A_1 和 A_2 分别为两振动的振幅,λ 为波长.P 处质点要同时参与这两个振动.
根据两个同方向同频率简谐运动的合成规律,P 点的合振动仍为简谐运动,其方
程为

$$y = y_1 + y_2 = A \cos(\omega t + \varphi)$$

图 6-16

合振动的振幅 A 由下式确定

$$A = \sqrt{A_1^2 + A_2^2 + 2A_1A_2\cos\Delta\varphi} \qquad (6\text{-}17)$$

由于波的强度与振幅的平方成正比,若以 I_1 和 I_2 分别表示两列波单独存在时在 P 点的强度,则叠加后的强度为

$$I = I_1 + I_2 + 2\sqrt{I_1 I_2}\cos\Delta\varphi \qquad (6\text{-}18)$$

式中

$$\Delta\varphi = \left(\varphi_2 - \frac{2\pi r_2}{\lambda}\right) - \left(\varphi_1 - \frac{2\pi r_1}{\lambda}\right)$$

即

$$\Delta\varphi = \varphi_2 - \varphi_1 - 2\pi\frac{r_2 - r_1}{\lambda} \qquad (6\text{-}19)$$

式(6-19)是两列波在 P 点所引起的两个分振动的相位差,其中 $\varphi_2 - \varphi_1$ 为两个波源的初相差, $2\pi(r_2 - r_1)/\lambda$ 是由于波程(波的传播路程)不同而引起的相位差.对于叠加区域内任一确定点来说, $\Delta\varphi$ 为一常量,由式(6-18)可知,其强度是恒定的.不同的点有不同的 $\Delta\varphi$ 值,因而对应不同的强度值,但各自都是恒定的,即在空间形成稳定的强弱分布,这正是干涉现象.

由以上讨论可知,当波振幅一定时,两列相干波叠加区域内的各点,其合振幅或强度主要取决于相位差 $\Delta\varphi$.有如下结论:

(1) 当 $\Delta\varphi = 2k\pi\,(k = 0, \pm 1, \pm 2, \cdots)$ 时,合振幅最大,其值为 $A = A_2 + A_1$.这些点振动最强,称为**干涉相长**.

(2) 当 $\Delta\varphi = (2k+1)\pi\,(k = 0, \pm 1, \pm 2, \cdots)$ 时,合振幅最小,其值为 $A = |A_2 - A_1|$.这些点振动最弱,称为**干涉相消**.

在 $\Delta\varphi$ 为其他值的空间各点,合振幅介于 $A = |A_2 - A_1|$ 和 $A = A_1 + A_2$ 之间.

应该指出,如果在同一介质中传播的两列波不是相干波,则不会产生干涉现象.其合成波强度等于相遇的两列波强度之和,即 $I = I_1 + I_2$.

6.6 驻 波

设两列振幅相等的相干波,一列波沿 x 轴正向传播,另一列波沿 x 轴负向传

播.它们的波的表达式分别为

$$y_1 = A\cos\left(\omega t - \frac{2\pi x}{\lambda}\right), \quad y_2 = A\cos\left(\omega t + \frac{2\pi x}{\lambda}\right)$$

在两波相遇处,各质元的合位移为

$$y = y_1 + y_2 = A\cos\left(\omega t - \frac{2\pi x}{\lambda}\right) + A\cos\left(\omega t + \frac{2\pi x}{\lambda}\right)$$

$$= \left(2A\cos\frac{2\pi}{\lambda}x\right)\cos\omega t \tag{6-20}$$

这就是驻波的表达式.它表明，x 轴上各质
元均作角频率为 ω 的简谐振动,但不同坐标
处的质元振幅不等，坐标为 x 处的质元振
幅为 $\left|2A\cos\dfrac{2\pi}{\lambda}x\right|$.驻波形成后，所观察到
的图像，如图 6-17 所示.

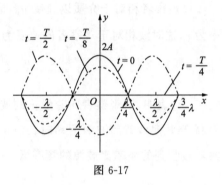

图 6-17

x 轴上振幅 $\left|2A\cos\dfrac{2\pi}{\lambda}x\right|$ 为极大值 $2A$
的点，称为驻波的波腹，即坐标 x 满足

$$x = n\frac{\lambda}{2}, \quad n = 0, \pm 1, \pm 2, \cdots$$

x 轴上振幅 $\left|2A\cos\dfrac{2\pi}{\lambda}x\right|$ 为极小值 0 的点，称为驻波的波节，即坐标 x 满足

$$x = (2n + 1)\frac{\lambda}{4}, \quad n = 0, \pm 1, \pm 2, \cdots$$

显然,两相邻波腹(或两相邻波节)之间的距离为半波长.由式(6-20)可分析得到,
两相邻波节之间的各质元振动相位相同,每一波节两侧的各质元振动相位相反.在
驻波中,没有相位、波形及能量的传播,各质元以各自的振幅在各自的平衡位置附
近振动.

6.7　多普勒效应

　　当观察者或波源相对于传播波的介质运动时,观察者接收到的频率与波源的

频率不同,这种现象称为多普勒效应.例如,当一列特快列车鸣笛驶向站台时,站台上的人听到的汽笛音调会很高,但当列车驶离站台时,汽笛的音调听起来会变低.这就是多普勒效应.

　　下面分三种情况来讨论多普勒效应.为简单起见,设波源和观察者相对于介质在二者的连线上运动.

6.7.1　波源静止,观察者相对于介质运动

　　设观察者相对于介质以速度 u_0 向着波源运动,波的传播速度为 v,波源的频率为 ν,这时波相对于观察者的速度为 $v+u_0$,所以观察者接收到的频率

$$\nu' = \frac{v+u_0}{\lambda} = \frac{v+u_0}{vT} = \left(1 + \frac{u_0}{v}\right)\nu \tag{6-21}$$

式(6-21)表明,当观察者向着静止的波源运动时,观察者接收到的频率比波源的频率高.当观察者背离波源运动时,式(6-21)仍适用,但此时 u_0 取负值,其结果是观察者接收到的频率比波源的频率低.

6.7.2　观察者静止,波源相对于介质运动

　　设波源相对于介质以速度 u_s 向着观察者运动,由于波速 v 与波源的运动无关,所以在一个周期内波源从 B 点发出的振动向前传播一个波长的距离 λ,同时波源向前移动了距离 $u_s T$(见图 6-18).因此在观察者看来,波在一个周期内所前进的距离为

$$\lambda' = \lambda - u_s T$$

这样,观察者接收到的频率为

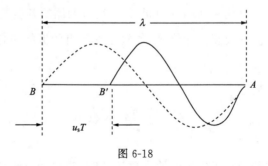

图 6-18

$$\nu' = \frac{v}{\lambda'} = \frac{v}{\lambda - u_S T} = \frac{v}{vT - u_S T} = \frac{v}{v - u_S}\nu \tag{6-22}$$

式(6-22)表明,当波源向着观察者运动时,观察者接收到的频率大于波源的频率.当波源背离观察者运动时,只需将 u_s 取负值,式(6-22)仍适用.此时结果是观察者接收到的频率小于波源的频率.

6.7.3　波源和观察者同时相对于介质运动

根据以上讨论,当波源以速度 u_s 相对于介质运动时,对观察者来说波长为 $\lambda' = \lambda - u_s T$;当观察者以速度 u_0 相对于介质运动时,对观察者来说,波的速度为 $v + u_0$.因此,当两者同时相对于介质运动时,观察者接收到的频率为

$$\nu' = \frac{v + u_0}{\lambda - u_s T} = \frac{v + u_0}{v - u_s}\nu \tag{6-23}$$

如果观察者和波源的运动方向不在两者的连线上,则只要将观察者和波源的速度在连线方向的分量代入式(6-23)即可.

多普勒效应是由奥地利物理学家多普勒(C.Doppler)在 1842 年首先提出的.这种效应是各种波都有的一种普遍现象.由于不同种类的波,有着本质上的区别,尽管形成该效应的原理相似,但具体的计算公式不同.

多普勒效应在实际中有着广泛的应用.利用多普勒效应可以测定运动物体的速度.如监测车速,测定星球相对于地球的速度,测定云层的速度及血液流动的速度等.在医学上,还可利用超声波的多普勒效应对心脏跳动情况进行诊断.

本 章 要 点

1. 机械波的基本概念

(1) 产生的条件:波源,弹性介质

(2) 基本类型:横波,纵波

(3) 特征量:波速,周期和频率,波长

(4) 几何描述:波面与波前,波线

2. 平面简谐波

(1) 波函数：$y = A\cos[\omega(t \mp x/u) + \alpha]$

(2) 能量

1) 能量密度 $w = \rho A^2 \omega^2 \sin^2[\omega(t \mp x/u) + \varphi]$

平均能量密度 $\bar{w} = \dfrac{1}{2}\rho A^2 \omega^2$

2) 平均能流密度（波强）$\bar{I} = \bar{w}v = \dfrac{1}{2}\rho v A^2 \omega^2$

3. 机械波的干涉

(1) 惠更斯原理

(2) 波的叠加原理

(3) 波的相干条件：频率相同，振动方向相同，相差固定

(4) 二列波相干叠加的结果：当 $\Delta\varphi = \pm 2k\pi(k=0,1,2,\cdots)$ 时，振幅最大；当 $\Delta\varphi = \pm(2k+1)\pi(k=0,1,2,\cdots)$ 时，振幅最小.

(5) 驻波：由两列振幅相同，传播方向相反的波相干叠加形成，其波动方程形如

$$y = 2A\cos(2\pi x/\lambda)\cos\omega t$$

由此可确定波腹、波节的位置.相邻的波腹（或波节）间的距离为半个波长.

4. 多普勒效应

由于声源与观察者的相对运动，造成接收频率发生变化的现象.

习　　题

6-1　什么是波动？波动和振动有什么区别和联系？具备什么条件才能形成机械波？

6-2　在波动方程 $y = A\cos[\omega(t-x/u)+\varphi]$ 中，y、A、ω、u、x、φ 的意义是什么？$\dfrac{x}{u}$ 的意义是什么？如果将波动方程写成 $y = A\cos[\omega t - \omega x/u + \varphi]$，$\omega x/u$ 的意义又是什么？

6-3　在某弹性介质中，波源作简谐运动，并产生平面余弦波，波长为 λ，波速

为 u，频率为 ν，问在同一介质内，这三个量哪一个是不变量？当波从一种介质进入另一种介质时，哪些是不变量？波速与波源振动速度是否相同？

6-4 一平面简谐波，波速为 $u=5\text{m/s}$，设 $t=3\text{s}$ 时的波形如图所示，则 $x=0$ 处的质点的振动方程为（　　）

(A) $y=2\times10^{-2}\cos(\pi t/2-\pi/2)$ (SI)

(B) $y=2\times10^{-2}\cos(\pi t+\pi)$ (SI)

(C) $y=2\times10^{-2}\cos(\pi t/2+\pi/2)$ (SI)

(D) $y=2\times10^{-2}\cos(\pi t-3\pi/2)$ (SI)

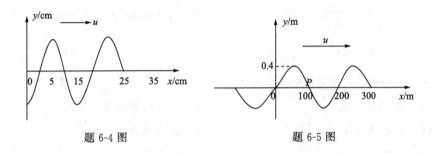

题 6-4 图　　　　　　　　题 6-5 图

6-5 一平面简谐波在 $t=0$ 时刻的波形图如题 6-5 图所示，波速为 $u=200\text{m/s}$，则图中 O 点的振动加速度的表达式为（　　）

(A) $a=0.4\pi^2\cos(\pi t-\pi/2)$ (SI)

(B) $a=0.4\pi^2\cos(\pi t-3\pi/2)$ (SI)

(C) $a=-0.4\pi^2\cos(2\pi t-\pi)$ (SI)

(D) $a=1.6\pi^2\cos(2\pi t+\pi/2)$ (SI)

6-6 一平面简谐波在 $t=0$ 时刻的波形图如题 6-5 图所示，波速为 $u=200\text{m/s}$，则图中 P (100m) 点的振动速度表达式为（　　）

(A) $v=-0.8\pi\cos(2\pi t-\pi)$ (SI)　　　(B) $v=-0.2\pi\cos(\pi t-\pi)$ (SI)

(C) $v=0.2\pi\cos(2\pi t-\pi/2)$ (SI)　　　(D) $v=0.2\pi\cos(\pi t-3\pi/2)$ (SI)

6-7 如图所示，两列波长为 λ 的相干波在 P 点相遇，S_1 点的初相位是 φ_1，S_1 点到 P 点距离是 r_1；S_2 点的初相位是 φ_2，S_2 点到 P 点距离是 r_2，$k=0,\pm1,\pm2,\cdots$，则 P 点为干涉极大的条件为（　　）

(A) $r_2-r_1=k\lambda$

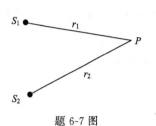

题 6-7 图

(B) $\varphi_2 - \varphi_1 + 2\pi(r_2 - r_1)/\lambda = 2k\lambda$

(C) $\varphi_2 - \varphi_1 = 2k\pi$

(D) $\varphi_2 - \varphi_1 - 2\pi(r_2 - r_1)/\lambda = 2k\pi$

6-8 传播速度为 $100\mathrm{m/s}$、频率为 $50\mathrm{Hz}$ 的平面简谐波,在波线上相距为 $0.5\mathrm{m}$ 的两点之间的相位差是（　　）

(A)$\pi/3$ (B)$\pi/6$ (C) $\pi/2$ (D)$\pi/4$

6-9 下列的平面简谐波的波函数中,选出一组相干波的波函数（　　）

(A) $y_1 = A\cos\dfrac{\pi}{4}(x - 20t)$ (B) $y_2 = A\cos 2\pi(x - 5t)$

(C) $y_3 = A\cos 2\pi\left(2.5t - \dfrac{x}{8} + 0.2\right)$ (D) $y_4 = A\cos\dfrac{\pi}{6}(x - 240t)$

6-10 已知平面简谐波的波函数为 $y = A\cos[at - bx]$（a, b 为正值）,则（　　）

(A) 波的频率为 a (B) 波的传播速度为 b/a

(C) 波长为 π/b (D) 波的周期为 $2\pi/a$

6-11 图(a)表示 $t = 0$ 时的简谐波的波形图,波沿 x 轴正方向传播,图(b)为一质点的振动曲线.则图(a)中所表示的 $x = 0$ 处振动的初相位与图(b)所表示的振动的初相位分别为（　　）

(A) 均为零   (B) 均为 $\pi/2$ (C) 均为 $-\pi/2$

(D) $\pi/2$ 与 $-\pi/2$ (E) $-\pi/2$ 与 $\pi/2$

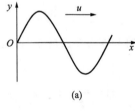
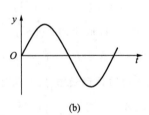

(a)   (b)

题 6-11 图

6-12 机械波的表达式为 $y = 0.05\cos(6\pi t + 0.06\pi x)$ (m),则（　　）

(A) 波长为 $100\mathrm{m}$ (B) 波速为 $10\mathrm{m/s}$

(C) 周期为 $1/3\mathrm{s}$ (D) 波沿 x 轴正方向传播

6-13　一平面简谐波,沿 x 轴负方向传播,角频率为 ω,波速为 u.设 $t=T/4$ 时刻的波形如图所示,则该波的表达式为(　　)

(A) $y=A\cos\left[\omega\left(t-\dfrac{x}{u}\right)+\pi\right]$

(B) $y=A\cos\left[\omega\left(t-\dfrac{x}{u}\right)-\dfrac{\pi}{2}\right]$

(C) $y=A\cos\left[\omega\left(t+\dfrac{x}{u}\right)-\dfrac{\pi}{2}\right]$

(D) $y=A\cos\left[\omega\left(t+\dfrac{x}{u}\right)+\pi\right]$

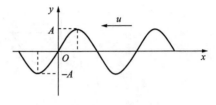

题 6-13 图

6-14　在驻波中,两个相邻波节间各质点的振动(　　)

(A) 振幅相同,相位相同　　　　　　(B) 振幅不同,相位相同

(C) 振幅相同,相位不同　　　　　　(D) 振幅不同,相位不同

6-15　波源作简谐运动,其运动方程为 $y=4.0\times10^{-3}\cos240\pi t\,(\mathrm{m})$,它所形成的波形以 30m/s 的速度沿一直线传播.(1)求波的周期及波长;(2)写出波动方程.

6-16　已知一波动方程为 $y=0.05\sin(10\pi t-2x)\,(\mathrm{m})$.(1)求波长、频率、波速和周期;(2)说明 $x=0$ 时方程的意义,并作图表示.

6-17　有一平面简谐波在空间传播.已知该简谐波在波线上某点 B 的运动规律为 $y=A\cos(\omega t+\varphi)$,就图(a)(b)(c)给出的三种坐标取法,(1)分别列出波动方程.(2)用这三个方程来描述与 B 相距为 b 的 P 点的运动规律.

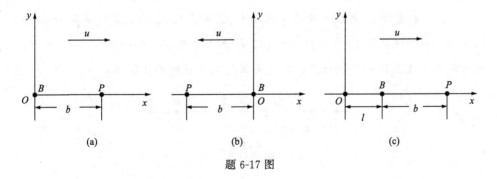

题 6-17 图

6-18　如图所示为一平面简谐波在 $t=0$ 时刻的波形图,求(1)该波的波动方程;

(2) P 处质点的运动方程.

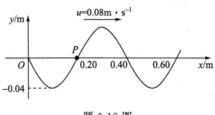

题 6-18 图

6-19　一平面简谐波,波长为 12m,沿 OX 轴负向传播. 如图 6-19 图所示为 x ＝1.0m 处质点的振动曲线,求此波的波动方程.

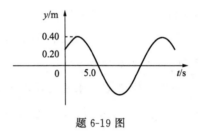

题 6-19 图

6-20　平面简谐波的波动方程为 $y＝0.08\cos(4\pi t－2\pi x)$ (m).

求:(1)$t＝2.1$s 时波源及距波源 0.10m 两处的相位;(2) 离波源 0.80m 及 0.30m 两处的相位差.

6-21　如图所示,两相干波源分别在 P、Q 两点处,它们发出频率为 ν、波长为 λ,初相相同的两列相干波.设 $PQ＝3\lambda/2$,R 为 PQ 连线上的一点.求:(1)自 P、Q 发出的两列波在 R 处的相位差;(2)两波在 R 处干涉时的合振幅.

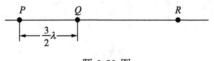

题 6-21 图

第 7 章 波动光学

　　光学是一门古老而又不断发展的学科.最初,人们从物体成像规律的研究中,总结出光的直线传播规律,并以此为基础建立了几何光学.19 世纪后期,由于麦克斯韦电磁场理论的建立和赫兹用实验证实了电磁波的存在,使人们认识到光是一种电磁波,光沿直线传播只是波动效应可忽略时的一种近似,由此建立了光的波动理论,并获得了广泛的应用.19 世纪末到 20 世纪初,又深入到对发光原理、光与物质相互作用的研究,发现了光在这一领域明显地表现出粒子性,从而最终使人们认识到光不但具有波动性,也具有粒子性,即光具有波粒二象性.

　　用光的波动性去研究光在传播过程中出现的现象、规律及其应用的学科称为波动光学;用光的粒子性研究光与物质相互作用的微观机制、遵从的规律及其应用的学科称为量子光学.二者统称为物理光学.

　　本章主要研究内容有:光的干涉、光的衍射和光的偏振.

7.1　光是电磁波

　　19 世纪 60 年代,麦克斯韦系统地总结了电磁学已有的成果,特别是总结了从库仑到安培、法拉第等人电磁学说的全部成就,并在此基础上加以发展,提出了"涡旋电场"和"位移电流"的概念,建立了系统的电磁场理论麦克斯韦方程组,并且预言了电磁波的存在.之后,赫兹从实验上证实了麦克斯韦电磁理论的正确性.理论和实验还进一步证明了光是电磁波.

7.1.1　电磁波

1.电磁波的波源

　　凡做加速运动的电荷或电荷系都是发射电磁波的波源,如天线中振荡的电流、振荡的电偶极子、原子或分子中电荷的振动、高速运动电荷突然受阻、同步加速器中带电粒子做圆周运动等都会在其周围空间产生电磁波.这是因为做加速运动的电荷或电荷系在其周围空间产生变化的电场,变化的电场又产生变化的磁场,变化的磁场又产生变化的电场,这样互相激发,随着时间的推移,就在空间产生了电磁场的传播,即电磁波.

2.电磁波是电场强度 E 与磁场强度 H 的矢量波

因为任何形式的波都可以用频率不同的简谐波叠加来表示,这里,介绍平面简谐电磁波的一些基本特性.平面简谐电磁波的电场强度 E 和磁场强度 H 可分别表示为

$$E(r,t) = E_0 \cos\omega\left(t - \frac{r}{u}\right) \tag{7-1}$$

$$H(r,t) = H_0 \cos\omega\left(t - \frac{r}{u}\right) \tag{7-2}$$

式中, E_0 和 H_0 分别为场矢量 E 和 H 的振幅, ω 为电磁波的角频率,其值由波源频率决定, r 为坐标原点到电磁场中场点的矢径, u 为电磁波在均匀介质中传播的速率,理论和实验都证明,平面简谐电磁波有如下的基本特性:

(1)电磁波场矢量 E 和 H ,在同一地点同时存在,具有相同的相位,都以相同的速度传播.

(2) E 和 H 互相垂直,且两者都与波的传播方向垂直, E 、 H 、 u 三者满足右螺旋关系,见图 7-1,这表明电磁波是横波; E 和 H 各自与波的传播方向构成的平面称为 E 的振动面和 H 的振动面, E 和 H 分别在各自的振动面内振动,这个特性称为偏振性;只有横波才具有偏振性.

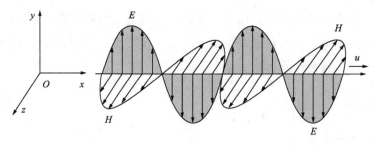

图 7-1

（3）在空间任一点处，$\boldsymbol{E}$ 和 $\boldsymbol{H}$ 之间在量值上有下列关系：

$$\sqrt{\varepsilon}\,\boldsymbol{E} = \sqrt{\mu}\,\boldsymbol{H} \tag{7-3}$$

式中，$\varepsilon = \varepsilon_r \varepsilon_0$，$\mu = \mu_r \mu_0$，分别是电磁波所在介质的介电常量和磁导率.

（4）电磁波的传播速率决定于介质的介电常量 ε 和磁导率 μ，且为

$$u = \sqrt{\frac{1}{\varepsilon \mu}} \tag{7-4}$$

在真空中，$\varepsilon_r = 1$，$\mu_r = 1$，电磁波的传播速率 c，由 ε_0，μ_0 值计算得

$$u = \sqrt{\frac{1}{\varepsilon_0 \mu_0}} = 2.9979 \times 10^8 \, \text{ms}^{-1} \tag{7-5}$$

3.电磁波的能量

电磁波是电磁场在空间的传播，而电磁波是具有能量的，所以电磁波的传播伴随着电磁能的传播.在各向同性介质中，电磁能传播方向与波速方向相同.电磁波所携带的电磁能也称辐射能，单位时间通过垂直电磁波传播方向单位面积的辐射能称为能流密度，也称为波的强度，在电磁学中通常把矢量形式表示的能流密度称为坡印亭矢量，用 $\boldsymbol{S}$ 表示.

在电磁学中，已知电场和磁场的能量密度分别为

$$\omega_e = \frac{1}{2} \varepsilon E^2, \quad \omega_m = \frac{1}{2} \mu H^2$$

所以电磁场的总能量密度为

$$\omega = \omega_e + \omega_m = \frac{1}{2}(\varepsilon E^2 + \mu H^2)$$

设在垂直于电磁波传播方向上取一面积元 $\mathrm{d}S$，则在 $\mathrm{d}t$ 时间内通过面积元 $\mathrm{d}S$ 的辐射能应为 $\omega u \, \mathrm{d}S \, \mathrm{d}t$，则能流密度（即坡印亭矢量的大小）应为

$$S = \frac{\omega u \, \mathrm{d}S \, \mathrm{d}t}{\mathrm{d}A \, \mathrm{d}t} = \omega u = \frac{1}{2}(\varepsilon E^2 + \mu H^2) \cdot \sqrt{\frac{1}{\varepsilon \mu}}$$

由式(7-3)，S 可表示为

$$S = EH \tag{7-6}$$

由于 $\boldsymbol{E}$、$\boldsymbol{H}$ 和 $\boldsymbol{u}$ 三者构成右螺旋关系，而辐射能的传播方向与波速一致，因此，坡印亭矢量可表示为

$$S = E \times H \qquad\qquad (7\text{-}7)$$

平面简谐电磁波的平均能流密度用一个周期内平均能流密度的大小 I 来表示

$$I = \frac{1}{2} \sqrt{\frac{\varepsilon}{\mu}} E_0^2$$

在光学中通常把平均能流密度,称为**光强**.

7.1.2　光是电磁波

光是电磁波谱中的一部分,它与无线电波、X 射线和 γ 射线等其他电磁波的区别只是频率不同.能引起人眼视觉的那部分电磁波称为**可见光**.

光的颜色由光的频率决定,频率一般只由光源决定,而与介质无关,因而光通过不同介质时,虽然波速和波长要改变,但频率通常不变.由于光的频率 ν 和它在真空中的波长 λ 以及真空中光速 c 的关系为 $c = \lambda\nu = $ 常量,因而人们常用真空中的波长反映光的颜色.光的波长常用纳米(nm)或埃(Å)作单位.$1\text{nm} = 10^{-9}\,\text{m}$,$1\text{Å} = 0.1\text{nm} = 10^{-10}\,\text{m}$.

可见光的波长范围无严格的界线,图 7-2 中提供的数据可作为参考.只含有单一波长的光称为**单色光**,不同波长单色光的混合称为**复色光**.波动光学中所称的白光是复色光,白光中包括了可见光范围内所有波长的光.太阳光就是一种波长值连续分布的白光.

光在真空中的速率 c 与其在某种均匀介质中的速率 u 的比值定义为该种介质相对于真空的折射率,称为绝对折射率,简称折射率,记为 n,即

$$n = \frac{c}{u}$$

真空的折射率等于 1;空气的折射率略大于 1,在没有特别指明时,也取为 1.纯水的折射率 $n = \frac{4}{3}$;各种玻璃的折射率在 1.5~2.0 之间.两种介质相比较,n 较大的为光密介质,n 较小的为光疏介质.如水相对于空气是光密介质,相对于玻璃则为光疏介质.

由于光是一种电磁波,所以在光到达的每一处,都伴有作高频同相位简谐运动而方向相互垂直的电场强度 E 和磁场强度 H.实验证明,电磁波中能引起视觉和使

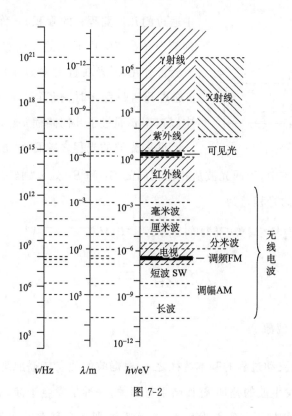

图 7-2

感光材料感光的主要是电场强度 E. 因此,我们只关心 E 的振动,并把 E 的简谐运动称为光振动,场强 E 则称为光矢量.事实上,光振动并不是真实点在振动,而是电场强度按简谐运动的规律作周期性变化.

需要指出,波动光学中常常涉及到的光强,通常是指光的相对强度.因为在做波动光学实验时,重要的是比较各处光的相对强弱,并不需要知道各处光强的绝对数值是多少.根据波的强度与其振幅平方成正比的关系,光强可表示为

$$I \propto E_0^2 \tag{7-8}$$

式中,E_0 是光矢量 E 的振幅.

7.1.3 光程及光程差

设频率为 ν 的单色光通过折射率为 n、厚度为 r 的均匀介质时,所用时间 $t = \dfrac{r}{u} = \dfrac{nr}{c}$. u 为光在介质中的传播速率,且 $n = \dfrac{c}{u}$. 我们将介质折射率 n 与光在该介质

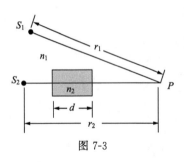

图 7-3

中通过的几何路程 r 的乘积 nr 称为**光程**.光程可理解为光在真空中通过的几何路程,它实际上起着折算作用.即光在折射率为 n 的介质中以速率 u 通过几何路程 r 时,相当于同一时间内在真空中以速率 c 通过了几何路程 nr.

两列光波的光程之差称为**光程差**,记为 δ.在图 7-3 所示的介质中,当两光波从相位相同的 S_1 和 S_2 处分别经历不同的路程传到 P 点时,它们的光程差为

$$\delta = [n_1(r_2 - d) + n_2 d] - n_1 r_1 = n_1(r_2 - r_1) + (n_2 - n_1)d$$

7.2 相　干　光

7.2.1　光的干涉现象

干涉现象是波动过程的基本特征之一.根据波的独立传播原理,当两束波相遇时,在相遇处要发生波的叠加.叠加结果有两种,一种是发生干涉,另一种是不发生干涉.因此,波的叠加不一定能发生干涉,而干涉则必定是在一定条件下波的叠加结果.

与机械波的干涉相似,光的干涉现象表现为在相遇区域中形成稳定的、有强有弱的光强分布.这种有强有弱的光强分布,不论是以明暗条纹形式出现,还是以没有明暗条纹的光强重新分布形式出现(如后文中的增反膜、增透膜以及偏振光的干涉等情况),它们都是干涉的结果,是光的干涉造成了光能重新分布的具体表现.

若两束光波相遇后能发生干涉,则称它们为相干光,相应的光源称为相干光源.

7.2.2　相干条件

在讨论机械波时已知两列波相遇发生干涉现象的条件是:振动频率相同、振动方向平行和相位差恒定.但在试验中发现,来自普通光源的两束光相遇,很难看到干涉图样,下面对光的干涉条件作一简单分析.

设两个振动频率相同、振动方向平行的单色光波在相遇点的光矢量大小分别是

$$E_1 = E_{10}\cos(\omega t + \varphi_{10}), \quad E_2 = E_{20}\cos(\omega t + \varphi_{20})$$

叠加后合振幅 E_0 满足

$$E_0^2 = E_{10}^2 + E_{20}^2 + 2E_{10}E_{20}\cos\Delta\varphi$$

于是可得两束光在相遇点的平均光强为

$$I = I_1 + I_2 + 2\sqrt{I_1 I_2}\cos\Delta\varphi \tag{7-9}$$

式中，$I_1 \propto E_{10}^2$，$I_2 \propto E_{20}^2$，是两束光在相遇点单独存在时的平均光强，右边第三项称为干涉项，它决定两束光的叠加性.

如果这两束同频率的单色光分别由两个独立的普通光源发出，则相位差 $\Delta\varphi$ 可取一切可能的值并随时间迅速变化，则有 $\overline{\cos\Delta\varphi} = 0$.在这种情况下，叠加后的光强 $I = I_1 + I_2$，这意味着两束光重合后的光强等于两束光单独存在时的光强之和，并不出现光强有强有弱的稳定分布，因而没有干涉现象发生.把这种情况称为**非相干叠加**.

若两束光来自同一光源，它们在相遇点的相位差 $\Delta\varphi$ 不随时间变化.在这种情况下，合成光波的光强随各点相位差的不同而出现稳定的有强有弱的分布.这样的叠加称为**相干叠加**.

由式(7-9)可见，两束相干光在相遇点合成波的光强在 I_1，I_2 一定时仅由相位差 $\Delta\varphi$ 确定.设 $I_1 = I_2 = I_0$，则当 $\Delta\varphi = \pm 2k\pi$ 时，光强最大，有

$$I_{\max} = 4I_0$$

当 $\Delta\varphi = \pm(2k+1)\pi$ 时，光强最小，有

$$I_{\min} = 0$$

所以，干涉相长(光强最大)和干涉相消(光强最小)的条件为

$$\Delta\varphi = \begin{cases} \pm 2k\pi, & k = 0,1,2,\cdots \quad \text{相长干涉} \\ \pm(2k+1)\pi, & k = 0,1,2,\cdots \quad \text{相消干涉} \end{cases} \tag{7-10}$$

因为光在传播过程中每经历一个波长距离相位改变 2π，如果两束相干光在光源处的光振动初位相相同，则相位差 $\Delta\varphi$ 与光程差 δ 之间的关系为

$$\Delta\varphi = 2\pi\frac{\delta}{\lambda} \tag{7-11}$$

由此得到用光程差表示的干涉相长和干涉相消的条件为

$$\delta = \begin{cases} \pm k\lambda & k = 0, 1, 2, \cdots \quad 干涉相长 \\ \pm (2k+1)\lambda/2 & k = 0, 1, 2, \cdots \quad 干涉相消 \end{cases} \tag{7-12}$$

应用式(7-11)时需要注意以下几点：

(1) 光程概念是把光在介质中的传播折算为在真空中的传播,因此与光程差相联系的应该是光在真空中的波长.

(2) 若两束光的初相位不同,则在计算光程差时,除了计入两束光因传播路径不同而产生的光程差外,还应计入与初相位差相对应的光程差.

(3) 若遇到光有半波损失时,则应计入相应的光程差 $\frac{\lambda}{2}$.

由普通光源获得相干光的方法有两种,一种是**分波阵面法**,即设法从光源发出的同一波列的波阵面上取出两个子波源.另一种方法是**分振幅法**,即把同一波列的波分为两束光波.经分波阵面或分振幅后所得的两束光,不仅频率相同、振动方向平行,并且在相遇时总有恒定的相位差,因而在叠加区域能观察到稳定的干涉图样.

7.3　杨氏双缝干涉

杨氏双缝干涉实验是最早利用单一光源形成两束相干光,从而获得干涉现象的典型实验.

如图 7-4 所示,用单色光照射小孔 S,因而 S 可看作一个单色点光源,它发出的光射到不透明屏上的两个小孔 S_1 和 S_2 上,这两个小孔靠得很近,并且与 S 等距离,因而它们就成为从同一波阵面上分出的两个同相的单色光源,即相干光源.从它们发出的光波在观察屏 AB 上叠加,形成明暗相间的干涉条纹.为了提高干涉条纹的亮度,实际上 S、S_1 和 S_2 用 3 个互相平行的狭缝代替 3 个小孔,称杨氏双缝干涉.

现在来分析相干光源 S_1 和 S_2 在屏上产生干涉条纹的分布情况.如图 7-5,O 为屏幕中心,即 $OS_1 = OS_2$.设双缝间距为 d,双缝各自到屏的垂直距离为 D,且 $D \gg d$.S_1 和 S_2 到屏上 P 点的距离分别为 r_1 和 r_2,P 到 O 点的距离为 x.若将双缝干涉装置置于折射率为 n 的介质中,则有两波源间无相位差,故两光波在 P 点的

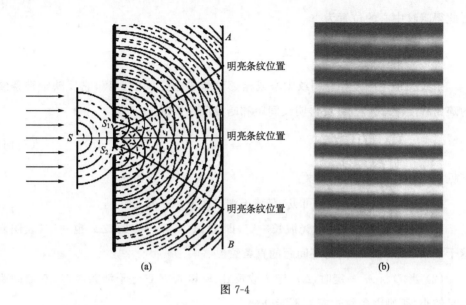

图 7-4

光程差为

$$\delta = n(r_2 - r_1) \approx dn\sin\theta$$

因 $D \gg d$，且 θ 很小，$\sin\theta \approx \tan\theta = x/D$，故有

$$\delta = n(r_2 - r_1) = \frac{dn}{D}x \quad (7\text{-}13)$$

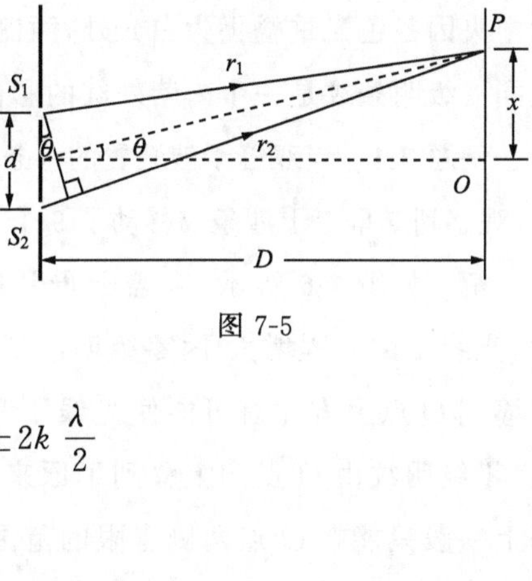

图 7-5

根据式（7-12），P 点处产生明纹的条件是

$$\delta = \frac{dn}{D}x = \pm 2k\frac{\lambda}{2}$$

由此得明纹中心的位置为

$$x = \pm 2k\frac{D}{dn}\frac{\lambda}{2}, \quad k = 0,1,2,\cdots \qquad (7\text{-}14)$$

式中正负号表示屏上干涉条纹在 O 点两侧呈对称分布. $k=0$，$x=0$，表示屏幕中心为零级明纹，也称中央明纹，它所对应的光程差 $\delta = 0$. $k = 1,2,\cdots$，的明纹分别称为第一级、第二级、…明纹.

P 点处产生暗纹的条件为

$$\delta = \frac{dn}{D}x = \pm(2k-1)\frac{\lambda}{2}$$

由此得暗纹中心的位置为

$$x = \pm (2k-1) \frac{D}{dn} \frac{\lambda}{2}, \quad k = 1, 2, \cdots \tag{7-15}$$

条纹间距指的是相邻明纹中心或相邻暗纹中心之间的距离,它反映干涉条纹的疏密程度.由式(7-14)可得明纹间距和暗纹间距均为

$$\Delta x = \frac{D}{dn} \lambda \tag{7-16}$$

可见,条纹间距与级次 k 无关.

由式(7-14)和式(7-15)可见,双缝干涉条纹有以下特征:

(1) 当干涉装置和入射光波长一定,即 D、d、λ、n 一定时,Δx 也一定,表明双缝干涉条纹是明暗相间的等间距的直条纹.

(2) 当 D、λ、n 一定时,Δx 与 d 成反比.所以观察双缝干涉条纹时,双缝间距要足够小,否则因条纹过密而不能分辨.

(3) 因条纹中心位置 x 和条纹间距 Δx 都与 λ 成正比,所以当用白光照射时,除中央因各色光重叠仍为白光外,两侧则因各色光波长不同而呈现出彩色条纹,并且同一级明条纹是一个内紫外红的彩色光谱.

例题 7.1 当双缝干涉装置的一条狭缝后面盖上折射率为 $n=1.58$ 的云母薄片时,观察到屏幕上干涉条纹移动了 9 个条纹间距.已知 $\lambda=550\text{nm}$,求云母片的厚度 b.

解 如图 7-6 所示,未盖云母片时,零级明纹在 O 点.当 S_1 缝盖上云母片后,光线 1 的光程增大.因零级明纹所对应的光程差为零,所以这时零级明纹只有移到 O 点上方才有可能使光线 1 和 2 的光程差为零.依题意,S_1 盖上云母片后,零级明纹由 O 点向上移到了原来第 9 级明纹所在的 P 点.由于 $D \gg d$,且屏幕上一般只能在 O 点两侧有限的范围内才呈现清晰可辨的干涉条纹,即 x 值较小,因此,由 S_1 发出的光可近似看作垂直通过云母片,即其光程增大值可视为 $(n-1)b$,从而有

$$(n-1)b = k\lambda, \quad k = 9$$

由此解得

$$b = \frac{9\lambda}{n-1} = \frac{9 \times 5500 \times 10^{-10}}{1.58-1} = 8.53 \times 10^{-6} (\text{m})$$

当两束光的光程差改变时,屏上的明暗分布将发生改变.在光程差改变一个真

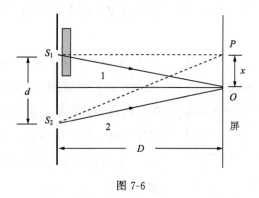

图 7-6

空波长的过程中,原来明纹之处由明变暗后再变明,原来暗纹之处则由暗变明后再变暗,看起来好像是干涉条纹移动了一个条纹间距.因此,随着光程差的不断改变,屏上将形成此亮彼暗、此暗彼亮的交替过程.由此可见,例题 7.1 中所说的条纹移动,只是光程差改变的外在表现,是屏上各处明暗交替过程引起的视觉效应.

　　除了杨氏双缝干涉实验是用分波阵面法获得相干光之外,还有洛埃镜实验等也是用分波阵面法获得相干光,它们的干涉条纹与杨氏双缝干涉条纹分布有相似的特征.

7.4　薄 膜 干 涉

　　薄膜是指透明介质形成的厚度很薄的一层介质膜.薄膜干涉是生活中常见的一种现象,在日光照射下,肥皂泡上的彩色条纹、水面上的彩色油膜、金属表面氧化层薄膜上的彩色花纹,这些都是薄膜干涉现象引起的.

7.4.1　薄透镜的等光程性

　　中央厚度比球面半径小得多的透镜,称为薄透镜.这是常用的光学元件,它可以改变光的传播方向,对光进行会聚、发散,或产生平行光.在图 7-7 中,轴平行光经透镜后,会聚于焦平面的 P 点.P 点的位置可由作图确定:作通过透镜光心 O 且平行于入射光的辅助线(图中虚线),该线与焦平面的交点即为 P 点.

　　理论和实验都证明,薄透镜具有等光程性.即当光路中放入薄透镜后,通过透

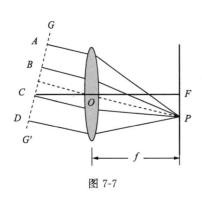

图 7-7

镜的近轴光线不会因为透镜而产生附加光程差.在图 7-7 中,垂直于平行光的 GG' 面是同相位面,从同相位面上的 A、B、C、D 各点经透镜到达 P 点的各光线,虽然几何路程长度不等,但几何路程较长的在透镜内的路程较短,而几何路程较短的在透镜内的路程较长,其总的效果是:从同相位面上各点到达 P 点的光程总是相等的.

7.4.2 薄膜干涉

1.薄膜反射光程差的计算

如图 7-8 所示,有一厚度 e 处处相等、折射率为 n_2 的平行平面薄膜,薄膜上方介质的折射率为 n_1,下方介质的折射率为 n_3,设 $n_1 < n_2 > n_3$.有一单色面光源,其上 S 点发出的光束以入射角 i 射到薄膜上表面 A 点后,分成两束光,一束是直接由上表面反射的光束 a_1,另一束是以折射角 γ 折入薄膜后,由下表面 E 点反射到达 B 点,再折射到原介质而成的光束 a_2.a_1 和 a_2 平行,由透镜会聚于焦平面的屏幕上的 P 点.a_1 和 a_2 来自光源上同一波列,为相干光,可在屏幕上产生干涉图样.从 B 点作 $BB' \perp AB'$.由于透镜不产生附加光程差,所以由 B 和 B' 到 P 点的光程相等.a_1 和 a_2 的光程差仅为 a_1 从 A 点反射后到 B' 的光程和 a_2 从 A 到 E 再到 B 的光程之差,即

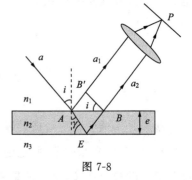

图 7-8

$$\delta = n_2(\overline{AE} + \overline{EB}) - n_1 \overline{AB'} + \frac{\lambda}{2}$$

式中,$\frac{\lambda}{2}$ 是因为 a_1 从光疏介质射向光密介质的反射光,存在半波损失,故光程差中要另外计入这一项.据几何关系,有

$$\overline{AE} = \overline{EB} = \frac{e}{\cos\gamma}, \quad \overline{AB'} = \overline{AB}\sin i = 2e\tan\gamma\sin i$$

可得

$$\delta = 2n_2 \overline{AE} - n_1 \overline{AB'} + \frac{\lambda}{2} = 2n_2 \frac{e}{\cos\gamma} - 2n_1 e \tan\gamma \sin i + \frac{\lambda}{2}$$

由折射定律 $n_1 \sin i = n_2 \sin\gamma$，上式又可写成

$$\delta = 2e \sqrt{n_2^2 - n_1^2 \sin^2 i} + \frac{\lambda}{2} \tag{7-17}$$

由此得 P 点的明暗纹条件为

$$\delta = 2e \sqrt{n_2^2 - n_1^2 \sin^2 i} + \frac{\lambda}{2} = \begin{cases} 2k \dfrac{\lambda}{2}, & k = 1, 2, \cdots, \quad \text{加强} \\[2mm] (2k+1) \dfrac{\lambda}{2}, & k = 0, 1, 2, \cdots, \quad \text{减弱} \end{cases} \tag{7-18}$$

透射光也有干涉现象，而且当反射光的干涉相互加强时，透射光的干涉相互减弱，这是符合能量守恒定律的要求的.

　　2.薄膜的等倾干涉

　　为了获得等倾干涉条纹，必须具备两个条件：一是要有厚度均匀的薄膜，二是入射到薄膜上的光束要有各种不同的入射角.图 7-9 是观察等倾干涉条纹的实验装置.图中 S 是点光源，M 是成 45°放置的半反射镜，可以使入射光一半反射一半透射，L 是会聚透镜，其光轴与薄膜表面垂直.为了便于说明，图 7-9(a)只画出了光源 S 发出的一条光线，这条光线由 M 反射，并以入射角 i 入射到薄膜上，经薄膜上下表面反射后，形成一对平行的相干光，其条纹定域在无穷远处，可借助于透镜 L 在焦平面上进行观察.在焦平面上的会聚点 P' 的位置可由虚线所示的副光轴 PP'（通过透镜光心且与反射的一对相干光平行的直线）与焦平面的交点确定.当入射角 i 改变时，P' 与中心 O' 的距离随之改变.由图 7-9(b)可见，以同一倾角（入射角）i 入射到薄膜上的光线有许多条，它们构成了一个圆锥面，这些入射线各自经薄膜上下表面的反射、透镜的会聚，最后在透镜的焦平面上形成一个以 O' 为中心、$O'P'$ 为半径的圆环.对应不同的倾角，则形成半径不同的同心圆环.因此，我们观察到的是一组同心的环状条纹，如图 7-9(c)所示.

　　由式(7-18)不难看出，入射角越小的光线形成的圆环的级次越高，即半径小的圆环的级次比半径大的圆环的级次高.此外，因级次 k 与入射角 i 不呈线性关系，故等倾干涉条纹的间距不等.因此等倾干涉条纹是一系列内疏外密的同心环状条纹.

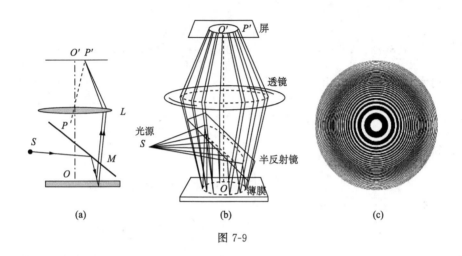

图 7-9

如果使用面光源,其上每一点在透镜焦平面的屏上各自产生一组干涉条纹.入射角为 i 的所有光线,它们的反射光经透镜会聚后都落在同一级干涉圆环上,因此面光源上各点发出的光所产生的等倾干涉条纹相互重合,其结果使明纹更加明亮.需要指出的是,这只是非相干叠加的结果.因为来自普通面光源上不同点的光不是相干光,它们在相遇点不能产生干涉现象.

7.4.3 增透膜和增反膜

利用薄膜干涉原理,在透镜表面敷上一层一定厚度的薄透明胶可以减少光的反射,增加光的透射,这一层薄透明胶称为增透膜或减反射膜.增透膜在光学仪器上有广泛的应用,例如,较高级照相机的物镜由 6 个透镜组成,在潜水艇上用的潜望镜约有 20 个透镜.一般说来,每个透镜与空气有两个界面,光在空气和玻璃的界面垂直入射时,反射光约占入射光能的 40%.这样一来,对于一个复杂的光学仪器,有十几个乃至数十个反射界面,入射光能的损失是十分可观的,增透膜正是为了减少这种损失.平常我们看到照相机镜头上一层蓝紫色膜就是**增透膜**.

现假定在折射率为 n_2 的玻璃上镀了一层透明薄膜,其折射率为 n,且有 $n_1 < n < n_2$,如图 7-10.控制透明薄膜厚度 e,使对于某波长 λ 下,光线 1 和 2 产生相消干涉,即有

$$2ne = (2k+1)\frac{\lambda}{2}, \quad k = 0,1,2,\cdots$$

得到

$$e = \frac{2k+1}{4n}\lambda \qquad (7\text{-}19)$$

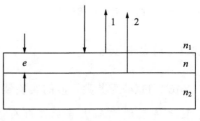

图 7-10

由以上可看出,一层增透膜只能使某种波长的反射光达到极小(一般情况下并不为零),对于其他相近波长的反射光也有不同程度的减弱.至于控制哪一波长的反射光达到极小视实际需要而定.对于助视光学仪器或照相机等,一般选择可见光的中部波长 550nm 来消反射光,这波长是呈黄绿色,所以增透膜的反射光中呈现出与它互补的颜色,即蓝紫色.

同理,若通过镀膜的方式达到对某种波长的单色光透射相消,反射加强,则所镀的膜为**增反膜**.许多现代化大楼的窗户玻璃常常显蓝色,且楼外的人看不清楼内的情况,而楼内的人可以看清楼外的情况,这就是由于玻璃外层镀了一层膜,使蓝光增加反射.

例题 7.2　波长为 $\lambda = 550\text{nm}$ 光由空气射入玻璃(折射率 $n_1 = 1.52$),为增加透射率,在玻璃表面镀一层折射率为 $n_2 = 1.38$ 的 MgF$_2$ 薄膜,薄膜的最小厚度 e 应是多少?

解　增加透射即对应透射光干涉加强,反射光干涉相消,所以

$$\delta_{反} = 2n_2 e = (2k+1)\frac{\lambda}{2}$$

$k = 0$ 对应膜的最小厚度,得

$$e = \frac{\lambda}{4n_2} = \frac{550}{4 \times 1.38} = 99.6(\text{nm})$$

7.5　劈尖与牛顿环

上节我们讨论了薄膜厚度均匀时的等倾干涉现象,本节讨论等厚干涉,即对某一波长 λ 来说,两相干光的光程差 δ 只由薄膜的厚度 e 决定,因此膜厚相同处的反射相干光将有相同的光程差,产生同一干涉条纹.或者说,同一干涉条纹是由薄膜上厚度相同处所产生的反射光形成的,这样的条纹称为等厚干涉条纹.

薄膜等厚干涉是测量和检验精密机械零件或光学元件的重要方法,在现代科学技术中有广泛的应用.

7.5.1   劈尖干涉

图 7-11(a)为劈尖干涉的实验装置,从单色光源 S 发出的光经光学系统为平行光束,经平玻璃片 M 反射后垂直入射到空气劈尖 W 上,由劈尖上下表面反射的光束进行相干叠加,形成干涉条纹,见图 7-11(b)),通过显微镜 T 进行观察和测量.

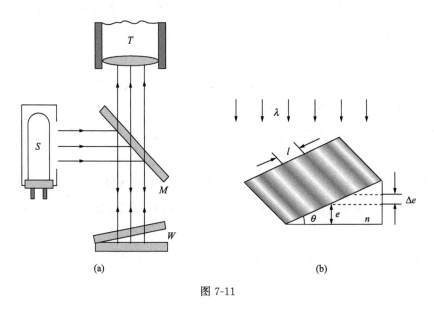

图 7-11

由式(7-18),代入 $i=0$,可得因干涉而产生的明暗条件为

$$\delta = 2en + \frac{\lambda}{2} = 2k\,\frac{\lambda}{2}, \quad k=1,2,3,\cdots(\text{明纹}) \tag{7-20a}$$

$$\delta = 2en + \frac{\lambda}{2} = (2k+1)\,\frac{\lambda}{2}, \quad k=0,1,2,3,\cdots(\text{暗纹}) \tag{7-20b}$$

显然,同一明纹或同一暗纹都对应相同厚度的空气层,因而是等厚条纹.

设相邻明纹或相邻暗纹之间劈形膜的厚度差为 Δe,则由式(7-20),可得

$$\Delta e = e_{k+1} - e_k = \frac{\lambda}{2n} \tag{7-21}$$

在没有半波损失即 $\delta = 2ne$ 时,上式也成立.

设明纹或暗纹间距为 l ,则有

$$\Delta e = l\sin\theta \approx l\theta$$

由此得

$$l = \frac{\lambda}{2n\theta} \qquad\qquad (7\text{-}22)$$

显然,劈尖角 θ 越大则条纹越密,条纹过密则不能分辨.通常 $\theta < 1°$.

劈尖干涉应用广泛,可以测量细丝直径、微小夹角、固体的热膨胀系数等,还可以检测工件的平整度.

例题 7.3 为了测量一根金属细丝的直径 D ,按图 7-12 的方法形成空气劈尖.用单色光照射形成等厚干涉条纹,用读数显微镜测出干涉条纹的间距就可以算出 D .已知 $\lambda = 589.3\text{nm}$,测量的结果是:金属丝距劈尖顶点 $L = 28.880\text{mm}$,第 1 条明纹到第 31 条明纹的距离为 4.295mm ,求 D .

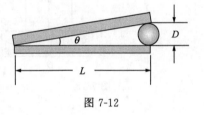

图 7-12

解 由题意得相邻明纹的间距为

$$l = \frac{4.295}{30} = 0.14317(\text{mm})$$

因劈角 θ 很小,故可取 $\theta\sin\theta \approx \dfrac{D}{L}$.由式(7-22),有

$$\Delta e = l\sin\theta = l\frac{D}{L} = \frac{\lambda}{2}$$

故金属细丝的直径为

$$D = \frac{L}{l} \cdot \frac{\lambda}{2} = \frac{28.880}{0.14317} \times \frac{1}{2} \times 589.3 \times 10^{-6} = 594.4(\mu\text{m})$$

7.5.2 牛顿环

如图 7-13 所示,在一块平面玻璃与一块曲率半径很大的平凸透镜之间形成一个上表面是球面,下表面是平面的空气薄层,当用单色光垂直照射时,从上往下观察会看到以接触点 O 为中心的一组圆形干涉条纹,见图 7-14.这是由环空气劈尖上下表面反射的光发生干涉而形成的条纹.由于以接触 O 为中心的任一圆周上,

空气层的厚度是相等的,因此这种条纹是等厚干涉条纹,通常称其为牛顿环.

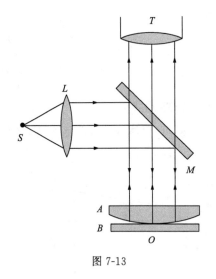

图 7-13

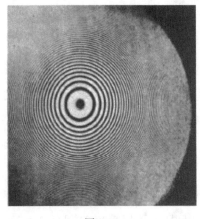

图 7-14

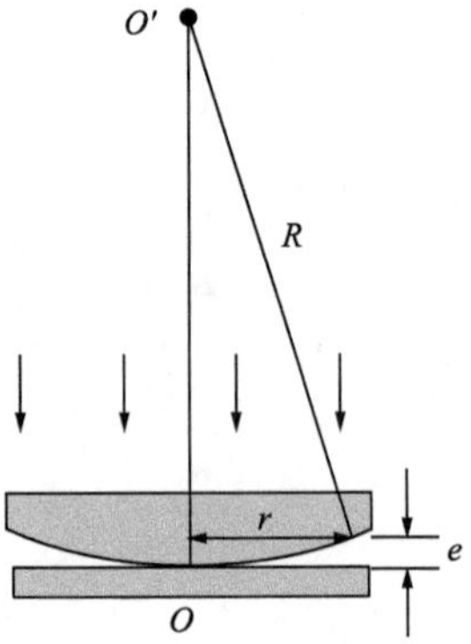

如图 7-15,设透镜球面的球心为 O',半径为 R,距 O 为 r 处薄膜厚度为 e.由几何关系得

$$(R-e)^2 + r^2 = R^2$$

因 $R \gg e$,故上式展开后略去高阶小量 e^2,可得

$$e = \frac{r^2}{2R} \qquad (7\text{-}23)$$

设薄膜折射率为 n,则在有半波损失时 δ 与 r 的关系为

$$\delta = 2en + \frac{\lambda}{2} = \frac{nr^2}{R} + \frac{\lambda}{2} \qquad (7\text{-}24)$$

图 7-15

将相长干涉条件 $\delta = k\lambda$ 及相消干涉条件 $\delta = (2k+1)\dfrac{\lambda}{2}$ 分别代入上式,可得牛顿环半径为

$$r = \sqrt{\left(k-\frac{1}{2}\right)\frac{R\lambda}{n}}, \quad k=1,2,3,\cdots(\text{明纹}) \qquad (7\text{-}25\text{a})$$

$$r = \sqrt{k\frac{R\lambda}{n}}, \quad k=0,1,2,3,\cdots(\text{暗纹}) \qquad (7\text{-}25\text{b})$$

由此可见,暗环的半径与 k 的平方根成正比,随着 k 的增大,相邻明环或暗环的半径之差越来越小,所以牛顿环是一系列内疏外密的同心圆环.

根据式(7-24)和式(7-25),e 值大对应的 k 值也大,表明级次高的圆环条纹半径大,这与等倾干涉条纹相反.如果连续增大或减小平凸透镜的曲面与平板玻璃间的距离,则能观察到圆环条纹向内收缩,不断向中心湮没,或者观察到圆环条纹一个个从中心冒出,并向外扩张.

在实验室中,常用牛顿环测定光波波长或平凸透镜的曲率半径.

例题 7.4 观察牛顿环的装置.波长 $\lambda=589\mathrm{nm}$ 的钠光平行光束垂直入射到牛顿环装置上.今用读数显微镜观察牛顿环,测得第 k 级暗环半径 $r_k=4.00\mathrm{mm}$,第 $k+5$ 级暗环半径 $r_{k+5}=6.00\mathrm{mm}$.求平凸透镜的球面曲率半径 R 及暗环的 k 值.

解 按题意,这是空气薄膜牛顿环,其折射率 $n=1$.据式(7-25),暗环半径为

$$r_k=\sqrt{kR\lambda}, \quad r_{k+5}=\sqrt{(k+5)R\lambda}$$

消去 k 可得

$$R=\frac{r_{k+5}^2-r_k^2}{5\lambda}=\frac{(6.00^2-4.00^2)\times10^{-6}}{5\times589\times10^{-9}}=6.79(\mathrm{m})$$

将此结果代入 $r_k=\sqrt{kR\lambda}$ 中,得

$$k=\frac{r_k^2}{R\lambda}=4$$

即半径为 4.00mm 的暗环是第 4 级暗环.

7.6 迈克耳孙干涉仪

干涉仪是根据光的干涉原理制成的精密仪器.现有的各种干涉仪中,大多采用双光束干涉.本节介绍最常用的一种双光束干涉仪——迈克耳孙干涉仪,是 100 多年前由美国物理学家迈克耳孙和莫雷合作,为研究"以太"漂移而设计制造出来的精密光学仪器.这是一种比较典型的干涉仪,是许多近代干涉仪的原型.

迈克耳孙干涉仪是用分振幅法产生双光束干涉的仪器,其构造示意图如图 7-16所示.图中 S 为光源,N 为毛玻璃片,M_1 和 M_2 是两块精密磨光的平面反射镜,分别安装在相互垂直的两臂上.其中 M_1 固定,M_2 通过精密丝杠的带动,可

以沿臂轴方向移动.在两臂相交处放一与两臂成 45°角的平行平面玻璃板 G_1.在 G_1 的后表面镀有一层半透明半反射的薄银膜,银膜的作用是将入射光束分成振幅近似相等的反射光束 1 和透射光束 2.因此,G_1 称为分光板.

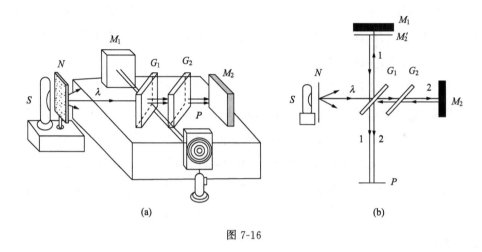

图 7-16

由扩展面光源 S 发出的光,射向分光板 G_1 经分光后形成两部分.反射光 1 垂直地射到平面反射镜 M_1 后,经 M_1 反射透过 G_1 射到 P 处.透射光 2 通过另一块与 G_1 完全相同且平行于 G_1 放置的玻璃板 G_2(无银膜)射向 M_2,经 M_2 反射后又经过 G_2 到达 G_1,再经半反射膜反射后到达 P 处.在 P 处可以观察两相干光束 1 和 2 的干涉图样.

由光路图可以看出,因玻璃板 G_2 的插入,使得光束 1 和光束 2 通过玻璃板的次数相同(3 次).这样一来,两光束的光程差就和玻璃板中的光程无关.因此,称玻璃板 G_2 为补偿板.

由于分光板第二平面的半反射膜实质上是反射镜,它使 M_2 在 M_1 附近形成一个虚像 M_2',因而,光在迈克耳孙干涉仪中自 M_1 和 M_2 的反射,相当于自 M_1 和 M_2' 的反射.于是,迈克耳孙干涉仪中所产生的干涉图样就如同由 M_1 和 M_2' 之间的空气薄膜产生的一样.当 M_1 和 M_2 严格垂直时,M_1 和 M_2' 之间形成平行平面空气膜,这时可以观察到等倾干涉条纹;当 M_1 和 M_2 不严格垂直时,M_2' 和 M_1 之间形成空气劈尖,则可观察到等厚干涉条纹.

因干涉条纹的位置取决于光程差,所以当 M_2 移动时,在 P 处能观察到干涉条纹位置的变化.当 M_1 和 M_2' 严格平行时,这种位置变化表现为等倾干涉的圆环形条纹不断地从中心冒出或向中心收缩.当 M_1 和 M_2' 不严格平行时,则表现为等厚干涉条纹相继移过视场中的某一标记位置.由于光在空气膜中经历往返过程,因此,当 M_2 平移 $\dfrac{\lambda}{2}$ 距离时,相应的光程差就改变一个波长 λ,条纹将移过一个条纹间距.由此得到动镜 M_2 平移的距离与条纹移动数 N 的关系为

$$d = N\frac{\lambda}{2} \tag{7-26}$$

迈克耳孙干涉仪的最大优点是两相干光束在空间是完全分开的,互不扰乱,因此可用移动反射镜或在单独的某一光路中加入其他光学元件的方法改变两光束的光程差,这就使干涉仪具有广泛的应用.如用于测长度、测折射率和检查光学元件表面的平整度等,测量的精度很高.迈克耳孙干涉仪及其变形在近代科技中所展示的功能也是多种多样的.例如,光调制的实现、光拍频的实现以及激光波长的测量等等.

例题 7.5　在迈克耳孙干涉仪中,M_2 反射镜移动 $0.2334\mathrm{mm}$ 的距离时,可以数出移动了 729 条条纹,求所用光的波长.

解　当平面镜 M_2 移动 $\dfrac{\lambda}{2}$ 的距离(即改变薄膜厚度 $\dfrac{\lambda}{2}$)时,相应的光程差改变为 λ,条纹将移过一个间距.根据式(7-26),可得所用光的波长为

$$\lambda = \frac{2d}{N} = \frac{2 \times 0.2334 \times 10^{-3}}{792} = 5.894 \times 10^{-7}\,(\mathrm{m})$$

不论哪类干涉问题,求解时首先要正确地确定光程差(相位差),再根据不同干涉问题的相应公式进行计算.

7.7　光 的 衍 射

衍射和干涉一样,是波动的基本特征.本节以惠更斯——菲涅耳原理为基础,介绍光的衍射,着重讨论单缝衍射和光栅衍射的特点和规律.

7.7.1　光的衍射现象

衍射又称绕射,是一切波所具有的共同特征.衍射现象是指波遇到障碍物时,传播方向发生偏转——绕过障碍物前进.日常生活中,只要注意观察,就会发现很

多衍射现象.在水面上放一块开有小孔的障碍物,平行前进的水波通过障碍物后形成以小孔为中心的圆形水波;声波可绕过建筑物;无线电波能翻山越岭;小孔、针眼甚至眼睫毛上的小水珠都会使光产生衍射现象.现在,我们来作一个光波的衍射实验,如图 7-17 所示,光源发射出的单色光照射到宽度可调节的狭缝上,当狭缝较宽时,在屏上出现与缝的形状相似且明亮程度均匀的光斑.若减小狭缝宽度,按光的直线传播,屏上的光斑应随之变窄.实验发现,当缝宽缩小到约为 0.1mm 后,随着缝宽继续减小,光斑宽度反而增大,而且边缘逐渐模糊,并出现明暗相间的条纹分布,这表明光通过很窄的缝时不再沿直线传播,这就是光的衍射现象.用小圆孔来代替狭缝时,当圆孔直径小到一定程度,在屏上会出现一系列同心的、明暗相间的圆环状衍射条纹.如果在单色光源和屏之间放一个细小障碍物,如小圆屏、毛发、细铁丝等,在屏上也出现明暗相间的衍射条纹.

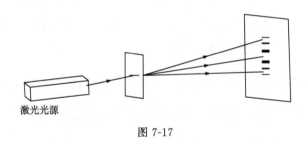

激光光源

图 7-17

事实上,只要当孔和障碍物的线度与光波长在数量级上相近,就能观察到衍射现象.在一般条件下,宏观物体线度总是比光波长大很多数量级,衍射现象很不明显,这时可认为光沿直线传播.

7.7.2   惠更斯-菲涅耳原理

前面我们已经介绍了惠更斯原理.利用惠更斯原理,可以解释光的折射、反射、在均匀介质中的直线传播、在晶体中的双折射以及遇到障碍物能绕着传播等现象,但是,不能解释衍射光强明暗相间的分布条纹.

1818 年,菲涅耳对惠更斯原理作了补充,建立了惠更斯-菲涅耳原理.其表述如下:**光波的波阵面上每一个小面元 dS,都可以看作发射球面波的新子波源,其前方空间任意一点的光振动,是所有子波在该点引起振动的相干叠加.**

菲涅耳原理还指出,对于确定的波阵面 S 上确定的面元 $\mathrm{d}S$,在 P 点引起光矢量,与 $\mathrm{d}S$ 和 $\mathrm{d}S$ 处光振幅 $E_0(Q)$ 的乘积成正比.即

$$\mathrm{d}E(P) \propto E_0(Q)\mathrm{d}S$$

P 点总的光矢量为

$$E(P) = \iint_S \mathrm{d}E(P)$$

P 点的光强为

$$I(P) = \overline{E^2(P)}$$

还需说明的是,通常根据光源、衍射屏和接收屏幕相互间距离的大小,将衍射分为两类:一类是光源和接收屏幕(或两者之一)距离衍射屏有限远(图 7-18(a)),这类衍射称为菲涅耳衍射;另一类是光源和接收屏幕都在无穷远(图 7-18(b)),这类衍射称为夫琅禾费衍射.这种区别纯是从理论上作计算考虑的.在实验室中实现图 7-18(b)所示的那种夫琅禾费装置的原型是有困难的,但可以近似地或利用成像光学系统(透镜)使之实现.我们主要讨论夫琅禾费衍射.

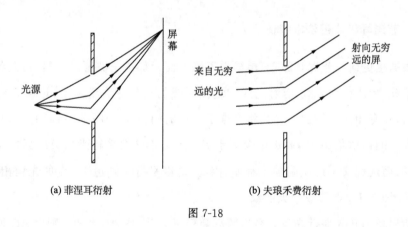

(a) 菲涅耳衍射　　　　　　　　(b) 夫琅禾费衍射

图 7-18

7.8 夫琅禾费单缝衍射

7.8.1 单缝的夫琅禾费衍射现象

宽度远小于长度的矩形孔称为单缝.夫琅禾费单缝衍射如图 7-19 所示.单色平

行光垂直入射到单缝上,由缝平面上各面元 dS 发出的向不同方向传播的平行光
束被透镜 L_2 会聚到焦平面上,在位于焦平面的观察屏 H 上形成一组平行于狭缝
的明暗相间的衍射条纹.光强分布如图 7-20 所示.可以看出单缝衍射图样的特点:
中央明纹最亮,其他明纹的光强随级次增大而迅速减小(见图 7-20);中央明纹的
宽度(两个一级暗纹中心的距离)最宽,约为其他明纹宽度的 2 倍.

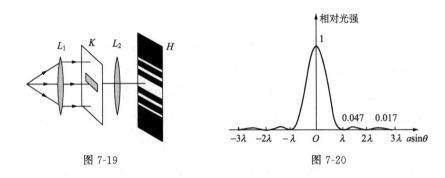

图 7-19   图 7-20

对于单缝衍射条纹的形成,我们用菲涅耳半波带法进行研究.

7.8.2　菲涅耳半波带法求极值

根据惠更斯－菲涅耳原理,单缝面上每一面元都是子波源,它们各自向各方向
发出子波,形成衍射光线.衍射光线和缝面法线的夹角称为衍射角,记为 θ.经透镜
会聚后,凡有相同衍射角的光线将会聚于屏上的同一点.如图 7-21(a)所示,其中平
行光束 1 的衍射角 $\theta=0$,经透镜会聚于 P_0 点.由于这组平行光从 AB 面发出时相
位相同,而透镜又不产生附加光程差,因此,这组平行光到达 P_0 点的光程相等,干
涉相长,即在 P_0 点形成中央明纹.

衍射角为 θ 的平行光束 2 经透镜后会聚于 P 点.作 $AC \perp BC$,则由 AC 面上各
点到达 P 点的光程相同,因而这组平行光在 P 点的光程差仅取决于它们从缝面各
点到达 AC 面时的光程差.从单缝两端点 A 和 B 发出的两束光的光程差最大.设缝
宽为 a,则最大光程差 $BC = a\sin\theta$.

设想作相距半个波长且平行于 AC 的平面,并且这些平面恰好能把 BC 分成
N 个相等的部分,则这些平面同时也将单缝处的波阵面 AB 分成面积相等的 N 个
波带,这样的波带称为菲涅耳半波带.图 7-21(b)表示单缝处正好分成 N=3 个半

波带 AA_1、AA_2、A_2B. 由于观察点 P 到单缝中心的距离远大于缝的宽度, 所以从各半波带发出的子波在 P 点的强度可近似认为相等.

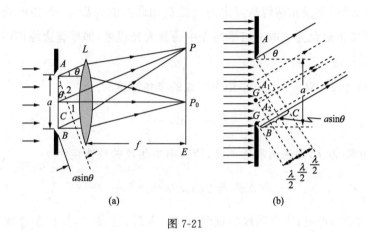

图 7-21

两个相邻半波带的任意两个对应点, 如 G 和 G'、A_1 和 A_2 所发出的衍射光到达 P 点时, 光程差都是 $\dfrac{\lambda}{2}$, 它们将相互干涉抵消. 因此, **两个相邻半波带所发出的衍射光在 P 点都将干涉相消**, 这是半波带的基本特点.

由此可知, 对给定的衍射角 θ, 若 BC 正好等于半波长的偶数倍, 即单缝正好能分成偶数个半波带, 则干涉相消后在 P 点出现暗纹; 若 BC 正好等于半波长的奇数倍, 即单缝正好能分成奇数个半波带, 则两两相消后总要剩下一个半波带的光在 P 点没有被抵消, 因而 P 点出现明纹; 若 BC 不能正好等于半波长的整数倍, 则 P 点的光强将介于最明和最暗之间.

根据以上分析, 在垂直入射时, 单缝在衍射方向上形成明暗纹的条件是

$$a\sin\theta = \pm 2k\,\frac{\lambda}{2}, \quad k=1,2,3,\cdots \quad (暗纹) \qquad (7\text{-}27a)$$

$$a\sin\theta = \pm (2k+1)\,\frac{\lambda}{2}, \quad k=1,2,3,\cdots \quad (明纹) \qquad (7\text{-}27b)$$

$$a\sin\theta = 0 \quad (中央明纹) \qquad (7\text{-}27c)$$

式中, k 称为衍射级次 ($k\neq 0$), $2k$ 和 $2k+1$ 是单缝面上可分出的半波带数目, 正负号表示各级明暗条纹对称分布在中央明纹两侧.

将单缝衍射的明暗纹条件式(7-27)与上一章中双缝干涉的明暗纹条件作对比,可见两者的明暗条件正好相反.这一矛盾的产生在于光程差的含义不同.在双缝干涉中的光程差是指两缝所发出的光波在相遇点的光程差,而在单缝衍射中的光程差,是指衍射角为 θ 的一组平行光中的最大光程差,即单缝边缘那两条光线的光程差.

由式(7-27a),取 $k=1$,可得**中央明纹的半角宽度**为

$$\theta_0 \approx \sin\theta_0 = \frac{\lambda}{a} \tag{7-28}$$

设透镜的焦距为 f,因透镜靠近单缝,所以**中央明纹的线宽度**为

$$\Delta x_0 \approx 2f\tan\theta_0 \approx 2f\frac{\lambda}{a} \tag{7-29}$$

由式(7-29)可见,中央明纹的宽度正比于入射光波长 λ,反比于缝宽 a.对于一定的波长 λ,a 越小,衍射越显著,但当 $a \ll \lambda$ 时,中央明纹宽度过大而在屏上观察不到明暗相间条纹.反之,a 越大,各级明纹就越向屏幕中央靠拢,衍射就越不明显,当 $a \gg \lambda$ 时,条纹过于密集而不能分辨,形成光的直线传播.因此可以说光的直线传播规律是波动光学在 $\frac{\lambda}{a} \to 0$ 时的极限情形.

由以上讨论可知,光的衍射和干涉一样,本质上都是光波相干叠加的结果.一般来说,干涉是指有限个分立的光束的相干叠加,衍射则是连续的无限多个子波的相干叠加.干涉强调的是不同光束相互影响而形成相长和相消的现象,衍射强调的是光偏离直线传播而能进入阴影区域.事实上,干涉和衍射往往是同时存在的.平行光入射到双缝上,每一缝都要向一个较大角度内发出光线,这是衍射造成的.如果没有衍射,则光沿直线传播,在屏上只能形成边缘清晰的双缝像,它们不会相遇,也就不会发生干涉.可见双缝干涉的图样实际上是两个缝发出的光束的干涉和每个缝自身发出的光的衍射的综合效果.

例题 7.6　用单色平行可见光垂直照射到缝宽为 $a=0.5$mm 的单缝上,在缝后放一焦距 $f=100$cm 的透镜,则在位于焦平面的观察屏上形成衍射条纹.已知屏上距中央明纹中心 1.5mm 处的 P 点为明纹,求:(1)入射光的波长;(2)P 点的明纹级次和对应的衍射角,以及此时单缝波面可分出的半波带数;(3)中央明纹的宽度.

解 (1) 对于 P 点,有

$$\tan\theta = \frac{x}{f} = \frac{1.5}{1000} = 1.5 \times 10^{-3}$$

可见 θ 角很小,因而 $\tan\theta \approx \sin\theta \approx \theta$.根据明纹条件式(7-27b),可得

$$\lambda = \frac{2a\sin\theta}{2k+1} = \frac{2a\tan\theta}{2k+1}$$

k 取不同值,代入上式,$k=1$ 时,有

$$\lambda_1 = \frac{2a\tan\theta}{2k+1} = \frac{2 \times 0.5 \times 1.5 \times 10^{-3}}{2 \times 1 + 1} = 5 \times 10^{-4} = 500(\text{nm})$$

类似地,$k=2$ 时,可算出 $\lambda_2 = 300\text{nm}$.显然,λ_2 不是可见光,所以入射光波长为 500nm.

(2) 因 $k=1$,故 P 点明纹为第一级明纹,其衍射角为

$$\theta_1 = \frac{(2k+1)\lambda}{2a} = \frac{3 \times 5 \times 10^{-4}}{2 \times 0.5} = 1.5 \times 10^{-3}\text{rad} = 5.2'$$

与明纹对应的半波带数为 $2k+1$,故半波带数为 3.

(3) 中央明纹宽度

$$\Delta x_0 = 2f\frac{\lambda}{a} = 2 \times 1000 \times \frac{5 \times 10^{-4}}{0.5} = 2(\text{mm})$$

7.9 光 栅 衍 射

7.9.1 光栅

由一组相互平行的等宽等间隔的狭缝构成的光学器件就是光栅.在一块透明玻璃平板上等宽等间隔地刻划大量相互平行的刻线,即制成一个光栅.刻痕相当于毛玻璃,不透光,相邻刻痕间可透光,则成为狭缝.这种光栅称为透射光栅.光栅种类很多,除了透射式以外,还有反射式的、平面和凹面的等等,我们仅讨论平面透射光栅.

若刻痕间的透光部分(狭缝)宽度为 a,刻痕宽度为 b,则 $d=a+b$ 称为**光栅常数**.显然 d 也是相邻两缝对应点之间的距离.光栅常数是表征光栅性能的重要参数.随着近几十年来光栅刻制技术的飞速发展,迄今已能在 1mm 内刻制数几千线,

总缝数可达 10^5 条量级.

7.9.2　光栅衍射条纹的形成

如图 7-22(a)所示,平行单色光垂直照射到光栅上,从各缝发出的衍射角 θ 相同的平行光通过透镜 L 会聚在焦平面处屏幕上的同一点,衍射角不同的各组平行光则会聚于不同的点,从而形成衍射图样.一般来说,光栅衍射条纹的主要特点是:明纹细而明亮,明纹间暗区较宽,而且随着狭缝的增多,明条纹的亮度也增大,明纹也变得更细了,如图 7-22(b)所示.

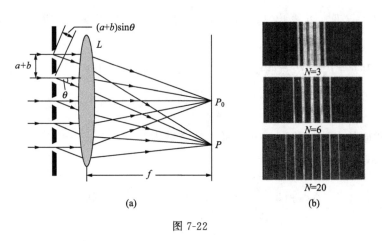

图 7-22

光栅衍射条纹与单缝衍射条纹比较有明显的差别,原因在于当光栅上的每一条缝按单缝衍射规律对入射光进行衍射时,因各缝发出的光是相干光,故在相遇区域里还要发生干涉,所以,光栅衍射图样是衍射和干涉的综合结果.

1.光栅方程

由图 7-22 可知,当光垂直射向光栅时,沿 θ 方向的衍射光经透镜均会聚于 P 点,其中任意两个相邻狭缝发出的光到达 P 点的光程差均为 $\delta=(a+b)\sin\theta$,若这一光程差等于入射光波长 λ 的整数倍,各缝发出的、会聚于 P 点的衍射光因相干叠加得到加强,从而在 P 点形成明纹.因此,光栅缝间干涉的明纹条件为

$$(a+b)\sin\theta=\pm k\lambda,\quad k=0,1,2,\cdots \tag{7-30}$$

式(7-30)称为**光栅方程**.满足光栅方程的明条纹称主极大条纹,也称光谱线,k 称主

极大级数. $k=0$ 对应于中央明纹;$k=1,k=2,\cdots$ 分别称为第一级、第二级……主极大条纹,± 表示各级明纹在中央明纹两侧对称分布.

2.主极大条纹

需要指出的有两点:一是主极大条纹的位置是由缝间干涉决定的;二是在光栅方程中,衍射角 $|\theta|$ 不可能大于 $\dfrac{\pi}{2}$,$|\sin\theta|$ 不可能大于 1,这就对能观察到的主极大数目有了限制,主极大的最大级数 $k<\dfrac{(a+b)}{\lambda}$.

从光栅方程可以看出,光栅常数越小,各级明条纹的衍射角越大,即各级明条纹分得越开.对给定尺寸的光栅,总缝数越多,明条纹越亮.图 7-22(b)所示为几种不同缝数光栅衍射图样的照片.对光栅常数一定的光栅,入射光波长 λ 越大,各级明条纹的衍射角也越大,所以光栅衍射具有色散分光作用.

3.谱线的缺级

上面我们只研究了由光栅各缝发出的光因干涉在屏上形成极大的情形,而没有考虑每个缝(单缝)衍射对屏上明纹的影响.今设想光栅中只留下一个缝透光,其余全部遮住,这时屏上呈现的是单缝衍射条纹.不论留下哪一个缝,屏上的单缝衍射条纹都一样,而且条纹位置也完全重合,这是因为同一衍射角的平行光经过透镜都聚焦于同一点.因此满足光栅方程的衍射角,若同时满足单缝衍射的暗纹条件,即

$$(a+b)\sin\theta=\pm k\lambda,\quad a\sin\theta=\pm k'\lambda,\quad k'=1,2,\cdots$$

这时,对应衍射角 θ,由于各狭缝所射出的光都各自满足暗纹条件,当然也就不存在缝与缝之间出射光的干涉加强.因此,虽然满足光栅方程,对应于衍射角 θ 的主极大条纹并不出现,这称为**光谱线的缺级**,缺级的级数 k 为

$$k=\frac{a+b}{a}k' \tag{7-31}$$

例如,当 $a+b=3a$,缺级的级数为 $k=3,6,9,\cdots$,见图 7-23.由此可见,光栅方程只是产生主极大条纹的必要条件,而不是充分条件.也就是说,在研究光栅衍射图样时,除考虑缝间干涉外,还必须考虑缝的衍射,即光栅衍射是干涉和衍射的综合结果.

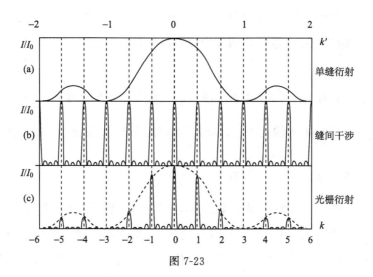

图 7-23

例题 7.7　用波长为 500nm 的单色光垂直照射到每毫米有 500 条刻痕的光栅上.求:(1)第一级和第三级明纹的衍射角;(2)若缝宽与缝间距相等,则用此光栅最多能看到几条明纹?

解　(1)光栅常数为

$$d = \frac{1 \times 10^{-3}}{500} = 2 \times 10^{-6}(\text{m})$$

光栅方程为

$$d\sin\theta = \pm k\lambda$$

将 $k = 1,3$ 分别代入光栅方程,可得第一级和第三级明纹的衍射角为

$$\sin\theta_1 = \pm\frac{\lambda}{d} = \pm 0.25, \theta_1 = \pm 14°28'$$

$$\sin\theta_3 = \pm\frac{3\lambda}{d} = \pm 0.75, \theta_1 = \pm 48°35'$$

(2)理论上能看到的最高级谱线的极限,其对应的衍射角为 $\theta = 90°$,代入光栅方程得

$$k_{\max} = \frac{d}{\lambda} = 4$$

这表明最多能看到第 4 级明纹.考虑实际出现多少条明纹时,还需要考虑是否缺

级.因 $a=b$,所以 $d=a+b=2a$,由缺级公式(7-31),有

$$k=\pm 2k',\quad k'=1,2,\cdots$$

可见第二、第四级明纹缺级.因而实际出现的只有 0、±1、±3,即只能看到 5 条明纹.

7.10 光的偏振性 马吕斯定律

光的干涉和衍射现象揭示了光的波动性,光的偏振现象则证明了光是横波.本章主要讨论偏振光的产生和检验、偏振光遵从的基本规律.

7.10.1 自然光 偏振光

光波是横波,是指光矢量 E 的振动方向总是与光的传播方向垂直.光矢量的这种横向振动状态,相对于传播方向可能不具有对称性.这种光矢量的振动对于传播方向的不对称性,称为光的偏振.偏振是横波具有的特性,纵波的振动方向总与传播方向平行,因此,纵波不存在偏振性问题.

根据光矢量对传播方向的不对称情况,可分为自然光、线偏振光、部分偏振光以及椭圆偏振光和圆偏振光.

1.线偏振光

在垂直于传播方向的平面内,若光矢量只沿一个固定方向振动,则称为**线偏振光**,又称**平面偏振光**或**完全偏振光**.光矢量的振动方向和光传播方向构成的平面,称为振动面.线偏振光的振动面是固定不动的,如图 7-24(a)所示.图 7-24(b)是线偏振光的图示法,短线表示光的振动在纸面内,圆点表示振动垂直于纸面.显然,发光体中一个原子发出的一列光波是线偏振光,激光是良好的线偏振光光源.

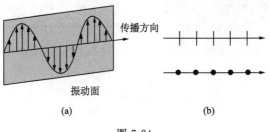

图 7-24

2.自然光

普通光源中有大量的原子在发光,各原子发出的光的波列不仅初相位互不相关,而且振动方向也随机分布.在每一时刻,光源中大量原子发出的光的总和,实际上包含了一切可能的振动方向,而且平均说来,没有哪个方向上的振动比其他方向占有优势,因而在垂直于光传播方向的平面内表现为不同方向有相同的振幅,显示不出任何偏振性,如图 7-25(a)所示.这样的光称为**自然光**,也称**天然光**.

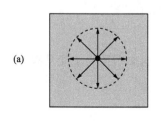

若将自然光各方向的光矢量在垂直于传播方向的平面内作正交分解,得到的两个分量互相垂直、振幅相等,并且相互独立(没有固定相位关系,振动频率各不相同).因此,我们可以用两个相互独立的、振

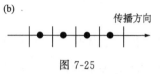

图 7-25

动方向相互垂直的等幅线偏振光来表示自然光,如图 7-25(b)所示,短线和圆点数量相等,均匀交替.

3.部分偏振光

若在垂直于光传播方向的平面内,各个方向的光振动都存在,但不同方向的振幅不等,在某一方向的振幅最大,而在与之垂直的方向上的振幅最小,则这种光称为部分偏振光,如图 7-26 所示.显然,部分偏振光的偏振性介于线偏振光和自然光之间,可看作由自然光和线偏振光叠加而成.对于部分偏振光,两个相互垂直的光振动也没有固定的相位关系.

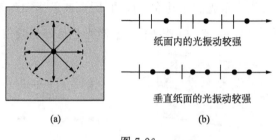

图 7-26

7.10.2   偏振片   起偏与检偏

从自然光获得线偏振光的过程称起偏,获得线偏振光的器件或装置称起偏器.
起偏器有多种,例如,利用光的反射和折射起偏的玻璃片堆,利用晶体的双折射特
性起偏的尼科耳棱镜等,以及利用晶体的二向色性的各类偏振片.

称为偏振片的起偏器,它只能透过沿某个方向振动的光矢量或光矢量振动沿
该方向的分量,而不能透过与该方向垂直振动的光矢量或光矢量振动与该方向垂
直的分量.这个透光方向称为偏振化方向或起偏方向.自然光透过偏振片后,透射
光即变为线偏振光.由偏振片的特性可知,它既可用作起偏器,也可用作检偏器,检
验向它入射的光是否线偏振光.

自然光透过偏振片后,迎着光传播方向观察透射光的强弱,当转动偏振片时,
光强不变,因为自然光的光矢量振动相对传播方向是轴对称分布的、是大量无固定
相位关系的线偏振光的混合,不论偏振片的偏振化方向转到什么方向,总有相同光
强的光透过偏振片.如果线偏振光入射到偏振片,则透射光的强弱在转动偏振片时
要发生周期性的变化,这是因为线偏振光的光矢量振动方向与偏振片的偏振化方
向的夹角在改变,使光矢量平行于偏振化方向的分量随之改变而引起的.光矢量振
动方向与偏振化方向平行时透射光最强,垂直时最暗.

图 7-27 表示利用偏振片起偏与检偏的情况,图中偏振片 A 是起偏器,B 是检

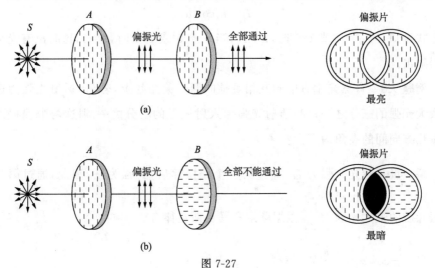

图 7-27

偏器,在偏振片上以虚线画出它们的偏振化方向,图 7-27(a)表示偏振片 A 和 B 的偏振化方向平行,图 7-27(b)表示 A 和 B 的偏振化方向垂直.

7.10.3 马吕斯定律

马吕斯在研究线偏振光透过检偏器后透射光的光强时发现:如果入射线偏振光的光强为 I_0,透过检偏器后,透射光的光强(不计检偏器对光的吸收)为 I,则

$$I = I_0 \cos^2 \alpha \tag{7-32}$$

式中,α 是线偏振光的光矢量振动方向和检偏器偏振化方向之间的夹角.上式即马吕斯定律的数学表达式.

马吕斯定律的证明如下:

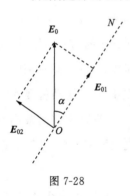

图 7-28

如图 7-28 所示,设 $\boldsymbol{E}_0$ 为入射线偏振光的光矢量,ON 是检偏器的偏振化方向,将 $\boldsymbol{E}_0$ 沿着 ON 及与 ON 垂直的方向分解为 $\boldsymbol{E}_{01}$ 和 $\boldsymbol{E}_{02}$,它们的大小分别为 $E_0 \cos\alpha$ 和 $E_0 \sin\alpha$,则透过检偏器的线偏振光的振幅为 $E_0 \cos\alpha$,因而透射光的光强 I 与入射光的光强 I_0 之比为

$$\frac{I}{I_0} = \frac{E_0^2 \cos^2 \alpha}{E_0^2}$$

于是得

$$I = I_0 \cos^2 \alpha$$

由上式可知,当 $\alpha = 0°$ 或 $180°$ 时,$I = I_0$;当 $\alpha = 90°$ 或 $270°$ 时,$I = 0$,这时没有光从检偏器射出。

例题 7.8 自然光垂直射到互相重叠的两个偏振片上,若(1)透射光强为透射光最大光强的三分之一;(2)透射光强为入射光强的三分之一.则这两个偏振片的偏振化方向间的夹角为多大?

解 设自然光光强为 I_0,通过第一个偏振片后,光强为 $\dfrac{I_0}{2}$,因此,通过第二个偏振片后的最大光强为 $\dfrac{I_0}{2}$,根据题意和马吕斯定律有

(1) $\dfrac{I_0}{2} \cos^2 \alpha = \dfrac{1}{3} \dfrac{I_0}{2}$,   解得 $\alpha = \pm 54°44'$

（2）$\dfrac{I_0}{2}\cos^2\alpha=\dfrac{I_0}{3}$，　解得 $\alpha=\pm35°16'$.

7.11　反射光和折射光的偏振

7.11.1　反射和折射时的偏振

早在 19 世纪初,实验就已经发现自然光在两种各向同性介质的分界面上反射和折射时,不但光的传播方向要发生改变,而且光的偏振状态也要改变,反射光和折射光不再是自然光,折射光变为部分偏振光,反射光一般也是部分偏振光.其偏振状态是:反射光是以垂直于入射面的光振动为主的部分偏振光;折射光是以平行于入射面的光振动为主的部分偏振光.如图 7-29 所示.

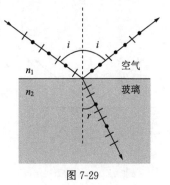

图 7-29

7.11.2　布儒斯特定律

反射光的偏振化程度与入射角有关.实验发现,当入射角等于某一特定角度 i_0 时,有如下现象:

（1）反射光是线偏振光,其振动方向垂直于入射面,如图 7-30 所示;

（2）折射光和反射光的传播方向相互垂直.

设入射角 $i=i_0$ 时折射角为 r_0,则有 $i_0+r_0=90°$.根据折射定律有

$$n_1\sin i_0=n_2\sin r_0=n_2\cos i_0$$

所以有

$$\tan i_0=\frac{n_2}{n_1} \tag{7-33}$$

上式称为**布儒斯特(Brewster)定律**,i_0 称为起偏角或布儒斯特角,n_1 和 n_2 分别为入射介质和折射介质的折射率.

为了增大反射光的强度和折射光的偏振化程度,可以用若干相互平行的、由相同玻璃片组成的玻璃片堆,如图 7-31 所示.当自然光以 i_0 入射时,光在各层玻璃面上反射和折射,可使反射光增强,而折射光中的垂直振动也因多次反射而减弱.当玻璃片较多时,不但反射光为线偏振光,经玻璃片堆透射出来的光也接近为线偏振

光,而且透射光和反射光振动方向相互垂直.

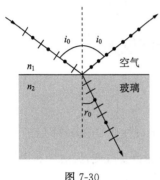

图 7-30

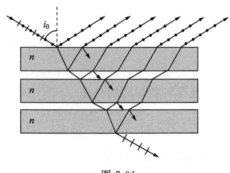

图 7-31

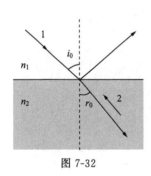

图 7-32

例题 7.9　如图 7-32 所示,入射光线 1 以起偏角 i_0 入射.试证明,沿折射光逆向入射的光线 2,其入射角 r_0 也是起偏角.

解　根据折射定律有

$$n_1\sin i_0 = n_2\sin r_0$$

因 $i_0 + r_0 = 90°$,故有

$$n_2\sin r_0 = n_1\cos i_0$$

可得

$$\tan r_0 = \frac{n_1}{n_2}$$

结果表明,r_0 是入射光线 2 的起偏角.

本 章 要 点

1.杨氏双缝干涉

(1) 光程差

$$\delta = n(r_2 - r_1) = \frac{nd}{D}x = \begin{cases} \pm 2k\,\dfrac{\lambda}{2}, & \text{暗纹},k=0,1,2,\cdots \\[2mm] \pm(2k-1)\dfrac{\lambda}{2}, & \text{暗纹},k=1,2,\cdots \end{cases}$$

(2) 条纹位置

$$x_{明}=\pm 2k\frac{D}{nd}\frac{\lambda}{2}, \quad k=0,1,2,\cdots$$

$$x_{暗}=\pm(2k+1)\frac{D}{nd}\frac{\lambda}{2}, \quad k=1,2,\cdots$$

(3) 相邻明(暗)条纹间距 $\Delta x=\dfrac{D\lambda}{nd}$

2.薄膜等厚干涉

(1) 劈尖

反射光程差 $\delta=2ne+\dfrac{\lambda}{2}=\begin{cases}k\lambda, & k=1,2,\cdots明纹 \\[2mm] (2k+1)\dfrac{\lambda}{2}, & k=0,1,2,\cdots暗纹\end{cases}$

相邻明(暗)条纹对应膜厚度差 $\Delta e=e_{k+1}-e_k=\dfrac{\lambda}{2n}$

相邻明(暗)条纹间距 $l=\dfrac{\Delta e}{\theta}=\dfrac{\lambda}{2n\theta}$

(2) 牛顿环

反射光程差 $\delta=2ne+\dfrac{\lambda}{2}=\begin{cases}k\lambda, & k=1,2,\cdots明纹 \\[2mm] (2k+1)\dfrac{\lambda}{2}, & k=0,1,2,\cdots暗纹\end{cases}$

环纹半径 $\begin{cases}r_{明}=\sqrt{\dfrac{(2k-1)R\lambda}{2n}}, & k=1,2,\cdots \\[3mm] r_{暗}=\sqrt{\dfrac{kR\lambda}{n}}, & k=0,1,2,\cdots\end{cases}$

(3) 迈克耳孙干涉仪平面镜移动距离与移过条纹数目的关系

$$d=N\frac{\lambda}{2}$$

3.单缝衍射

(1) 光程差

$$a\sin\theta=\begin{cases}\pm 2k\dfrac{\lambda}{2}, & k=1,2,\cdots暗纹中心 \\[3mm] \pm(2k+1)\dfrac{\lambda}{2}, & k=1,2,\cdots明纹中心 \\[3mm] 0, & 中央明纹\end{cases}$$

(2) 中央明纹角宽度 $\Delta\theta_0 = \theta_{+1} - \theta_{-1} = 2\dfrac{\lambda}{a}$

(3) 中央明纹线宽度 $\Delta x_0 = 2f\dfrac{\lambda}{a}$

(4) 其他各级明纹宽度过 $\Delta x = f\dfrac{\lambda}{a}$

4.衍射光栅

(1) 光栅公式(平行光正入射) $(a+b)\sin\theta = \pm k\lambda, k = 0,1,2,\cdots$

(2) 谱线位置 $x_k = f\tan\theta_k \approx f\sin\theta_k$

(3) 能看见的谱线最大级数 $k_{\max} < \dfrac{a+b}{\lambda}$ ($k_{\max}$取整数)

(4) 有缺级现象

5.自然光和偏振光

自然光的光振动在所有可能方向上的振幅都相等.它可以分成强度相同,振动方向相互垂直的独立的两束光.

光振动沿某一方向占优势的光为部分偏振光,线偏振光的光振动沿着偏振化方向,它的偏化程度最高.

6.获得偏振光的方法

(1) 自然光通过偏振片变成线偏振光.

(2) 当自然光以起偏角 i_0 射到两种介质的界面上时,反射光为线偏振光,折射光为部分偏振光,i_0 由布儒斯特定律 $\tan i_0 = \dfrac{n_2}{n_1}$ 决定.

(3) 自然光射到透明晶体时,由于晶体的双折射现象,透射光是线偏振光.

7.偏振光的检验

由马吕斯定律得知,线偏振光通过检偏器后的光强为

$$I = I_0\cos^2\alpha$$

据此,可以由检偏器转动时光强 I 的改变来检验偏振光.一切起偏器都可以用作检偏器.

习　题

7-1　在杨氏双缝干涉实验中,(1)如果把光源 S 向上移动,则干涉图样将发生

怎样的移动? (2)当缝间距离不断增大时,则干涉图样中相邻明纹之间的距离将发生什么变化? (3)若每条狭缝都加宽 1 倍,干涉图样中相邻明纹之间的距离将发生什么变化?

7-2 有人说:"等厚干涉条纹是在厚度相等(均匀)的薄膜上形成的,等倾干涉条纹是在夹角一定的劈尖上形成的."你说对吗?

7-3 试讨论,在单缝衍射实验中,当光源 S 在垂直于透镜光轴的平面里上下移动时,衍射图样有何变化?

7-4 试讨论夫琅禾费单缝衍射实验装置有如下变动时衍射图样的变化.

(1)增大透镜 L 的焦距;(2)将观察屏作垂直于透镜光轴的移动(不超出入射光束的照明范围);(3)将观察屏沿透镜光轴方向前后平移.在以上哪些情形里,零级衍射光斑的中心发生移动?

7-5 什么叫线偏振光? 线偏振光是否一定是单色光?

7-6 用单色光垂直照射在观察牛顿环的装置上,当平凸透镜垂直向上缓慢平移而远离平面玻璃时,可以观察到这些环状干涉条纹( )

(A) 向上平移　　(B) 向中心收缩　　(C) 向外扩张

(D) 静止不动　　(E) 向左平移

7-7 在迈克耳孙干涉仪的一支光路中,放入一片折射率为 n 的透明介质薄膜后,测出两束光的光程差改变量为一个波长 λ,则薄膜的厚度为( )

(A) $\dfrac{\lambda}{2}$　　(B) $\dfrac{\lambda}{2n}$　　(C) $\dfrac{\lambda}{n}$　　(D) $\dfrac{\lambda}{2(n-1)}$

7-8 在折射率为 $n=1.68$ 的平板玻璃表面涂一层折射率为 $n=1.38$ 的 MgF_2 透明薄膜,可以减少玻璃表面的反射光。若用波长 $\lambda=500nm(1nm=10^{-9}m)$ 的单色光垂直入射,为了尽量减少反射,则 MgF_2 薄膜的最小厚度应是( )

(A) 181.2nm　　(B) 78.1nm　　(C) 90.6nm　　(D) 156.3nm

7-9 在双缝干涉实验中,缝是水平的。若双缝所在的平板稍微向上平移,其他条件不变,则屏上的干涉条纹( )

(A) 向上平移,且间距改变　　(B) 向下平移,且间距不变

(C) 不移动,但间距改变　　(D) 向上平移,且间距不变

7-10 若把牛顿环装置(都是用折射率为 1.52 的玻璃制成的)由空气搬入折

射率为 1.33 的水中,则干涉条纹(　　)

(A) 中心暗斑变成亮斑　　(B) 变疏　　(C) 变密　　(D) 间距不变

7-11　在真空中波长为 λ 的单色光,在折射率为 n 的透明介质中从 A 沿某路径传到 B,若 A、B 两点相位差为 3π,则此路径 AB 的光程差为(　　)

(A) 1.5λ (B) $1.5n\lambda$ (C) 3λ (D) $\dfrac{1.5\lambda}{n}$

7-12　根据惠更斯—菲涅耳原理,若已知光在某时刻的波阵面为 S,则 S 的前方某点 P 的光强度决定于波阵面 S 上所有面积元发出的子波各自传到 P 点的(　　)

(A) 振动振幅之和　　　　　(B) 光强之和

(C) 振动振幅之和的平方　　(D) 振动的相干叠加

7-13　在单缝夫琅禾费衍射实验中,波长为 λ 的单色光垂直入射在宽度为 $a=4\lambda$ 的单缝上,对应于衍射角为 $30°$ 的方向上,单缝处波阵面可分成多少个半波带数目为(　　)

(A) 2 个　　(B) 4 个　　(C) 6 个　　(D) 8 个

7-14　一衍射光栅对某一定波长的垂直入射光在屏上只能出现 0 级和 1 级主级大,欲使屏上出现更高级次的衍射主极大,应该(　　)

(A) 换一个光栅常数较小的光栅　　(B) 换一个光栅常数较大的光栅

(C) 将光栅向靠近屏幕的方向移动　　(D) 将光栅向远离屏幕的方向移动

7-15　在双缝干涉实验中,用单色自然光,在屏上形成干涉条纹,若在两缝后放一个偏振片,则(　　)

(A) 干涉条纹的间距不变,但明纹的亮度加强

(B) 干涉条纹的间距不变,但明纹的亮度减弱

(C) 干涉条纹的间距变窄,且明纹的亮度减弱

(D) 无干涉条纹

7-16　在双缝干涉实验中,若单色光源 S 到两缝 S_1、S_2 距离相等,则观察屏上中央明条纹位于图中 O 处,现将光源 S 向下移动到图中的 S' 位置,则(　　)

(A) 中央明纹向上移动,且条纹间距增大

(B) 中央明纹向上移动,且条纹间距不变

(C) 中央明纹向下移动,且条纹间距增大

(D) 中央明纹向下移动,且条纹间距不变

7-17 如图所示,折射率为 n_2,厚度为 e 的透明介质薄膜的上方和下方的透明介质的折射率分别为 n_1 和 n_3,且 $n_1 < n_2$,$n_2 > n_3$,若用波长为 λ 的单色平行光垂直入射到该薄膜上,则从薄膜上、下两表面反射的光束的光程差是(   )

(A) $2n_2e$ (B) $2n_2e - \dfrac{\lambda}{2}$ (C) $2n_2e - \lambda$ (D) $2n_2e - \dfrac{\lambda}{2n_2}$

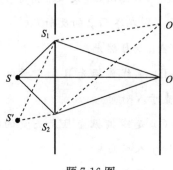

题 7-16 图

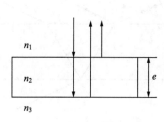

题 7-17 图

7-18 如图所示,两个直径有微小差别的彼此平行的滚柱之间的距离为 L,夹在两块平面晶体的中间,形成空气劈形膜,当单色光垂直入射时,产生等厚干涉条纹,如果滚柱之间的距离 L 变小,则在 L 范围内干涉条纹的(   )

(A) 数目减小,间距变大

(B) 数目减小,间距不变

(C) 数目不变,间距变小

(D) 数目增加,间距变小

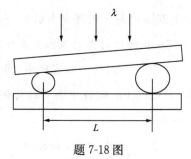

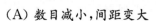

题 7-18 图

7-19 在单缝夫琅禾费衍射实验中,波长为 λ 的单色光垂直入射在宽度为 3λ 的单缝上,对应于衍射角为 $30°$ 的方向,单缝处波阵面可分成的半波带数目为(   )

(A) 2 个   (B) 3 个   (C) 4 个   (D) 6 个

7-20 波长 $\lambda = 550\text{nm}$ 的单色光垂直入射于光栅常数 $d = 1 \times 10^{-4}\text{cm}$ 的光栅上,可能观察到的光谱线的最大级次为(   )

(A) 4   (B) 3   (C) 2   (D) 1

7-21　三个偏振片 P_1、P_2 与 P_3 堆叠在一起，P_1 与 P_3 的偏振化方向相互垂直，P_2 与 P_1 的偏振化方向间的夹角为 $45°$，强度为 I_0 的自然光入射于偏振片 P_1，并依次透过偏振片 P_1、P_2 与 P_3，则通过三个偏振片后的光强为（　　）

(A) $\dfrac{I_0}{16}$　　(B) $\dfrac{3I_0}{8}$　　(C) $\dfrac{I_0}{8}$　　(D) $\dfrac{I_0}{4}$

7-22　一束自然光自空气射向一块平板玻璃，如图所示，设入射角等于布儒斯特角 i_B，则在界面 2 的反射光（　　）

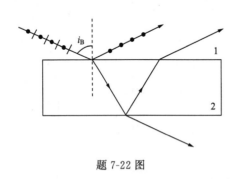

(A) 是自然光

(B) 是线偏振光且光矢量的振动方向垂直于入射面

(C) 是线偏振光且光矢量的振动方向平行于入射面

(D) 是部分偏振光

题 7-22 图

7-23　在双缝干涉实验中，两缝间距为 0.30mm，用单色光垂直照射双缝，在离缝 1.20m 的屏上测得中央明纹一侧第 5 条暗纹与另一侧第 5 条暗纹间的距离为 22.78mm. 问所用光的波长为多少，是什么颜色的光？

7-24　在双缝干涉实验中，用波长 $\lambda=546.1$nm 的单色光照射，双缝与屏的距离 $D=300$mm. 测得中央明纹两侧的两个第五级明条纹的间距为 12.2mm，求双缝间的距离.

7-25　如图所示，由光源 S 发出的 $\lambda=600$nm 的单色光，自空气射入折射率 $n=1.23$ 的一层透明物质，再射入空气. 若透明物质的厚度为 $d=1.0$cm，入射角 $\theta=30°$，且 $SA=BC=5.0$cm，求：(1)折射角 θ_1 为多少？(2)此单色光在这层透明物质里的频率、速度和波长各为多少？(3)S 到 C 的几何路程为多少？光程又为多少？

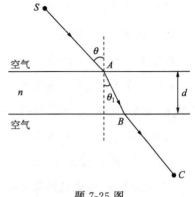

题 7-25 图

7-26　一双缝装置的一个缝被折射率为

1.40 的薄玻璃片所遮盖,另一个缝被折射率为 1.70 的薄玻璃片所遮盖.在玻璃片插入以后,屏上原来中央极大的所在点,现变为第五级明纹.假定 $\lambda = 480\text{nm}$,且两玻璃片厚度均为 d,求 d 值.

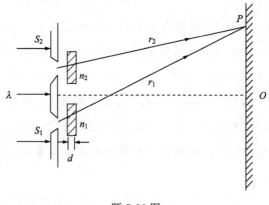

题 7-26 图

7-27　白光垂直照射到空气中一厚度为 380nm 的肥皂膜上.设肥皂的折射率为 1.32.试问该膜的正面呈现什么颜色? 背面呈现什么颜色?

7-28　在折射率 $n_3 = 1.52$ 的照相机镜头表面涂有一层折射率 $n_2 = 1.38$ 的 MgF_2 增透膜,若此膜仅适用于波长 $\lambda = 550\text{nm}$ 的光,则此膜的最小厚度为多少?

7-29　利用空气劈尖测量细丝的直径.如下图所示,已知 $\lambda = 589.3\text{nm}$,$L = 2.888 \times 10^{-2}\text{m}$,测得 30 条条纹的总宽度为 $4.259 \times 10^{-3}\text{m}$,求细丝直径 d.

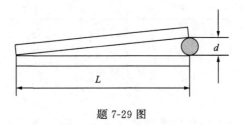

题 7-29 图

7-30　集成光学中的楔形薄膜耦合器原理如图所示.沉积在玻璃衬底上的是氧化钽 (Ta_2O_5) 薄膜,其楔形端从 A 到 B 厚度逐渐减小为零.为测定薄膜的厚度,用波长 $\lambda = 632.8\text{nm}$ 的 He-Ne 激光垂直照射,观察到薄膜楔形端共出现 11 条暗

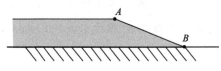

题 7-30 图

纹,且 A 处对应一条暗纹,试求氧化钽薄膜的厚度.(Ta_2O_5 对 632.8nm 激光的折射率为 2.21)

7-31 折射率为 1.60 的两块标准平面玻璃板之间形成一个劈形膜(劈尖角 θ 很小).用波长 $\lambda=600$nm 的单色光垂直入射,产生等厚干涉条纹.假如在劈形膜内充满 $n=1.40$ 的液体时的相邻明纹间距比劈形膜内是空气时的间距缩小 $\Delta l=0.5$mm,那么劈尖角 θ 应是多少?

7-32 在利用牛顿环测未知单色光波长的实验中,当用已知波长为 589.3nm 的钠黄光垂直照射时,测得第一和第四暗环的距离为 $\Delta r=4.00\times10^{-3}$ m;当用波长未知的单色光垂直照射时,测得第一和第四暗环的距离为 $\Delta r'=3.85\times10^{-3}$ m,求该单色光的波长.

7-33 在牛顿环实验中,当透镜与玻璃之间充以某种液体时,第 10 个亮环的直径由 1.40×10^{-2} m 变为 1.27×10^{-2} m,试求这种液体的折射率.

7-34 如图所示,折射率 $n_2=1.2$ 的油滴落在 $n_3=1.50$ 的平板玻璃上,形成一上表面近似于球面的油膜,测得油膜中心最高处的高度 $d_m=1.1\mu$m,用 $\lambda=600$nm 的单色光垂直照射油膜,求:(1)油膜周边是暗环还是明环? (2)整个油膜可看到几个完整的暗环?

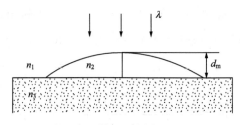

题 7-34 图

7-35 把折射率 $n=1.40$ 的薄膜放入迈克耳孙干涉仪的一臂,如果由此产生了 7.0 条条纹的移动,求膜厚.设入射光的波长为 589nm.

7-36 如图所示,狭缝的宽度 $a=0.60$mm,透镜焦距 $f=0.40$m,有一与狭缝平行的屏放置在透镜焦平面处.若以单色平行光垂直照射狭缝,则在屏上离点 O 为 $x=1.44$mm 处的点 P,看到的是衍射明条纹.试求:(1)该入射光的波长;(2)点

P 条纹的级数;(3)从点 P 看来对该光波而言,狭缝处的波阵面可作半波带的数目.

7-37 单缝的宽度 $a=0.40$mm,以波长 $\lambda=589$nm 的单色光垂直照射,设透镜的焦距为 1m.求:(1)第一级暗纹距中心的距离;(2)第二级明纹距中心的距离.

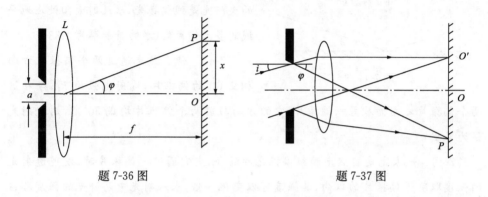

题 7-36 图   题 7-37 图

7-38 一单色平行光垂直照射于一单缝,若其第三条明纹位置正好和波长为 600nm 的单色光垂直入射时的第二级明纹的位置一样,求前一种单色光的波长.

7-39 已知单缝宽度 $a=1.0\times10^{-4}$mm,透镜焦距 $f=0.5$m,用 $\lambda_1=400$nm 和 $\lambda_2=760$nm 的单色平行光分别垂直照射,(1)求这两种光的第一级明纹离屏中心的距离,以及这两条明纹之间的距离.(2)若用每厘米刻有 1000 条刻线的光栅代替这个单缝,则这两种单色光的第一级明纹分别距屏中心多远? 这两条明纹之间的距离又是多少?

7-40 迎面而来的一辆汽车的两车头灯相距为 1.0m,问在汽车离人多远时,它们刚能为人眼所分辨? 设瞳孔直径为 3.0mm,光在空气中的波长 $\lambda=500$nm.

7-41 一束平行光垂直入射到某个光栅上,该光束中包含有两种波长的光: $\lambda_1=440$nm 和 $\lambda_2=660$nm.实验发现,两种波长的谱线(不计中央明纹)第二次重合于衍射角 $\varphi=60°$ 的方向上,求此光栅的光栅常数.

7-42 用一个 1.0mm 内有 500 条刻痕的平面透射光栅观察钠光的光谱($\lambda=589$nm),设透镜焦距 $f=1.00$m.求:(1)光线垂直入射时,最多能看到第几级光谱;(2)光线以入射角 30° 入射时,最多能看到第几级光谱;(3)若用白光垂直照射光栅,第一级光谱的线宽度.

7-43　波长为 600nm 的单色光垂直入射在一光栅上,第二级主极大出现在 $\sin\varphi=0.20$ 处,第四级缺级.试问(1)光栅上相邻两缝的间距是多少?(2)光栅上狭缝的宽度有多大?(3)在 $-90°<\varphi<90°$ 范围内,实际呈现的全部级数.

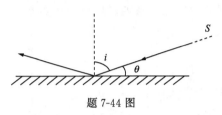

题 7-44 图

7-44　测得一池静水的表面反射出来的太阳光是线偏振光,求此时太阳处在地平线的多大仰角处(水的折射率为 1.33)?

7-45　使自然光通过两个偏振化方向相交 60° 的偏振片,透射光强为 I_1,今在这两个偏振片之间插入另一偏振片,它的方向与前两个偏振片均成 30° 角,则透射光强为多少?

7-46　一束光是自然光和线偏振光的混合,当它通过一偏振片时,发现透射光的强度取决于偏振片的取向,其强度可以变化 5 倍,求入射光中两种光的强度各占总入射光强度的几分之几.

第 *8* 章　狭义相对论

19 世纪后期,人们根据经典时空观解释与光的传播等问题有关的一些实验或天文观察的事实时,导致一系列尖锐的矛盾.为此爱因斯坦提出了一种新的时空观和高速(可与光速相比拟的)运动物体的运动规律,对以后物理学的发展起着重大作用.爱因斯坦于 1905 年提出狭义相对论,又于 1915 年建立广义相对论.前者只适用于惯性系,后者则推广到非惯性系.

狭义相对论是近代物理学的理论基础之一,是关于物质运动与时间、空间关系的理论.它指出了普适常量 c(光速)在自然规律中所起的作用,并且表明时间、空间及运动之间存在着密切的联系.

广义相对论是满足狭义相对论要求的引力理论.这个理论比牛顿万有引力定律和牛顿第二定律更为精确地描述了宇宙万物之间的引力相互作用规律,对于引力较弱和物体运动速度较低的情况,牛顿理论才与广义相对论近似一致。

相对论的创立第一次改变了传统的绝对的时空观念,确立了对称性在物理学中的地位.著名物理学家杨振宁写道:"狭义相对论强调对称性,事实上是建立在洛伦兹对称性和洛伦兹不变性的基础上的,而这种对称性是 20 世纪物理学最重要的概念."

本章介绍狭义相对论的基本内容,即狭义相对论的基本原理、洛伦兹变换、相对论时空观以及相对论动力学的主要结论.

8.1　经典力学相对性原理　牛顿力学时空观

8.1.1　经典力学相对性原理

为了描述物体的机械运动,需要选择适当的参考系,牛顿运动定律适用的参考系称作惯性系,相对于某惯性系做匀速直线运动的参考系都是惯性系.力学运动定律对所有的惯性系都适用,也就是说,力学现象对于不同的惯性系,都遵循同样的规律,在研究力学规律时,所有的惯性系都是等价的,没有一个参考系比别的参考系具有绝对的或优越的地位,这就是经典力学的相对性原理(即伽利略相对性原理).

8.1.2　牛顿力学时空观

经典力学的相对性原理指出,力学规律在所有的惯性系中都具有相同的结构和形式,各个惯性系都是等价的,不存在特殊的惯性系.同时,伽利略变换保证了力学规律在不同惯性系中具有相同的形式,即力学规律对伽利略变换具有协变性.

伽利略变换反映了牛顿力学的经典时空观念,概括起来,牛顿力学的时空观具有如下特点:

(1) **时间间隔的绝对性**:两个事件在不同的惯性系中的时间差是相等的,从而一个事件所经历的时间在不同的惯性系中也是相同的,即时间间隔是绝对的,与参考系无关.

(2) **空间间隔的绝对性**:在不同惯性系中测量同一物体长度,所得长度相同,即空间间隔是绝对的,与参考系无关.

上述经典时空观认为,自然界存在着与物质运动无关的绝对时间和绝对空间,时间和空间也彼此独立、互不相关的.于是,同时性、时间间隔和空间间隔都具有绝对性,它们均与参考系的相对运动无关.

8.2　狭义相对论基本原理　洛伦兹变换

8.2.1　狭义相对论两条基本原理

爱因斯坦认为,自然界是对称的,一切物理现象包括电磁现象理应和力学现象一样,满足相对性原理,即在不同惯性系中所有的物理学定律及其数学表达式都应保持相同的形式.因此,在一个惯性系内部,无论是力学实验还是电磁学实验或其他物理实验,都无法确定该惯性系作匀速直线运动的速度.1905 年,爱因斯坦不受经典力学绝对时空观的束缚,提出了狭义相对论的两个基本假设(也称基本原理).

（1）**爱因斯坦相对性原理：在所有惯性系中，物理定律的表达形式都相同.** 爱因斯坦推广了力学相对性原理，使它不仅适用于力学规律，而且也适用于至少包括电磁学在内的物理规律.这就表明，所有惯性系对物理规律的描述都是等价的，不论设计力学实验，还是电磁学实验，去寻找特殊惯性系是没有意义的.

（2）**光速不变原理：在所有惯性系中，光在真空中的速率都等于恒量 c.** 光速不变原理表明，真空中的光速具有绝对性，它与光源和观察者的运动以及光的传播方向都无关，即光速不依赖于惯性系的选择.显然，这个结论与伽利略变换是不相容的.

8.2.2　洛伦兹变换

下面我们寻求满足相对性原理及光速不变原理的新的时空变换式.

设有两个惯性系 S 和 S'，坐标系 $Oxyz$ 和 $O'x'y'z'$ 分别固定在 S 和 S' 上，它们的坐标轴互相平行，且 x 和 x' 轴重合，如图 8-1 所示.设 S' 系沿 x 轴方向以恒定速率 u 相对于 S 系运动.并且当它们的原点 O 与 O' 重合的时刻，$t=t'=0$.本章后面用到的 S,S' 系及 $Oxyz$ 和 $O'x'y'z'$ 的定义与此相同.

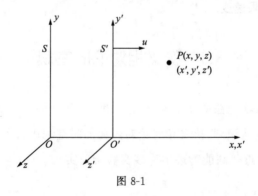

图 8-1

设在惯性系 S 系中有一事件 P 发生于 (x,y,z,t) 处，同一事件在惯性系 S' 系中则发生于 (x',y',z',t') 处.在 S 系和 S' 系之间该事件的时空坐标变换式为

$$\begin{cases} x' = \gamma(x - ut) \\ y' = y \\ z' = z \\ t' = \gamma\left(t - \dfrac{u}{c^2}x\right) \end{cases} \quad \text{或} \quad \begin{cases} x = \gamma(x' + ut') \\ y = y' \\ z = z' \\ t = \gamma\left(t' + \dfrac{u}{c^2}x'\right) \end{cases} \tag{8-1}$$

式中, γ 称为相对论因子.令 $\beta = u/c$,则 γ 可写成

$$\gamma = \frac{1}{\sqrt{1-\beta^2}} = \frac{1}{\sqrt{1-\dfrac{u^2}{c^2}}} \tag{8-2}$$

式(8-1)称为洛伦兹(H.A.Lorentz)时空坐标变换式,简称洛伦兹变换.不难看出,在洛伦兹变换中的时间坐标和空间坐标有关.这说明,在相对论中,时间和空间的测量相互不能分离,这与伽利略变换是截然不同的.

由洛伦兹变换可以得到以下结论:

(1) 当 $u \ll c$ 时, $\beta \rightarrow 0$,洛伦兹变换式即过渡到伽利略变换式.这说明经典的伽利略变换是洛伦兹变换在低速(速度远小于 c)条件下的近似.洛伦兹变换是一种普适的时空坐标变换,它既适用于高速运动的物体,也适用于低速运动的物体,但伽利略变换只适用于低速运动的物体.

(2) 在洛伦兹变换式中, $\sqrt{1-\beta^2}$ 必须是实数才有意义,这就要求 $\beta = u/c \leqslant 1$,即 $u \leqslant c$.因此可得:任何实际物体都不能作超光速运动.或者说,真空中光速是一切实际物体运动的极限速度.

8.3   狭义相对论时空观

在本节中,将从洛伦兹变换出发,讨论长度、时间和同时性等基本概念.从所得结果,可以更清楚地认识到,狭义相对论对经典的时空观进行了一次十分深刻的变革.这些结论后来被近代高能物理中许多实验所证实.

8.3.1   长度收缩

设一细杆 AB 静止于 S' 系,并沿 $O'x'$ 轴放置.如图 8-2 所示,细杆端点的坐标分别为 x_1' 和 x_2',则杆的长度为 $l_0 = x_2' - x_1'$. l_0 是在相对物体静止的惯性系中测得的长度,通常称为固有长度(或原长).因杆相对 S 系运动,所以 S 系应同时测出两端点坐标.设测量时刻为 t,则由洛伦兹变换,有

$$\begin{cases} x_1' = \gamma(x_1 - ut) \\ x_2' = \gamma(x_2 - ut) \end{cases}$$

所以

$$x'_2 - x'_1 = \gamma (x_2 - x_1)$$

即

$$l_0 = \gamma l$$

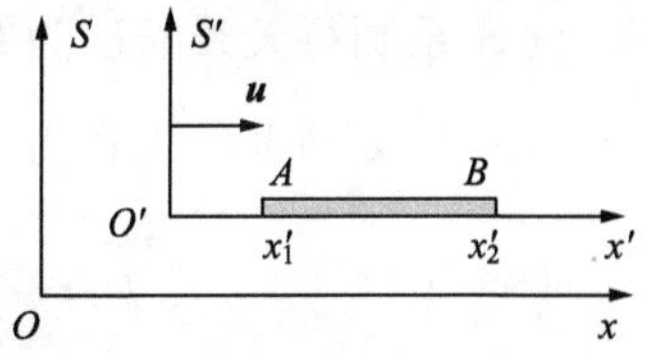

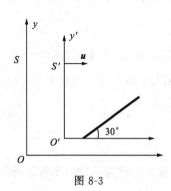

图 8-2

也就是

$$l = \frac{l_0}{\gamma} = l_0 \sqrt{1 - \frac{u^2}{c^2}} \tag{8-3}$$

上式即为长度的相对论公式.公式表明,长度是相对的.相对于物体静止的惯性系中测得的长度(固有长度)最长,而在相对该物体运动的惯性系中测得的长度为固有长度的 $1/\gamma$,即运动杆的长度缩短了.这种效应称为长度收缩或洛伦兹收缩.

需要注意的是:

(1)长度收缩是纯粹的相对论效应,并非物体发生了形变或者发生了结构性质的变化;

(2)在狭义相对论中,所有惯性系都是等价的,所以,在 S 系中 x 轴上静止的杆,在 S' 系上测得的长度也缩短了;

(3)相对论长度收缩只发生在物体运动方向上(因为 $y'=y, z'=z$);

(4)$u \ll c$ 时,$l=l_0$,即为经典情况.

例题 8.1　某飞船上安装有 1m 长的天线,天线以 30°倾角伸出船体.求当飞船以 $0.6c$ 速度水平飞行时,地面观察者测得的天线长度及其与船体的交角.

　　解　以地面为 S 系,飞船为 S' 系,天线为运动物体,如图 8-3 所示.依题意,S' 系测得的天线长度为固有长度,其值 $l'=l_0=1$m,固有交角 $\theta'=30°$,而 $u=0.6c$,算出

$$\gamma = \frac{1}{\sqrt{1 - \dfrac{u^2}{c^2}}} = \frac{1}{\sqrt{1 - \dfrac{(0.6c)^2}{c^2}}} = 1.25$$

图 8-3

天线在 S' 系坐标轴上的投影为

$$l_x' = l_0 \cos\theta' = \frac{\sqrt{3}}{2}\text{m}, \quad l_y' = l_0 \sin\theta' = \frac{1}{2}\text{m}$$

设 S 系测得天线长度为 l,交角为 θ.因长度缩短只发生在运动方向上,所以天线在 S 系坐标轴上的投影为

$$l_x = \frac{l_x{}'}{\gamma} = \frac{2\sqrt{3}}{5}\text{m}, \quad l_y = l_y{}' = \frac{1}{2}\text{m}$$

由此得到天线长度为

$$l = \sqrt{l_x^2 + l_y^2} = \sqrt{\left(\frac{2\sqrt{3}}{5}\right)^2 + \left(\frac{1}{2}\right)^2} = 0.854(\text{m})$$

天线的倾角为

$$\theta = \arctan\left(\frac{l_y}{l_x}\right) = 59°39'$$

由此可见,对地面观测者来说,运动着的斜置天线的长度缩短了,而倾角则因其在 Ox 方向投影的缩短而增大了.

8.3.2 时间膨胀(或运动的时钟变慢)

在与前面相同的 S 和 S' 系中,讨论时间膨胀问题.设在 S' 系中同一地点不同时刻发生两事件,时空坐标为 (x_0', t_1'),(x_0', t_2'),时间间隔为 $\Delta t' = t_2' - t_1'$,在 S 系上测得两个事件的时空坐标为 (x_1, t_1),(x_2, t_2),(这里 $x_1 \neq x_2$,S' 在运动).在 S 系上测得两个事件发生的时间间隔为

$$\Delta t = t_2 - t_1 = \gamma\left(t_2' + \frac{u}{c^2}x_0'\right) - \gamma\left(t_1' + \frac{u}{c^2}x_0'\right) = \gamma(t_2' - t_1') = \frac{\Delta t'}{\sqrt{1 - \frac{u^2}{c^2}}}$$

通常把 S' 系中同一地点先后发生的两个事件之间的时间间隔 $\Delta t'$ 称为固有时间,用 τ_0 表示,而 S 系中测得的同样两个事件之间的时间间隔 Δt 用 τ 表示.于是可将上式写成

$$\tau = \frac{\tau_0}{\sqrt{1 - \frac{u^2}{c^2}}} = \gamma\tau_0 \tag{8-4}$$

由上可知,相对于事件发生地点做相对运动的惯性系 S 中测得的时间比相对于事件发生地点为静止的惯性系 S' 中测得的时间要长,即时间膨胀了.换句话说,一时钟由一个与它做相对运动的观察者来观察时,就比由与它相对静止的观察者观察时走得慢.

值得注意的是:

（1）时间膨胀纯粹是一种相对论效应,时间本身的固有规律(例如,钟的结构)并没有改变.

（2）在 S 系上测得 S' 系上的钟慢了,同样在 S' 系上测得 S 系上的钟也慢了.它是相对论的结果.

（3）$u \ll c$ 时,$\tau \approx \tau_0$,即在低速情况下,时间间隔与参考系无关,时间间隔具有绝对性,这正是经典时空观对时间间隔的认识.

例题 8.2 设想有一光子火箭以 $u=0.95c$ 的速率相对地球作匀速直线运动,若火箭上宇航员的计时器记录火箭飞行了 10min,则地球上的观察者认为火箭飞行了多少时间?

解 由题意,计时器相对宇航员静止,故测得的时间为固有时,即 $\tau_0=10$min,但计时器相对地球运动,所以地球上观察者测得的时间为

$$\tau = \gamma\tau_0 = \frac{\tau_0}{\sqrt{1-\dfrac{u^2}{c^2}}} = \frac{10\text{min}}{\sqrt{1-0.95^2}} = 32\text{min}$$

例题 8.3 π^+ 介子静止时平均寿命 $\tau_0=2.6\times10^{-8}$s(衰变为 μ 子与中微子).用高能加速器把 π^+ 介子加速到 $v=0.75c$.求:实验室测得 π^+ 介子平均一生最长行程.

解 按经典理论

$$l = v\tau_0 = 5.85\text{m}$$

相对论考虑时间膨胀效应.

τ_0 为固有时间,实验室测得运动的 π^+ 介子平均寿命

$$\tau = \frac{\tau_0}{\sqrt{1-\dfrac{v^2}{c^2}}} = \frac{\tau_0}{\sqrt{1-0.75^2}} = 1.51\tau_0$$

实验室测得 π^+ 介子平均一生最长行程为

$$l = v\tau = 8.83\text{m}$$

8.3.3 同时的相对性

按牛顿力学,时间是绝对的,因而同时性也是绝对的,这就是说,在同一个惯性系 S 中观察的两个事件是同时发生的,在惯性系 S' 看来也是同时发生的.但按相对论理论,正如长度和时间不是绝对的一样,同时性也不是绝对的.下面论证此问题.

如前面所取得的坐标系 S 和 S'，在 S' 系中发生两个事件，时空坐标为 (x_1',t_1')，(x_2',t_2')，此两个事件在 S 系中时空坐标为 (x_1,t_1)，(x_2,t_2).当 $t_1'=t_2'=t_0'$ 时，则在 S' 系中是同时发生的，在 S 系中测得此两个事件发生的时间间隔为

$$\Delta t = t_2 - t_1 = \gamma\left(t_2'+\frac{u}{c^2}x_2'\right) - \gamma\left(t_1'+\frac{u}{c^2}x_1'\right) = \gamma\left[(t_2'-t_1') + \frac{u}{c^2}(x_2'-x_1')\right]$$

若 $t_1'=t_2'$，$x_1'\neq x_2'$，则 $\Delta t = \gamma\frac{u}{c^2}(x_2'-x_1')\neq 0$，即在 S 系中测得此两个事件一定不是同时发生的.

若 $t_1'=t_2'$，$x_1'=x_2'$，则 $\Delta t=0$，即在 S 系中测得此两个事件一定是同时发生的.

若 $t_1'\neq t_2'$，$x_1'\neq x_2'$，则 Δt 是否为零不一定，即在 S 系中测得此两个事件是否同时发生不一定.

从以上讨论中看到了"同时"是相对的.这与经典力学截然不同.

8.4　狭义相对论动力学的基本结论

在牛顿经典力学中，描述质点动力学规律的基本方程是牛顿第二定律

$$\boldsymbol{F} = \frac{\mathrm{d}\boldsymbol{P}}{\mathrm{d}t} = m\frac{\mathrm{d}\boldsymbol{v}}{\mathrm{d}t}$$

式中质点的质量 m 为一个与速度无关的常量.按照这一认识，当质点受到与其运动方向一致的力持续作用时，其速度最终可以超过光速 c，这与洛伦兹变换给出的 c 是一切物体的极限速度相矛盾.因此，经典的动力学要作相应的改变，使它满足以下两个要求：(1)满足狭义相对论的相对性原理及光速不变原理；(2)当质点速率 $v\ll c$ 时，过渡到牛顿力学的公式，即要求牛顿力学是当 $v\ll c$ 时相对论力学的一级近似.

8.4.1　质量与速度的关系

理论上可以证明，以速率 v 运动的物体，其质量为

$$m = \frac{m_0}{\sqrt{1-\frac{v^2}{c^2}}} = \gamma m_0 \tag{8-5}$$

式中,m_0 为相对观察者静止时测得的质量,称为静止质量,m 为物体以速率 v 运动时的质量.可见物体的质量随其速率的增大而增大.

由质速关系不难看出,当 $v \ll c$ 时,$m \approx m_0$,还原为牛顿力学的质量.当 $v = c$ 时,只有 $m_0 = 0$ 才有意义.这表明,以光速运动的粒子(如光子)静止质量为零.换言之,静止质量为零的粒子不能静止.另外,$v > c$ 时,将出现虚质量,这是没有意义的.这表明,物体的运动速率不可能超过光速.

8.4.2 相对论动力学的基本方程

在相对论力学中,动量仍用 $\boldsymbol{p} = m\boldsymbol{v}$ 定义,只是这里的 m 应为相对论质量,即

$$\boldsymbol{p} = m\boldsymbol{v} = \frac{m_0 \boldsymbol{v}}{\sqrt{1 - \dfrac{\boldsymbol{v}^2}{c^2}}} = \gamma m_0 \boldsymbol{v} \tag{8-6}$$

当有外力 $\boldsymbol{F}$ 作用于质点时,相对论动力学的基本方程为

$$\boldsymbol{F} = \frac{\mathrm{d}\boldsymbol{P}}{\mathrm{d}t} = \frac{\mathrm{d}(m\boldsymbol{v})}{\mathrm{d}t} = \boldsymbol{v}\,\frac{\mathrm{d}m}{\mathrm{d}t} + m\,\frac{\mathrm{d}\boldsymbol{v}}{\mathrm{d}t} \tag{8-7}$$

显然,若作用于系统的合外力为零,则该系统的总动量为一守恒量.即

$$\sum_i \boldsymbol{p}_i = \sum_i m_i \boldsymbol{v}_i = \sum_i \frac{m_{0i}\boldsymbol{v}_i}{\sqrt{1 - \dfrac{\boldsymbol{v}_i^2}{c^2}}} = 常矢量 \tag{8-8}$$

当 $v \ll c$ 时,式(8-7)和式(8-8)均还原为牛顿力学的形式,即

$$\boldsymbol{F} = m\,\frac{\mathrm{d}\boldsymbol{v}}{\mathrm{d}t} = m\boldsymbol{a}$$

$$\sum_i \boldsymbol{p}_i = \sum_i m_i \boldsymbol{v}_i = \sum_i m_{0i}\boldsymbol{v}_i = 常矢量$$

容易看出,相对论的质量和动量的概念,以及相对论的动力学基本方程和动量守恒定律具有普遍的意义,而牛顿力学则是相对论力学在物体低速运动条件下很好的近似.

8.4.3 质量与能量的关系

1.相对论动能

设一质点在变力作用下,由静止开始沿 x 轴做一维运动.当质点的速率为 v

时,它所具有的动能等于外力所做的功

$$E_k = \int F_x \, \mathrm{d}x = \int \frac{\mathrm{d}p}{\mathrm{d}t} \mathrm{d}x = \int v \, \mathrm{d}p$$

利用 $\mathrm{d}(pv) = p\,\mathrm{d}v + v\,\mathrm{d}p$ 上式变为

$$E_k = pv - \int_0^v p \, \mathrm{d}v$$

将式(8-6)代入上式得

$$E_k = \frac{m_0 v^2}{\sqrt{1 - \dfrac{v^2}{c^2}}} - \int_0^v \frac{m_0 v^2}{\sqrt{1 - \dfrac{v^2}{c^2}}} \mathrm{d}v$$

$$= \frac{m_0 v^2}{\sqrt{1 - \dfrac{v^2}{c^2}}} + m_0 c^2 \sqrt{1 - \frac{v^2}{c^2}} - m_0 c^2$$

$$= mv^2 + mc^2 \left(1 - \frac{v^2}{c^2}\right) - m_0 c^2$$

$$E_k = mc^2 - m_0 c^2 \tag{8-9}$$

式(8-9)为相对论动能表达式.当 $v \ll c$ 时,利用二项式公式,有

$$E_k = (m - m_0) c^2 = \left(\frac{1}{\sqrt{1 - \dfrac{v^2}{c^2}}} - 1\right) m_0 c^2$$

$$= \left\{\left[1 + \frac{1}{2}\left(\frac{v}{c}\right)^2 + \frac{3}{8}\left(\frac{v}{c}\right)^4 + \cdots\right] - 1\right\} m_0 c^2$$

$$\approx \left[\left(1 + \frac{1}{2}\frac{v^2}{c^2}\right) - 1\right] m_0 c^2 = \frac{1}{2} m_0 v^2$$

结果表明,牛顿力学的动能表达式是相对论力学动能表达式在物体低速运动条件下的近似.

2.质能关系式

在式(8-9)中,mc^2 与 $m_0 c^2$ 有能量的含义.爱因斯坦引入经典力学中从未有过的独特见解,他认为 mc^2 是物体运动时具有的能量,而 $m_0 c^2$ 则为物体静止时具有的能量,简称静能 E_0.静能 $m_0 c^2$ 等于物体中所有微观粒子的动能与相互作用的势能之和,而 mc^2 既包括静能,还包括该物体运动的动能 E_k,因此它是物体的总能量

E,即

$$
\begin{cases}
E = mc^2 \\
E_0 = m_0 c^2
\end{cases}
\tag{8-10}
$$

式(8-10)称为**相对论质能关系式**,它是狭义相对论的一个重要结论,具有重要意义.它揭示了物质的基本属性质量和能量之间的内在联系,即一定的质量总是相应地联系着一定的能量.说明任何能量的改变同时有相应质量的改变($\Delta E = \Delta mc^2$),而任何质量改变的同时,一定有相应的能量的改变,两种改变是同时发生的.但需要指出的是,决不能把质能关系式错误地理解为质量与能量可以相互转化,更不能说质量就是能量.质量和能量是物体的两种不同属性,质量是物质惯性的量度,能量是物质运动的量度,它们不仅单位不同,而且量值也不等,质量 m 乘以 c^2 才等于能量.因此,质能关系只是反映了质量与能量在数量上存在当量关系.

例题 8.4　若电子的总能量等于它静止能量的 5 倍,求电子的动量和速率.

解　设电子运动的速率为 v,动量大小为 p.依题意,$mc^2 = 5m_0 c^2$.又因为 $m = \gamma m_0$.对比可得 $\gamma = \dfrac{1}{\sqrt{1 - v^2/c^2}} = 5$,解得电子的速率为

$$
v = 0.98c
$$

电子的动量为

$$
p = mv = 5m_0 v = 5 \times 9.11 \times 10^{-31}\,\mathrm{kg} \times 0.98c = 1.34 \times 10^{-21}\,\mathrm{kg \cdot m \cdot s^{-1}}
$$

8.4.4　动量与能量的关系

由质速关系式(8-5),有

$$
m^2 \left(1 - \frac{v^2}{c^2}\right) = m_0^2
$$

上式两边同乘以 c^4,可得

$$
m^2 c^4 = m^2 c^2 v^2 + m_0^2 c^4
$$

考虑到 $p = mv$,$E = mc^2$,上式可以写成

$$
E^2 = p^2 c^2 + m_0^2 c^4
\tag{8-11}
$$

这就是相对论的动量能量关系式.

本 章 要 点

1.狭义相对论的基本原理

(1) 爱因斯坦的相对性原理:在所有惯性系中,物理定律的表达形式都相同.

(2) 光速不变原理:在所有惯性系中,光在真空中的速率都等于恒量 c ,与光源和观察者的运动无关.

2.洛伦兹坐标变换式

(只写出了正变换.把正变换中的 v 改为 $-v$,把带撇和不带撇的量作对应交换后,便可得到逆变换.)

$$x' = \frac{x - vt}{\sqrt{1 - v^2/c^2}}, \quad y' = y, \quad z' = z, \quad t' = \frac{t - vx/c^2}{\sqrt{1 - v^2/c^2}}$$

3.狭义相对论时空观

(1) “同时”的相对性:在一惯性系中同时同地的两个事件,在其他惯性系中也是同时的;同时不同地的两个事件,在其他惯性系中不一定是同时的.

(2) 长度收缩 $l = l_0 \sqrt{1 - v^2/c^2}$ (l_0 为固有长度).

(3) 时间膨胀 $\tau = \dfrac{\tau_0}{\sqrt{1 - v^2/c^2}}$ (τ_0 为固有时间).

4.相对论质量、动量、能量和动力学方程

(1) 质量 $m = \dfrac{m_0}{\sqrt{1 - v^2/c^2}}$ (m_0 为静止质量)

(2) 动量 $\boldsymbol{p} = m\boldsymbol{v} = \dfrac{m\boldsymbol{v}_0}{\sqrt{1 - v^2/c^2}}$

(3) 相对论能量 $E = mc^2$

动能 $E_k = E - E_0 = mc^2 - m_0 c^2$

动量能量关系式 $E^2 = p^2 c^2 + m_0^2 c^4$

(4) 动力学方程 $\boldsymbol{F} = \dfrac{\mathrm{d}\boldsymbol{p}}{\mathrm{d}t} = \dfrac{\mathrm{d}(m\boldsymbol{v})}{\mathrm{d}t} = \boldsymbol{v}\,\dfrac{\mathrm{d}m}{\mathrm{d}t} + m\,\dfrac{\mathrm{d}\boldsymbol{v}}{\mathrm{d}t}$

习　　题

8-1　两飞船 A、B 均沿静止参考系的 x 轴方向运动,速度分别为 v_1 和 v_2.由飞船 A 向飞船 B 发射一束光,相对于飞船 A 的速度为 c,则该光束相对于飞船 B 的速度为多少?

8-2　在狭义相对论当中,有没有以光速运动的粒子? 这种粒子的动量和能量的关系如何?

8-3　假设光子在某一惯性系中的速度等于 c,那么,是否存在这样一个惯性系,光子在这个惯性系中的速度不等于 c?

8-4　宇宙飞船相对地面以速度 u 作匀速直线运动.某时刻位于飞船头部的光信号发生器向飞船尾部发出一光脉冲,宇航员测得经过 Δt 时间尾部接收器收到此信号,则可知飞船的固有长度为(　　　)

(A) $c\Delta t$　(B) $u\Delta t$　(C) $c\Delta t\sqrt{1-\left(\dfrac{u^2}{c^2}\right)}$　(D) $\dfrac{c\Delta t}{\sqrt{1-\left(\dfrac{u^2}{c^2}\right)}}$

8-5　在地面测得一星球离地球 5 光年,宇航员欲将此距离缩为 3 光年,他乘坐的飞船相对地球的速度应是(　　　)

(A) $\dfrac{c}{2}$　　(B) $\dfrac{3c}{5}$　　(C) $\dfrac{4c}{5}$　　(D) $\dfrac{9c}{10}$

8-6　一匀质矩形薄板,在它静止时测得其长为 a,宽为 b,质量为 m_0,由此可以算出其面积密度为 m_0/ab.假定该薄板沿长度方向以接近光速的速度 v 作匀速直线运动,此时再测算该矩形薄板的面积密度为(　　　)

(A) $\dfrac{m_0\sqrt{1-\left(\dfrac{v^2}{c^2}\right)}}{ab}$　　　　(B) $\dfrac{m_0}{ab\sqrt{1-\left(\dfrac{v^2}{c^2}\right)}}$

(C) $\dfrac{m_0}{ab\left[1-\left(\dfrac{v^2}{c^2}\right)\right]}$　　　　(D) $\dfrac{m_0}{ab\left[1-\left(\dfrac{v^2}{c^2}\right)\right]^{\frac{3}{2}}}$

8-7   实验室测得粒子的总能量是其静止能量的 K 倍,则其相对实验室的运动速度为(   )

(A) $\dfrac{c}{K-1}$ (B) $\dfrac{c}{K}\sqrt{K^2-1}$ (C) $\dfrac{c}{K}\sqrt{1-K^2}$ (D) $\dfrac{c}{K}\sqrt{K+1}$

8-8   把一静止质量为 m_0 的粒子,由静止加速到 $v=0.6c$,所需做的功为(   )

(A) $0.18m_0c^2$ (B) $0.36m_0c^2$ (C) $1.25m_0c^2$ (D) $0.25m_0c^2$

8-9 A、B 两地直线距离约 500km,某时刻从两地同时各开出一列火车,设恰有一艘飞船从沿 B 到 A 联线方向以 $u=9000\text{m/s}$ 的速率飞行.问宇航员测得哪列火车先开? 提前多少时间?

8-10   惯性系 S' 相对于另一惯性系 S 沿 x 轴做匀速直线运动,取两坐标原点重合时刻作为计时起点.在 S 系中测得两事件的时空坐标分别为 $x_1=6\times10^4\text{m}$,$t_1=2\times10^{-4}\text{s}$,以及 $x_2=12\times10^4\text{m}$,$t_2=1\times10^{-4}\text{s}$.已知在 S' 系中测得两事件同时发生.试问:(1)S' 系相对 S 系的速度是多少? (2)S' 系中测得两事件的空间间隔是多少?

8-11   在惯性系 S 中,有两个事件同时发生在 xx' 轴上相距为 $1.0\times10^3\text{m}$ 的两处,从惯性系 S' 观测到这两个事件相距为 $2.0\times10^3\text{m}$,试问由 S' 系测得此两事件的时间间隔为多少?

8-12   在惯性系 S 中,某事件 A 发生在 x_1 处,经过 $2.0\times10^{-6}\text{s}$ 后,另一事件 B 发生在 x_2 处,已知 $x_2-x_1=300\text{m}$.问:(1)能否找到一个相对 S 系作匀速直线运动的参考系 S',在 S' 系中,两事件发生在同一地点? (2)在 S' 系中,上述两事件的时间间隔为多少?

8-13   一物体的速度使其质量增加了 10%,试问此物体在运动方向上缩短了百分之几?

8-14   一艘宇宙飞船的船身固有长度为 $L_0=90\text{m}$,相对于地面以 $v=0.8c$(c 为真空中光速)的匀速度在一观察站的上空飞过.试求:(1)观测站测得飞船的船身通过观测站的时间间隔是多少? (2)宇航员测得船身通过观测站的时间间隔是多少?

8-15   两个事件先后发生于惯性系甲中的同一地点,其时间间隔为 0.4s,而在惯性系乙中测得这两个时间发生的时间间隔为 0.5s,求甲、乙两惯性系之间的相对运动速率.

8-16　S' 系相对 S 系以恒速率沿 x 轴运动,在 S 系中同一时刻发生的两事件,沿 x 轴相距 2400m。而在 S' 系中的观测者测得这两事件的空间间隔为 3000m,试求这两事件在 S' 系中测得的时间间隔是多少?

8-17　π 介子在静止参考系中的平均寿命为 $\tau_0 = 2.5 \times 10^{-8}$ s,在实验室内测得某一 π 介子在它一生中行进的距离为 375m。求此 π 介子相对实验室参考系的运动速度。

8-18　回旋加速器可使质子获得 5.4×10^{-11} J 的动能,问质子的质量可达其静止质量的多少倍? 质子的速率可达多少?

第**9**章　量子物理基础

　　相对论和量子力学是二十世纪初的重大理论成果,是近代和现代物理学的两大理论支柱.相对论适用于高速运动的物体,已在上一章做了初步介绍,量子力学讨论的是微观粒子(线度小于 10^{-10} m)运动规律及物质微观结构的理论.微观粒子与宏观物体不同,其突出的特点是具有明显的波粒二象性和量子性.

　　本章主要研究内容有:光和实物粒子的波粒二象性、波函数及其遵从的薛定谔方程以及反映微观粒子运动特征的不确定关系.此外还将介绍氢原子的量子特征和原子中的电子分布等.

9.1　黑体辐射　普朗克能量子假设

9.1.1　热辐射　黑体辐射基本规律

　　实验表明,任何物体在任何温度下都在发射各种波长的电磁波,这是由于组成物体的原子受到热激发而发生电磁辐射的结果.原子的动能越大,通过碰撞引起原子激发的能量就越高,从而辐射电磁波的波长就越短.原子热运动的动能与温度有关,因此电磁辐射的波长分布与温度有关,也就是说,在不同温度下物体能发出不同波长的电磁波,只是在不同温度下发出各种电磁波的能量按波长有不同的分布.这种能量按波长分布随温度变化的电磁辐射叫做**热辐射**.热辐射不一定需要高温,任何温度的物体都发出一定的热辐射.

　　为了定量地描述热辐射的性质,需要引入"**单色辐射本领**"(也叫**单色辐出度**)的概念.单位时间内,温度为 T 的物体单位面积上发出的波长在 λ 附近单位波长间隔所辐射的能量.通常用 $M_{B\lambda}(T)$ 表示.它的 SI 制单位为瓦每平方米,记作 W·m^{-2}.

　　任何物体在任何温度下,不但能辐射电磁波,还能吸收电磁波.理论和实验表明辐射本领大的表面,吸收本领也大,反之亦然.物体表面越黑吸收本领越大,辐射本领也越大.能全部吸收投射到其上的各种波长的电磁波的物体称为绝对黑体,简称黑体.

在自然界,绝对黑体是不存在的,但可以人工制造一种理想黑体的模型.如图 9-1,用任何不透明材料做成一个(有很小开口)的空腔就是一个相当理想的黑体.这是因为从外界射入小孔的电磁辐射,在空腔内经过多次反射后被腔壁吸收,几乎没有电磁波再从小孔出来.

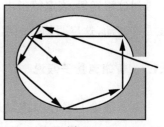

图 9-1

单色辐出度 $M_{B\lambda}(T)$ 随波长变化关系的实验曲线如图 9-2 所示.容易看出,在任何确定温度下,黑体对不同波长的辐射本领是不同的,在某一波长值 λ_m 处 $M_{B\lambda}(T)$ 有一极大值,温度升高时,极大值向短波方向移动,同时曲线向上抬高并变得更为尖锐.

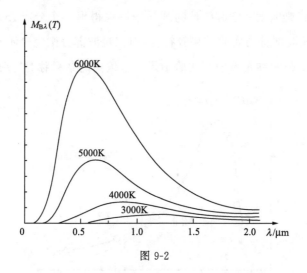

图 9-2

由实验曲线可得黑体辐射的**总辐射本领**(简称**辐出度**)与黑体温度的四次方成正比,即

$$M_B(T) = \int_0^\infty M_{B\lambda}(T)\,\mathrm{d}\lambda = \sigma T^4 \tag{9-1}$$

实验测得 $\sigma = 5.760 \times 10^{-8}\,\mathrm{W \cdot m^{-2} \cdot K^{-4}}$,称为斯特藩常量.这规律称为**斯特藩-玻尔兹曼定律**.从该定律可以看出,黑体的辐出度随温度的升高而迅速增大.

1893 年,维恩又得到了公式

$$T\lambda_m = b \tag{9-2}$$

式中,b 是与温度无关的常量,由实验确定,其值为 $b=2.898\times10^{-3}\,\mathrm{m\cdot K}$.(9-2)称为**维恩位移定律**.该定律指出,绝对温度升高时,黑体的单色辐出度的最大值向短波方向移动,这表明物体的温度越高,热辐射中最强辐射的波长就越短.

9.1.2　普朗克量子假说

要从理论上解释黑体辐射定律,就必须从理论上找出黑体的单色辐射本领 $M_{B\lambda}(T)$ 与 λ,T 的具体函数形式.19 世纪末,许多物理学家企图从经典物理学出发,导出符合实验结果的 $M_{B\lambda}(T)$ 的函数表达式,结果都失败了.1896 年,维恩从经典的热力学和麦克斯韦速度分布律出发,得出维恩公式,这个公式在短波部分与实验结果符合得很好,但是在长波范围内就有较大的偏差,如图 9-3 所示.1900 年,瑞利和金斯根据经典电动力学和统计物理学理论也得出一个分布公式,这个公式在图 9-3 所示的长波部分与实验结果较符合,而在短波部分则完全不符,物理学史上把这个经典理论公式在短波段与实验结果严重偏离的结果称为"紫外灾难".

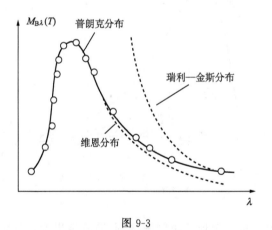

图 9-3

1900 年,德国物理学家普朗克运用经典统计理论和电磁理论,导出一个与实验结果非常符合的公式

$$M_{B\lambda}(T)=2\pi hc^2\lambda^{-5}\frac{1}{e^{hc/\lambda kT}-1} \tag{9-3}$$

称为**普朗克公式**.式中,c 为真空中的光速,k 为波耳兹曼常数.

为导出这个公式,普朗克提出了与经典物理完全不同的**能量子假设**:

(1) 辐射黑体是由许多带电的线性简谐振子所组成,这些简谐振子辐射或吸收电磁波,并和周围的电磁场交换能量;这些谐振子的能量可取值只能是某一最小能量 ε 的整数倍,即

$$\varepsilon, 2\varepsilon, 3\varepsilon, 4\varepsilon, \cdots, n\varepsilon$$

n 为**量子数**,它只能取正整数,ε 叫**能量子**,简称**量子**.这种能量不连续的现象称为能量量子化.

(2) 对于频率为 ν 的谐振子,最小能量为

$$\varepsilon = h\nu \tag{9-4}$$

式中,h 为普朗克常量,其值为 $h = 6.63 \times 10^{-34}$ J·s.由此可见,谐振子吸收或辐射的能量只能是 $h\nu$ 的整数倍.

普朗克提出的能量量子化假说打破了经典物理认为能量是连续的概念,首次提出量子的概念,不仅成功地解释了黑体辐射现象,而且打开了人们认识微观世界的大门,开创了物理学的新时代.因此,人们把 1900 年,普朗克提出的量子假设作为量子论的起点,普朗克也因此获得了 1918 年诺贝尔物理学奖.

例题 9.1　某物体辐射频率为 6.0×10^{14} Hz 的黄光,这种辐射的能量子的能量是多少?

解　根据普朗克能量子公式,辐射黄光过程中最小能量单元的能量是

$$\varepsilon = h\nu = 6.63 \times 10^{-34} \times 6.0 \times 10^{14} = 4.0 \times 10^{-19} \text{J}$$

9.2　光的量子性

9.2.1　光电效应

光射到金属的表面时,有电子从金属表面逸出,这种现象称为**光电效应**.通过对光电效应的研究揭示出光具有粒子性.

研究光电效应的实验装置如图 9-4 所示,K 是光电管阴极、A 是阳极,二者封在真空玻璃管内,构成一个光电管.入射光束通过窗口照射在阴极 K 上,从阴极上放射出的电子(称为**光电子**)在阳极与阴极间的电场中受到加速,向阳极移动而形

成电流(称为**光电流**).实验结果表明,光电效应有如下基本规律:

1. 饱和电流

在一定光强照射下,光电流 I 随加在光电管两端电压 U 的增大,趋近一个饱和值,称为**饱和电流**.(图 9-5 是某单色光照射下的光电伏安特性曲线).实验表明,饱和电流与入射光的强度成正比.即单位时间内自金属表面逸出的光电子数与入射光的强度成正比.

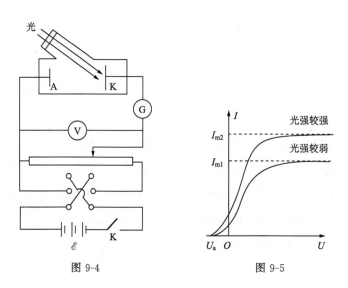

图 9-4   图 9-5

2. 遏止电压

从图 9-5 所示的实验曲线可以看出,当电势差 U 减小到零时,光电流 I 并不等于零,仅当电势差 U 变为负值时(实验时利用换向开关换向),光电流 I 才迅速减小为零.这表明溢出金属后具有最大初动能的光电子也不能到达阳极 A,该电势差 U_a 称为**截止电压**(或遏止电压).此时有

$$\frac{1}{2}mv_m^2 = e|U_a| \tag{9-5}$$

式中,m 为电子质量,e 是电子电荷的绝对值,v_m 为光电子的初速度上限.

3. 截止频率

如果改变入射光的频率 ν,遏止电压 U_a 随之改变.实验表明:当入射光频率小于某个最小值 ν_0 时,不论光强多强、照射时间多长,都没有光电流.ν_0 称为**截止频**

率(或称红限频率).ν_0 的大小因金属而异,对同一种金属,ν_0 是恒定值.图 9-6 给出了三种金属的遏止电压与入射光频率的关系曲线,其函数关系可表示为:

$$|U_a| = K(\nu - \nu_0) \qquad (9\text{-}6)$$

显然,曲线的斜率 K 是一个与材料性质无关的普适常量.对不同金属,ν_0 不同;而对于同一金属,ν_0 恒定.

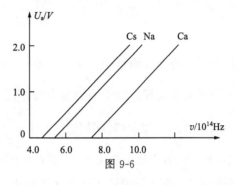

图 9-6

4. 瞬时性

当入射光束照射在光电管阴极上时,无论光强怎样微弱,几乎在照射的同时就产生了光电子,弛豫时间最多不超过 10^{-9} s.

应用经典电磁波理论无法圆满解释光电效应现象.不论入射光的频率如何,物质中的电子在电磁波作用下总能获得足够能量而逸出,因而不应存在红限频率;逸出电子的初动能应随入射光强的增大而增大,与入射光的频率无关;如果入射光的光强很小,那么物质中的电子必须经过较长时间的积累,才有足够能量而逸出,因而不应具有瞬时性.可见,经典的电磁理论不能解释光电效应现象.

9.2.2　爱因斯坦光子假说

爱因斯坦首先提出光子的概念,爱因斯坦认为,一束光是一束光子流,频率为 ν 的光束中每一个光子的能量为

$$E = h\nu \qquad (9\text{-}7)$$

式中,h 是普朗克常量,光子不能再分割,而只能整个地被吸收或产生出来.这就是**爱因斯坦的光子假说**.

按照光子假说,当光子照射到物体上时,金属中的电子要么吸收一个光子,要么就完全不吸收,正因为金属中的电子能够一次全部吸收入射光子,所以光电效应的产生无需积累能量的时间.如果电子吸收的能量 $h\nu$ 足够大,能克服脱离金属表面时的逸出功 W(移出一个电子所需要的能量),那么电子就可以离开金属表面逃逸出来,成为光电子,这就是光电效应.根据能量守恒定律,有

$$hv = \frac{1}{2}mv^2 + W = eU_a + W \tag{9-8}$$

这个式子称为**爱因斯坦光电效应公式**.式中,$W = hv_0$ 是逸出功,$\frac{1}{2}mv^2$ 是逸出光电子的最大初动能。对于一定的金属,产生光电效应的最小光频率(截止频率或称红限频率)为 v_0,相应的红限波长为 $\lambda_0 = \frac{c}{v_0} = \frac{hc}{W}$.入射光的强弱意味着光子流密度大小,光强大表明光子流密度大,在单位时间内金属吸收光子的电子数目多,从而饱和电流大.式(9-7)说明了频率 v 和遏止电压 U_a 成线性关系.这样,由爱因斯坦的光子假说就可以合理的解释光电效应实验规律.

9.2.3 光的波粒二象性

光在真空中的速度为 c,也就是光子的速度为 c,所以需要用相对论来处理光子的质量、能量和动量问题.由于光子的静止质量 $m_0 = 0$,由相对论能量与动量的关系式

$$E^2 = p^2c^2 + m_0^2c^4$$

所以光子动量和能量关系式为

$$E = pc$$

其动量也可以写成

$$p = \frac{E}{c} = \frac{hv}{c} = \frac{h}{\lambda} \tag{9-9}$$

因为

$$E = mc^2, \quad E = hv$$

所以,光子的运动质量为

$$m = \frac{hv}{c^2} \tag{9-10}$$

综上所述,式(9-7)、(9-9)和式(9-10)将描述光子粒子性的量(E、p 和 m)与描述光的波动性的量(v 和 λ)联系在一起了.近代物理中关于光的本质的统一认识是:**光既具有波动性,又有粒子性,即光具有波粒二象性.**

9.3 康普顿散射

1920 年美国物理学家康普顿(A. H. Compton)在研究 X 射线被碳、石蜡等物

质散射现象时,再一次证实了爱因斯坦的光
子假说.

　　图 9-7 是康普顿实验装置的示意图.由单
色 X 射线源发出的波长为 λ_0 的 X 射线,投射
到散射物石墨上发生散射,实验发现:

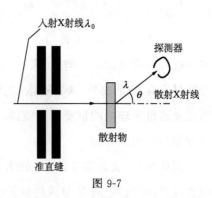

图 9-7

　　(1) 在被散射的 X 射线中除了有与入射
X 射线波长 λ_0 相同的射线外,还有波长大于
λ_0 的射线.

　　(2) 波长差 $\Delta\lambda = \lambda - \lambda_0$ 随散射角 θ 的增加而增大.

　　(3) 在同一个散射角下,若用不同元素作散射物质,波长的变化量 $\Delta\lambda$ 相同.

　　应用经典的电磁理论,能够解释波长不变的散射,却无法解释波长变化的散射
现象.

　　康普顿利用光子假说成功解释了康普顿散射现象.根据光子理论,X 射线的散
射可以看成是单个光子与单个电子之间的弹性碰撞.

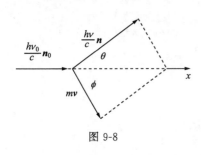

图 9-8

碰撞前光子的动量为 $\dfrac{h\nu_0}{c}$.光子与静止电子
碰撞后,一定要把一部分动量给予电子,于是光
子动量变为 $\dfrac{h\nu}{c}$,而电子发生了反冲.图 9-8 表示
了一个光子与一个静止电子发生完全弹性碰撞
过程.由能量和动量守恒定律有

$$\begin{cases} \dfrac{h\nu_0}{c} = \dfrac{h\nu}{c}\cos\theta + mv\cos\phi \\[2mm] \dfrac{h\nu}{c}\sin\theta = mv\sin\phi \\[2mm] h\nu_0 + m_0 c^2 = h\nu + mc^2 \end{cases}$$

式中,m 和 m_0 分别是电子的运动质量和静止质量.可以推导出

$$\Delta\lambda = \frac{h}{m_0 c}(1 - \cos\theta) = \lambda_c(1 - \cos\theta) \tag{9-11}$$

式中,$\lambda_c = \dfrac{h}{m_0 c}$ 叫康普顿波长,以电子的质量代入,可得电子的康普顿波长为

$\lambda_c = 2.43 \times 10^{-3}$ nm.

由式(9-11)可见,波长的变化与散射物质种类无关,仅与散射角 θ 有关,且随着散射角的增加,$\Delta\lambda$ 也增大,当 $\theta = 0$ 时,散射光波长不变,式(9-11)与康普顿的实验结果完全相符.此外,康普顿散射实验充分证明了爱因斯坦光子假说的正确性,也是光的量子理论的重要实验依据,并证明了在微观粒子的运动中,能量和动量守恒定律仍然是成立的.

例题 9.2 波长为 0.10nm 的 X 射线在碳块上散射.从与入射光线成 90°的方向去观察,则(1)散射 X 射线的波长改变了多少? (2)反冲电子的动能为多少?

解 (1) 根据波长变化公式

$$\Delta\lambda = \frac{h}{m_0 c}(1 - \cos\theta) = \lambda_c (1 - \cos\theta)$$

$$= 2.43 \times 10^{-3} \times (1 - \cos 90°) \text{ nm}$$

$$= 2.43 \times 10^{-3} \text{ nm}$$

(2) 用 E_k 表示反冲电子的动能,则由能量守恒定律,并代入有关数据,可得

$$E_k = mc^2 - m_0 c^2 = h\nu_0 - h\nu = hc\left(\frac{1}{\lambda_0} - \frac{1}{\lambda}\right)$$

$$= hc\left(\frac{1}{\lambda_0} - \frac{1}{\lambda_0 + \Delta\lambda}\right)$$

$$= 4.73 \times 10^{-17} \text{ J}$$

反冲电子所获得的能量等于入射光子损失的能量.

9.4 实物粒子的波动性

9.4.1 德布罗意物质波

我们已经知道,光具有波粒二象性,光的波动性和粒子性是光运动特性的不同表现.1924 年法国青年物理学家德布罗意在光的波粒二象性的启发下,提出了一个大胆的假设:**不仅光具有波粒二象性,一切实物粒子如电子、原子、分子等都具有波粒二象性**.他认为:一个质量为 m、速度为 v 的自由粒子,可用能量 E 和动量 P 来描述它的粒子性,还可以用频率 v 和波长 λ 来描述它的波动性.它们之间的关系

如同光子与光波的关系一样,即

$$E = h\nu \tag{9-12}$$

$$P = \frac{h}{\lambda} \tag{9-13}$$

上式称为**德布罗意公式**,这种波称为**德布罗意波或物质波**.

以电子为例,电子经过电场加速后,设加速电压为 U,在电子的速度 $v \ll c$ 的情况下,有

$$\frac{1}{2} m_0 v^2 = eU,$$

或

$$v = \sqrt{\frac{2eU}{m_0}}$$

由(9-13)式,得

$$\lambda = \frac{h}{m_0 v} = \frac{h}{\sqrt{2em_0}} \sqrt{\frac{1}{U}} = \frac{1.225}{\sqrt{U}} \text{nm}$$

若 $U = 150\text{V}$,则 $\lambda = 0.1\text{nm}$,与 X 射线波长同数量级,可见粒子的德布罗意波长一般非常短,在通常实验条件下很难发现电子的波动性.

德布罗意提出物质波假设后,很快在实验上得到证实.1927 年戴维孙和革末做了电子衍射实验,使电子束在镍单晶表面散射,通过探测器测得电子束的强度分布,实验结果证实了电子的波动性.

9.4.2　德布罗意波的统计解释

对实物粒子波动性的解释是 1926 年玻恩首先提出来的.爱因斯坦从统计学的观点解释了光的强度问题:光强的地方,光子到达的概率大,而光弱的地方,光子到达的概率小.玻恩用同样的观点解释了戴维孙—革末实验的电子衍射图样,认为衍射图样上出现亮条纹处电子出现的概率大,暗纹处则概率小.对其他粒子也是一样.个别粒子在何处出现,具有一定的偶然性;但对大量粒子,其空间分布却服从一定的统计规律.这就是实物粒子德布罗意波的统计解释,物质波的这种统计解释合理地将粒子的波动性和粒子性统一起来.

9.5　薛定谔方程

9.5.1　不确定关系

按照经典力学理论,宏观粒子总是沿着一定轨道运动,粒子的位置和动量可以同时确定.如果知道了粒子所受的力和初始条件,还可以知道它在以后任意时刻的位置和动量,但对于微观粒子,情况则不相同.大量实验事实证明了微观粒子具有波粒二象性,这是与宏观粒子完全不同的属性,因此,描述微观粒子的物理图像具有与经典概念完全不同的特点.

1927 年,德国物理学家海森伯提出,微观粒子不像宏观粒子那样具有确定的运动轨道,而且,其坐标和动量不能同时被测定.如果粒子位置测量越准确,则对粒子动量测量越不准确.这与测量仪器的精确度和测量技术的完善程度没有关系,而是由微观粒子的波粒二象性本质所决定的.如果粒子被限制在 x 轴上做一维运动,海森伯用一个简单的数学公式表示微观粒子的这一属性,即

$$\Delta x \cdot \Delta p_x \geqslant \hbar \tag{9-14}$$

这就是**海森伯不确定关系**.这一关系式表明,当一个粒子的位置完全确定时,即 $\Delta x = 0$,则 $\Delta p \to \infty$,即粒子的动量完全无法确定;同样,当粒子的动量完全确定时,其位置的不确定性为无穷大,即可以在空间任意位置处出现.不确定关系可以通过对电子单缝衍射实验现象的分析,并利用德布罗意关系式得出,也可以用量子力学的方法对其进行严格证明.

当粒子的运动不是一维的而是三维的时候,关系式(9-14)在 x、y、z 三个方向上都成立,即

$$\Delta x \cdot \Delta p_x \geqslant \hbar \tag{9-15a}$$

$$\Delta y \cdot \Delta p_y \geqslant \hbar \tag{9-15b}$$

$$\Delta z \cdot \Delta p_z \geqslant \hbar \tag{9-15c}$$

9.5.2　波函数

在经典物理中可以用运动方程来描述粒子的运动状态,并以此来确定粒子任

意时刻的位置和速度.但对于电子、中子、质子等微观粒子,它们不但具有粒子性,而且具有波动性,这就无法再用经典方法来描述其运动状态了.

1925 年,奥地利物理学家薛定谔提出用波函数来描述微观粒子的运动状态.波函数通常用 Ψ 表示.Ψ 一般是时间和空间的函数,即 $\Psi = \Psi(x,y,z,t)$.只要知道了粒子的波函数,描述粒子运动的其他的物理量都可以确定.由玻恩对物质波的统计解释可知,t 时刻在空间某处 (x,y,z) 附近的体积元 $dV = dxdydz$ 内测到粒子的概率应该正比于 $|\Psi|^2 dV$.因此,波函数模的平方 $|\Psi|^2 = \Psi\Psi^*$ 表示 t 时刻在 (x,y,z) 附近单位体积元内粒子出现的概率,称为**概率密度**,波函数描写的波又称为**概率波**.

在任一时刻粒子必定要出现在空间某一点,考虑到概率的意义,在任一时刻粒子在全空间出现的概率应该等于 1.所以,波函数应满足

$$\iiint_{\infty} |\Psi|^2 dV = 1 \tag{9-16}$$

这就是波函数的**归一化条件**.

由于在某一时刻空间任一点粒子出现的概率应该是唯一的,而且应该是有限的,概率不能在某处发生突变,也不能在某点变为无穷大,所以波函数必须满足**单值、连续、有限**三个条件,一般被称为波函数的**标准条件**.

9.5.3　薛定谔方程

在经典力学中,如果知道物体受力情况及初始条件,由牛顿运动方程可以求出物体在任一时刻的运动状态.在量子力学中,一个微观粒子的运动用波函数 $\Psi(x,y,z,t)$ 来描述,那么波函数随时间和空间的变化规律是什么? 在不同的条件下,波函数具有怎样的形式? 这是量子力学需要研究的问题.1926 年,薛定谔建立了有势场中微观粒子的波函数所满足的微分方程,称为**薛定谔方程**,该方程成功地解决了上述问题.薛定谔方程是量子力学的基本方程,如同经典力学的牛顿运动方程一样,不能由其他基本原理导出,它的正确性只能凭借它对一些问题的解答与实验结果相符合来验证.下面我们对该方程做一简要介绍.

对于一个质量为 m、能量为 E、动量为 p、沿 x 方向运动的自由粒子,根据德布罗意关系,与粒子相联系的频率 ν 和波长 λ 都应是定值,就它的波动性来说,可

以用下列平面波表示为

$$y(x,t)=A\cos 2\pi\left(\nu t-\frac{x}{\lambda}\right)=A\cos\frac{1}{\hbar}(Et-px) \tag{9-17a}$$

如果用波函数表示,则有

$$\Psi(x,t)=\Psi_0 e^{-i2\pi\left(\nu t-\frac{x}{\lambda}\right)}=\Psi_0 e^{-i\frac{1}{\hbar}(Et-px)} \tag{9-17b}$$

以上两式利用了(9-12)和(9-13)式.

将式(9-17b)对 x 取二阶偏导数,对 t 取一阶偏导数,分别得

$$\frac{\partial^2\Psi}{\partial x^2}=-\frac{p^2}{\hbar^2}\Psi \tag{9-18a}$$

$$\frac{\partial\Psi}{\partial t}=-\frac{i}{\hbar}E\Psi \tag{9-18b}$$

如果粒子在势能为 $V(x,t)$ 的势场中运动,粒子的动能为 E_k,在非相对论情况下,粒子的能量表示为 $E=E_k+V(x,t)=\frac{p^2}{2m}+V(x,t)$,将此关系式代入式(9-18b),并利用(9-18a),可以得到

$$i\hbar\frac{\partial\Psi}{\partial t}=-\frac{\hbar^2}{2m}\frac{\partial^2\Psi}{\partial x^2}+V(x,t)\Psi \tag{9-19}$$

这就是粒子在一维空间势场中运动的**含时薛定谔方程或称薛定谔方程**.若粒子在三维空间的势场 $V(\boldsymbol{r},t)$ 中运动,则可将式(9-19)推广为

$$i\hbar\frac{\partial\Psi}{\partial t}=-\frac{\hbar^2}{2m}\nabla^2\Psi+V(\boldsymbol{r},t)\Psi \tag{9-20}$$

式中 $\nabla^2=\frac{\partial^2}{\partial x^2}+\frac{\partial^2}{\partial y^2}+\frac{\partial^2}{\partial z^2}$ 称为拉普拉斯算符.式(9-20)是非相对论性的**含时间薛定谔方程**,它适合于一切微观粒子.

如果粒子在不随时间变化的势场中运动,即势函数只是空间的函数,而不含时间,也就是 $V=V(\boldsymbol{r})$.这种情况下,系统的能量不随时间变化,系统的状态称为**定态**.描写定态的波函数可以表示为

$$\Psi=\Psi(\boldsymbol{r},t)=\Psi(\boldsymbol{r})\cdot e^{-\frac{i}{\hbar}Et} \tag{9-21}$$

将式(9-21)代入式(9-20),经整理得到

$$\nabla^2\Psi(\boldsymbol{r})+\frac{2m}{\hbar^2}(E-V)\Psi(\boldsymbol{r})=0 \tag{9-22}$$

这是粒子在三维空间中运动的**定态薛定谔方程**.

薛定谔方程是量子力学的基本方程,也是量子力学的基本假设之一,其作用相当于牛顿方程在经典物理中的地位.量子力学对粒子的研究,最终归结为求解各种条件下的薛定谔方程的解.不同条件下势函数 V 的形式不同,波函数的解也不尽相同.

9.6　氢原子理论

9.6.1　氢原子光谱的实验规律

原子光谱反映了原子内部结构的重要信息,也是研究原子结构的重要方法之一.氢原子是结构最简单的原子,它的光谱也最简单.图 9-9 是氢原子光谱图,图中 H_α、H_β、H_γ 和 H_δ 表示可见光范围内的四条谱线.

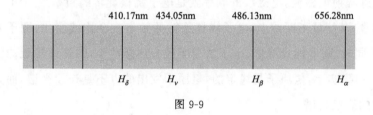

410.17nm　434.05nm　　　486.13nm　　　　656.28nm

H_δ　　　H_ν　　　　　H_β　　　　　H_α

图 9-9

1885 年,瑞士物理学家巴耳末发现可以用简单的数学公式表示这四条谱线的波长

$$\lambda = B \frac{n^2}{n^2 - 2^2}, \quad n = 3,4,5,6 \tag{9-23}$$

式中,$B = 364.57\text{nm}$,将 n 的数值分别代入(9-23)式,就可以算出 H_α、H_β、H_γ 和 H_δ 的波长,与实验值非常符合.式(9-23)称为**巴耳末公式**.后来实验上还观察到相当于 n 为其他正整数的谱线,这些谱线连同上面的四条谱线,统称为氢原子光谱的**巴耳末线系**.

1890 年,瑞典物理学家里德伯为解释原子光谱的规律性,对原子结构进行了广泛研究,他发现整个氢原子光谱的谱系可以表示为

$$\tilde{\nu} = \frac{1}{\lambda} = R \left(\frac{1}{k^2} - \frac{1}{n^2} \right) \quad (n > k) \tag{9-24}$$

式中,$\tilde{\nu}$ 为**波数**;R 称为里德伯常量;n 和 k 都是正整数.

　　氢原子光谱中,除了可见光的巴耳末系外,在紫外区、红外区和远红外区发现了其他线系,它们的波数公式也有类似的形式,这些线系有

$$\text{莱曼系:} \bar{\nu} = \frac{1}{\lambda} = R\left(\frac{1}{1^2} - \frac{1}{n^2}\right), n = 2,3,4,\cdots$$

$$\text{帕邢系:} \bar{\nu} = \frac{1}{\lambda} = R\left(\frac{1}{3^2} - \frac{1}{n^2}\right), n = 4,5,6,\cdots$$

$$\text{布拉开系:} \bar{\nu} = \frac{1}{\lambda} = R\left(\frac{1}{4^2} - \frac{1}{n^2}\right), n = 5,6,7,\cdots$$

$$\text{普丰德系:} \bar{\nu} = \frac{1}{\lambda} = R\left(\frac{1}{5^2} - \frac{1}{n^2}\right), n = 6,7,8,\cdots$$

式中,$R = 1.096776 \times 10^7 \text{ m}^{-1}$ 称为里德伯常量.

　　按照经典电磁波理论,核外电子在库伦力作用下的匀速圆周运动是加速运动,会不断向外辐射电磁波,电磁波的频率就是电子绕核旋转的频率.由于电子不断往外辐射能量,其能量不断减少,电子绕核旋转的频率就会连续变化,原子光谱应该是连续的.同时,随着能量降低,电子轨道半径会逐渐减小,并逐渐接近原子核直至最后湮灭.但事实上,氢原子是稳定的,氢原子发出的也不是连续光谱,而是具有一定规律性的线状光谱.

9.6.2　玻尔的氢原子理论

　　为了解决上述矛盾,丹麦物理学家玻尔于 1913 年提出了三条假设,即**玻尔的氢原子理论**,这三条基本假设为

　　1.定态假设

　　原子系统存在一系列不连续的能量状态,处于这些状态的原子中的电子只能在一定的轨道上绕核作圆周运动,但不辐射能量.这些状态为原子系统的稳定状态,简称定态,相应的能量只能是不连续的值 $E_1, E_2, E_3, \cdots (E_1 < E_2 < E_3 \cdots)$.

　　2.频率假设

　　当原子从一个较大能量 E_n 的定态跃迁到另一个较低能量 E_k 的定态时,原子辐射出一个光子,其频率由下式决定

$$h\nu = E_n - E_k \tag{9-25}$$

式中,h 为普朗克常量.反之,当原子处于较低能量 E_k 的定态时,吸收一个能量为 $h\nu$ 的光子,则可跃迁到较高能量 E_n 的定态,频率假设也称**频率条件**.式(9-25)实际上是光辐射或吸收时的能量守恒定律.

3.轨道角动量量子化假设

电子在半径为 r 的稳定圆轨道上运动时,其轨道角动量 L 必须等于 $\dfrac{h}{2\pi}$ 的整数倍,即

$$L = mvr = n\frac{h}{2\pi} = n\hbar, \quad n = 1,2,3,\cdots \tag{9-26}$$

式中,$\hbar = 1.055 \times 10^{-34} \mathrm{J \cdot s}$,读作"$h\text{-}bar$",称为**约化普朗克常量**;$n$ 为正整数,称为**量子数**.式(9-26)称为**角动量量子化条件**.

玻尔根据上述假设计算了氢原子在稳定态中的轨道半径和能量.他认为,原子核不动,电子以核为中心作半径为 r_n、速率为 v_n 的圆周运动,电子质量为 m,向心加速度为 $\dfrac{v_n^2}{r_n}$,向心力为库仑引力,根据牛顿第二定律有

$$m\left(\frac{v_n^2}{r_n}\right) = \frac{e^2}{4\pi\varepsilon_0 r_n^2} \tag{9-27}$$

上式与玻尔的轨道角动量量子化条件(9-26)式结合后,有

$$r_n = n^2\left(\frac{\varepsilon_0 h^2}{\pi m e^2}\right) = n^2 r_1 \tag{9-28}$$

式中,$r_1 = \dfrac{\varepsilon_0 h^2}{\pi m e^2} = 0.0529\mathrm{nm}$,称为**第一玻尔轨道半径**,是氢原子核外电子最小的轨道半径.

电子在第 n 个轨道上的总能量是动能和势能之和,即

$$E_n = \frac{1}{2}mv_n^2 - \frac{e^2}{4\pi\varepsilon_0 r_n}$$

由(9-27)式可知

$$\frac{1}{2}mv_n^2 = \frac{e^2}{8\pi\varepsilon_0 r_n}$$

将以上两式结合,并将 r_n 的值代入,得

$$E_n = -\frac{e^2}{8\pi\varepsilon_0 r_n} = -\frac{1}{n^2}\left(\frac{me^4}{8\varepsilon_0^2 h^2}\right) \qquad (9-29)$$

$n = 1, 2, 3, \cdots$，可见能量是量子化的.这些分立的能量值 $E_1, E_2, E_3, \cdots$ 称为**能级**.当 $n = 1$ 时,得

$$E_1 = -\left(\frac{me^4}{8\varepsilon_0^2 h^2}\right) = -13.6\text{eV}$$

则有

$$E_n = -\frac{13.6}{n^2}\text{eV} \qquad (9-30)$$

当取 $n = 1$ 时,氢原子处于最低能级 E_1,也就是电子处于第一轨道上.这个最低能级对应的状态叫做**基态**.当 $n = 2, 3, 4, \cdots$,对应的能量分别为 $E_2, E_3, E_4 \cdots$,分别称为第一激发态、第二激发态…….当电子从基态到脱离原子核的束缚所需要的能量称为**电离能**.可见,氢原子的电离能为 13.6eV.

根据玻尔的频率条件,则

$$\nu = \frac{E_n - E_k}{h} = \frac{me^4}{8\varepsilon_0^2 h^3}\left(\frac{1}{k^2} - \frac{1}{n^2}\right), \quad n > k$$

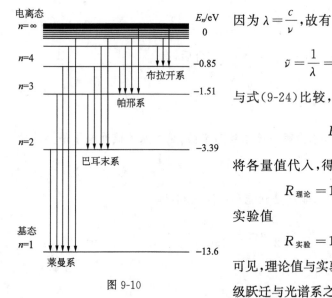

图 9-10

因为 $\lambda = \frac{c}{\nu}$,故有

$$\tilde{\nu} = \frac{1}{\lambda} = \frac{me^4}{8\varepsilon_0^2 h^3 c}\left(\frac{1}{k^2} - \frac{1}{n^2}\right) \qquad (9-31)$$

与式(9-24)比较,得到里德伯常量

$$R = \frac{me^4}{8\varepsilon_0^2 h^3 c}$$

将各量值代入,得理论值

$$R_{理论} = 1.097373 \times 10^7\,\text{m}^{-1}$$

实验值

$$R_{实验} = 1.096776 \times 10^7\,\text{m}^{-1}$$

可见,理论值与实验值符合得非常好.氢原子能级跃迁与光谱系之间的关系如图 9-10 所示.

例题 9.3 计算氢原子的电离能和第一激发能.

解 由氢原子能级公式

$$E_n = -\frac{13.6}{n^2}\text{eV}$$

有电离能　　　　　　$E_{电离} = E_\infty - E_1 = 0 - \left(-\frac{13.6}{1^2}\right) = 13.6\text{eV}$

第一激发能为　　　　$E_2 - E_1 = \left(-\frac{13.6}{2^2}\right) - \left(-\frac{13.6}{1^2}\right) = 10.2\text{eV}$

　　例题 9.4　以动能为 12.1eV 的电子通过碰撞使基态氢原子激发时,最高能激发到哪一能级? 当回到基态时能产生哪些谱线? 分别属于什么线系?

　　解　设氢原子全部吸收 12.1eV 的能量后最高能激发到第 n 个能级,则

$$E_n - E_1 = \left(-\frac{13.6}{n^2}\right) - \left(-\frac{13.6}{1^2}\right) = 12.1\text{eV}$$

解得 $n=3$,所以氢原子最高能激发到 $n=3$ 的能级,于是将产生三条谱线

当 n 从 $3\rightarrow1:\bar\nu_1 = \text{R}\left(\frac{1}{1^2} - \frac{1}{3^2}\right) = \frac{8}{9}R, \lambda_1 = \frac{9}{8R} = 102.6\text{nm}$,莱曼系;

当 n 从 $2\rightarrow1:\bar\nu_1 = \text{R}\left(\frac{1}{1^2} - \frac{1}{2^2}\right) = \frac{3}{4}R, \lambda_1 = \frac{4}{3R} = 121.6\text{nm}$,莱曼系;

当 n 从 $3\rightarrow2:\bar\nu_1 = \text{R}\left(\frac{1}{2^2} - \frac{1}{3^2}\right) = \frac{5}{36}R, \lambda_1 = \frac{36}{5R} = 656.3\text{nm}$,巴尔末系.

9.6.3　玻尔理论的成功和局限性

　　玻尔的氢原子理论成功地解释了氢原子光谱的实验规律,提出了原子系统能量量子化的概念和角动量量子化的概念.玻尔首次提出了定态假设和能级跃迁确定谱线频率的假设,这在现代量子力学理论中仍然是两个重要的基本概念.

　　但是,玻尔理论也有很大的局限性,如只能对只有一个价电子的原子或离子,即类氢离子光谱线进行计算,对其他稍微复杂的原子就无能为力了;另外,它无法计算谱线的强度、宽度、偏振性等问题;玻尔虽然指出经典物理不适用于原子内部,但仍采用经典物理的思想和处理方法.例如,把电子看作经典粒子做轨道运动,轨道半径和能量公式的推导完全是经典物理的方法,没有涉及微观粒子的本质特性(波粒二象性).玻尔理论是经典理论加上量子条件的混合物,因此它远不是一个完善的理论,必然被后来发展起来的量子力学所代替.

9.6.4 氢原子光谱规律的量子力学解释

利用薛定谔方程可以求解氢原子的能级表达式,应用这一结果很容易解释氢原子光谱的基本规律.在氢原子中,电子处在原子核的有心力场中做三维运动.取原子核所在位置为坐标原点,r 为电子离核的距离,则电子的势函数为

$$V(r) = -\frac{e^2}{4\pi\varepsilon_0 r}$$

这里的 $V(r)$ 不随时间变化.将上式代入式(9-22),电子的定态薛定谔方程为

$$\nabla^2 \Psi(r) + \frac{2m}{\hbar^2}\left(E + \frac{e^2}{4\pi\varepsilon_0 r}\right)\Psi(r) = 0 \tag{9-32}$$

这是一个复杂的微分方程,本书略去上式的具体求解过程,只给出一些重要的结果.

1.能量量子化

在求解方程过程中,要使波函数 $\Psi(r)$ 满足单值、连续、有限的条件,当氢原子核外电子处于束缚态时,电子的能量必须为负值,而且只能取一些不连续的值,即

$$E_n = -\frac{1}{n^2}\left(\frac{me^4}{8\varepsilon_0^2 h^2}\right), \quad n = 1,2,3,\cdots \tag{9-33}$$

式中的 n 为**主量子数**.这与玻尔的能级公式(9-29)式是完全相符,但上式是在求解方程过程中自然得到的,没有任何假设.根据主量子数 n,便可给出电子的能级.

2.角动量量子化

在求解方程过程中,给出电子的轨道角动量 $\boldsymbol{L}$ 大小也是量子化的,即

$$L = \sqrt{l(l+1)}\,\hbar, \quad l = 0,1,2,\cdots,(n-1) \tag{9-34}$$

式中,l 称为**角量子数**或**副量子数**.角量子数描写了波函数的空间对称性.对于一定的主量子数 n,l 共有 n 个可能值.

3.角动量的空间取向量子化

电子在绕核旋转时,其角动量 $\boldsymbol{L}$ 在空间的取向是不连续的,只能取一些特定的方向,称为**角动量的空间量子化**.设外磁场的方向为 z 方向,以 L_z 表示 $\boldsymbol{L}$ 在外磁场方向投影的大小,则

$$L_z = m_l\hbar, \quad m_l = 0,\pm 1,\pm 2,\cdots,\pm l \tag{9-35}$$

式中，m_l 称为**磁量子数**. 对于一定的角量子数 l，m_l 可取 $2l+1$ 个值，即角动量在空间取向有 $2l+1$ 种可能.

以上三个量子化条件是在求解薛定谔方程的过程中自然得出的，其结果已被实验所证实.

4. 电子的自旋 自旋磁量子数

证明电子具有自旋的典型实验是 1921 年的斯特恩(O.Stern)-盖拉赫(W. Gerlach)实验，图 9-11 为实验装置. 从原子射线源 O 射出一束原子，然后，使之通过由电磁铁所形成的不均匀磁场，最后射到底片 P 上. 实验结果表明，无外磁场时，底片上只有一条痕迹；当外磁场很强时，底片上出现了两条痕迹. 但是，实验用的原子是处于基态的银原子，相应的角量子数 $l=0$，因而磁量子数 m_l 只能取 0，即角动量在磁场方向的投影应该只有一个值，而实验结果显示角动量在外磁场方向的投影却有两个值. 那么，如何解释上述实验现象？

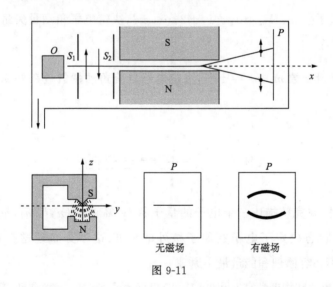

图 9-11

1925 年乌伦贝克(G.E.Uhlenbeck)和古德斯米特(S.A.Goudsmit)提出了电子自旋假说圆满地解释了上述现象. 电子自旋假说认为：

(1) 每个电子都有自旋，电子自旋角动量 S 的大小为

$$S = \sqrt{s(s+1)}\,\hbar = \sqrt{\frac{1}{2}\left(\frac{1}{2}+1\right)}\,\hbar = \frac{\sqrt{3}}{2}\hbar \qquad (9\text{-}36)$$

s 称为**自旋量子数**,它只有一个值,$s = \dfrac{1}{2}$.

(2) 自旋角动量 S 在空间任意方向(通常指外磁场方向)上的分量只可能取两个值

$$S_z = m_s \hbar, \quad m_s = \pm \dfrac{1}{2} \tag{9-37}$$

m_s 称为**自旋磁量子数**,它是描述电子自旋角动量在空间取向量子数.

由于电子具有自旋,相应地有自旋角动量和自旋磁矩,当银原子的价电子处于基态时,虽然其旋转角动量为 0,但其自旋角动量和自旋磁矩不为 0,电子的自旋磁矩出现平行和反平行于外磁场的两个指向,因此银原子射线分成两束,在底片上出现两条分裂的痕迹.

总结起来,氢原子中电子的运动状态由四个量子数 n、l、m_l 和 m_s 来描述:

(1) 主量子数 n:$n = 1, 2, 3, \cdots$,决定原子中电子的能量 E_n;

(2) 角量子数 l:$l = 0, 1, 2, \cdots, (n-1)$,决定电子绕核运动角动量的大小;

(3) 磁量子数 m_l:$m_l = 0, \pm 1, \pm 2, \cdots, \pm l$,决定电子角动量矢量在外磁场中的方向和大小;

(4) 自旋量子数 m_s:$m_s = \pm \dfrac{1}{2}$,决定电子自旋角动量矢量在外磁场中的方向和大小.

9.7　原子的壳层结构

如上所述,要完整描述一个电子的量子状态,需要用 (n, l, m_l, m_s) 四个量子数,正是这些状态决定了电子在原子核外的分布.这一分布还遵循两条基本原则——泡利不相容原理和能量最小原理.

1925 年,奥地利物理学家泡利(W.Pauli)根据原子光谱的研究成果,提出一个所谓**泡利不相容原理**,可叙述为:在原子系统内,不可能有两个或两个以上电子处于同一状态中,即不可能有两个或两个以上的电子具有完全相同的四个量子数 (n, l, m_l, m_s).

根据泡利不相容原理,给定主量子数 n 后,角量子数 l 可以有 n 个不同的取值;当 l 确定后,m_l 的可能值有 $2l+1$ 个;当 n, l, m_l 都确定后,m_s 只有两个可能值.由此,可以算出原子中具有相同主量子数 n 的电子数目最多为

$$Z_n = 2\sum_{l=0}^{n-1}(2l+1) = 2n^2 \qquad\qquad (9\text{-}38)$$

1916 年,德国物理学家柯塞尔(W.Kossel)对多电子原子的核外电子提出了想象化的壳层分布模型.他认为主量子数 n 不同的电子分布在不同的壳层上,对应于 $n=1,2,3,4,5,6,7,\cdots$ 状态的壳层分别用 $K,L,M,N,O,P,Q,\cdots$ 表示.主量子数相同而角量子数不同的电子,分布在不同的支壳层上,对应于 $l=0,1,2,3,4,5,\cdots$ 状态的支壳层分别用 $s,p,d,f,g,h,\cdots$ 来表示.

由式(9-38)可得,$n=1$ 的 K 壳层最多容纳 2 个电子,这两个电子属于 K 壳层的 s 支壳层($l=0$),通常标记为 $1s^2$;$n=2$ 的 L 壳层最多容纳 8 个电子,其中,有 2 个电子属于 L 壳层的 s 支壳层($l=0$),记作 $2s^2$;另外 6 个电子在 L 壳层的 p 支壳层($l=1$)上,记作 $2p^6$.

泡利不相容原理只确定了每个壳层所能容纳的最多电子数,但电子究竟填充那个壳层,还要符合**能量最小原理**:原子处于正常状态时,其中每个电子都趋向占据最低的能级.也就是说,电子壳层的填充是从能量最低的壳层开始的,然后依次向能量较高的壳层填充.能级的高低基本上是由主量子数 n 决定的,n 越小,能级越低.根据能量最小原理,电子一般按 n 由小到大的次序填入各能级.但由于能级还与角量子数 l 有关,所以有些情况下会发生能级交错现象,这样会导致 n 较小的壳层尚未填满时,n 较大的壳层已经开始有电子填入.针对这种情况,我国的科学工作者总结出以下规律:对于原子的外层电子,能级的高低由 $(n+0.7l)$ 来决定,$(n+0.7l)$ 值越大则能级越高.根据上述方法计算的结果,电子填入各壳层的次序是:$1s2s2p3s3p4s3d4p5s4d6s4f5d6p7s6d\cdots\cdots$.

1869 年,俄国化学家门捷列夫(Mendeleev,Dmitri Ivanovich)发现了元素周期表,它是自然界的基本规律之一,反映了原子内部结构的规律性.利用上述原子中电子的壳层模型及有关的排布理论很好地解释了元素周期表所显示的规律性.

本 章 要 点

1. 黑体辐射

(1) 斯特藩-玻耳兹曼定律 $M_B(T) = \sigma T^4$

（2）维恩位移定律 $T\lambda_m = b$

（3）普朗克能量子 $\varepsilon = h\nu, h = 6.63 \times 10^{-34} \text{J} \cdot \text{s}$

2. 爱因斯坦光子理论

（1）光子能量 $E = mc^2 = h\nu$

（2）光子动量 $p = mc = h/\lambda$

（3）光子质量 $m = E/c^2 = h\nu/c^2$

（4）光子静止质量 $m_0 = 0$

（5）光电效应方程 $h\nu = \dfrac{1}{2}mv^2 + W$

（6）遏止频率 $\nu_0 = W/h$

3. 康普顿效应

波长改变公式 $\Delta\lambda = \lambda_c(1 - \cos\theta), \lambda_c = \dfrac{h}{m_0 c} = 2.43 \times 10^{-3} \text{nm}$

4. 德布罗意物质波

$$E = h\nu, \lambda = \frac{h}{p} = \frac{h}{mv}$$

5. 不确定关系

$$\Delta x \Delta p_x \geqslant h, \Delta y \cdot \Delta p_y \geqslant \hbar, \Delta z \cdot \Delta p_z \geqslant \hbar$$

6. 波函数

量子力学中用波函数描述微观粒子的运动状态，由波函数可以得知描述状态的全部物理量，波函数在空间一点的模方正比于在该点找到粒子的概率.

7. 玻尔的氢原子理论

（1）三条基本假设：①稳定态假设、②角动量量子化假设 $L = mvr = nh$、③跃迁频率假设 $\nu = \dfrac{E_n - E_k}{h}$.

（2）氢原子轨道半径和能量 $r_n = n^2 \left(\dfrac{\varepsilon_0 h^2}{\pi m e^2} \right) = 0.0529 n^2 \text{nm}$

$$E_n = -\frac{e^2}{8\pi\varepsilon_0 r_n} = -\frac{1}{n^2}\left(\frac{me^4}{8\varepsilon_0^2 h^2} \right)$$

（3）波数公式 $\tilde{\nu} = R\left(\dfrac{1}{k^2} - \dfrac{1}{n^2} \right), R = 1.097 \times 10^7 \text{m}^{-1}$

8. 氢原子的量子力学解释

量子力学对氢原子处理的结果是:原子中的电子状态有四个量子数来描述.

(1) 主量子数 n:$n=1,2,3,\cdots$,决定原子中电子的能量 E_n;

(2) 角量子数 l:$l=0,1,2,\cdots,(n-1)$,决定电子绕核运动角动量的大小;

(3) 磁量子数 m_l:$m_l=0,\pm1,\pm2,\cdots,\pm l$,决定电子角动量矢量在外磁场中的方向和大小;

(4) 自旋量子数 m_s:$m_s=\pm\dfrac{1}{2}$,决定电子自旋角动量矢量在外磁场中的方向和大小.

9. 氢原子的量子力学解释

原子按泡利原理和能量最小原理填充电子.

$$主壳层最多的电子数为 Z_n = 2\sum_{l=0}^{n-1}(2l+1)=2n^2$$

能级高低由 $(n+0.7l)$ 确定.

习　　题

9-1　已知从铝金属逸出一个电子需要 4.2eV 的能量,若用可见光投射到铝的表面,能否产生光电效应? 为什么?

9-2　在我们日常生活中,为什么觉查不到粒子的波动性和电磁辐射的粒子性?

9-3　什么是爱因斯坦的光量子假说? 光子的能量和动量与什么因素有关?

9-4　什么是光的波粒二象性?

9-5　一个光子和一个电子具有相同的波长,则(　　　)

(A) 光子具有较大的动量　　　　(B) 电子具有较大的动量

(C) 电子与光子的动量相等　　　　(D) 电子和光子的动量不确定

9-6　光电效应和康普顿效应都是光子和物质原子中的电子相互作用过程,其区别何在? 在下面几种理解中,正确的是(　　　)

(A) 两种效应中电子与光子组成的系统都服从能量守恒定律和动量守恒定律

(B) 光电效应是由于电子吸收光子能量而产生的,而康普顿效应则是由于电子与光子的弹性碰撞过程

(C) 两种效应都相当于电子与光子的弹性碰撞过程

(D) 两种效应都属于电子吸收光子的过程

9-7 氢原子从能量为 -0.85eV 的状态跃迁到激发能(从基态到激发态所需的能量)为 10.19eV 的状态时,所发射的光子的能量为(   )

(A) 2.56eV   (B) 3.41eV   (C) 4.25eV   (D) 9.95eV

9-8 欲使电子的德布罗意波长为 0.1nm,加速电压为(   )

(A) 1.5V   (B) 12.25V   (C) 150V   (D) 125.5V

9-9 若外来单色光把大量氢原子激发至第三激发态,则当氢原子跃迁回低能态时,可发出的可见光线的条数是(   )

(A) 1   (B) 2   (C) 3   (D) 4

9-10 在氢原子的 L 壳层中,电子可能具有的量子数 (n,l,m_l,m_s) 是(   )

(A) $(1,0,0,-\dfrac{1}{2})$ (B) $(2,1,-1,\dfrac{1}{2})$

(C) $(2,0,1,-\dfrac{1}{2})$ (D) $(3,1,-1,\dfrac{1}{2})$

9-11 波长为 300nm 的光照在某金属表面时,光电子能量范围从 0 到 $4\times10^{-19}\text{J}$。此金属遏止电压为 $|U_a|=$＿＿＿＿V;红限频率 $\nu_0=$＿＿＿＿Hz,(普朗克常量 $h=6.63\times10^{-34}\text{J.s}$,电子电量 $e=1.6\times10^{-19}\text{C}$).

9-12 光子波长为 λ,则其能量＝＿＿＿＿,动量的大小＝＿＿＿＿,质量＝＿＿＿＿.

9-13 设描述微观粒子运动的归一化波函数为 $\Psi(r,t)$ 则

(1) $\Psi(r,t)\Psi^*(r,t)$ 表示＿＿＿＿＿＿＿＿;

(2) $\Psi(r,t)$ 须满足的条件是＿＿＿＿＿＿＿＿;

(3) 其归一化条件是＿＿＿＿＿＿＿＿.

9-14 当主量子数 $n=3$ 时,电子角动量的可能值 $L=$＿＿＿＿＿＿＿＿.

9-15 一个原子中下列量子数(1)n,l,m;(2)n,l,m_s;(3)n,l;(4)n 相同的最多电子数分别是＿＿＿＿,＿＿＿＿,＿＿＿＿,＿＿＿＿.

9-16 钨的逸出功是 4.52eV,钡的逸出功是 2.50eV,分别计算钨和钡的截止

频率.哪一种金属可以用作可见光范围内的光电管阴极材料?（可见光频率范围
$3.85 \times 10^{14} \sim 7.69 \times 10^{14}$ Hz)

9-17　从铝中移出一个电子需要 4.2eV 的能量,今有波长为 200nm 的光投射
到铝表面。试问:(1)由此发射出来的光电子的最大动能是多少? (2)遏止电势差
是多大? (3)截止波长 λ_0?

9-18　设氢原子光谱中,由主量子数 $n=3$ 和 $n=4$ 的高能态跃迁到 $n=2$ 的定
态所发射的谱线波长分别为 λ_1 和 λ_2,求由 $n=4$ 的高能态跃迁到 $n=3$ 的定态所
发射的波长 λ 是多少? (用 λ_1 和 λ_2 表示.)

9-19　已知氢光谱的某一线系的极限波长为 364.7nm,其中有一谱线波长为
356.5nm,试由玻尔氢原子理论,求与该波长相应的始态与终态能级的能量大小。
($R=1.1 \times 10^7 \mathrm{m}^{-1}$)

9-20　在玻尔氢原子理论中,当电子由量子数 $n=5$ 的轨道跃迁到 $k=2$ 的轨
道上时,对外辐射光的波长为多少? 若再将该电子从 $k=2$ 的轨道跃迁到游离状
态,外界需要提供多少能量?

9-21　处于基态的氢原子被外来单色光照射,激发出的谱线有巴尔末线系中
的两条谱线,试求这两条谱线的波长和外来光的频率.

9-22　氦氖激光器所发红光波长为 $\lambda=6328 \times 10^{-10}$ m,谱线宽度 $\Delta\lambda=10^{-18}$ m,
求:当这种光子沿 x 轴方向传播时,它的 x 坐标的不确定量有多大?

9-23　宽度为 a 的一维无限深势阱中的波函数 $\psi(x)=\sqrt{\dfrac{2}{a}}\sin\dfrac{2\pi x}{a}$,粒子在
$x=\dfrac{5}{6}a$ 处出现的概率密度? 在 n=2 时何处发现粒子的几率最大?

9-24　已知 X 光光子能量为 0.60MeV,在康普顿散射后波长改变了 20%,求
反冲电子获得的能量和动量大小.

参 考 文 献

金仲辉,梁德余. 2006. 大学基础物理学. 北京:科学出版社

康颖. 2006. 大学物理. 北京:科学出版社

卢德馨. 2001. 大学物理学. 北京:高等教育出版社

陆果. 1997. 基础物理学. 北京:高等教育出版社

马文蔚. 2007. 物理学. 北京:高等教育出版社

毛骏健,顾牡. 2006. 大学物理学. 北京:高等教育出版社

倪光炯,王炎森,钱景华等. 1999. 改变世界的物理. 上海:复旦大学出版社

王少杰,顾牡. 2010. 新编基础物理学. 北京:科学出版社

吴百诗. 2007. 大学物理基础. 北京:科学出版社

严导淦. 2003. 物理学. 4版. 北京:高等教育出版社

张达宋. 2008. 物理学基本教程. 北京:高等教育出版社

张三慧. 2008. 大学物理学. 北京:清华大学出版社

张宇,赵远. 2011. 大学物理. 北京:机械工业出版社

赵近芳. 2008. 大学物理简明教程. 北京:北京邮电大学出版社

赵凯华,陈熙谋. 2004. 新概念物理教程　电磁学. 北京:高等教育出版社

赵晏,王雅红等. 2009. 大学物理学(下册). 北京:科学出版社

Halliday,Resnick,Walker. 2009. Physics. 北京:机械工业出版社

Olenick,Apostol,Goldstein. 2001. Beyond the Mechanical Universe. 北京:北京大学出版社

Serway,Jewett. 2008. Principles of Physics. 北京:清华大学出版社

Young H D,Freedman R A. 2009. University Physics. 北京:机械工业出版社

附　录

附录 A　希腊字母

字母	读音	字母	读音
Αα	Alpha	Νν	Nu
Ββ	Beta	Ξζ	Xi
Γγ	Gamma	Οο	Omicron
Δδ	Delta	Ππ	Pi
Εε	Epsilon	Ρρ	Rho
Ζξ	Zeta	Σσ	Sigma
Ηη	Eta	Ττ	Tau
Θθ	Theta	γυ	Upsilon
Ιι	Iota	Φφ	Phi
Κκ	Kappa	Χχ	Chi
Λλ	Lambda	Ψψ	Psi
Μμ	Mu	Ωω	Omega

附录 B 一些基本物理常数

(国际科技数据委员会基本常数组(CODATA)2002 年国际推荐值)

物理量名称	符号	数值	单位
真空中光速	c	$2.997\ 924\ 58\times10^{8}$	$m \cdot s^{-1}$
真空磁导率	μ_0	$4\pi\times10^{-7}$	$N \cdot A^{-2}$
真空电容率	ε_0	$8.854\ 187\ 817\times10^{-12}$	$C^2 \cdot N^{-1} \cdot m^{-2}$
引力常数	G	$6.672\ 42(10)\times10^{-11}$	$N \cdot m^2 \cdot kg^{-2}$
普朗克常量	h	$6.626\ 069\ 3(11)\times10^{-34}$	$J \cdot s$
元电荷	e	$1.602\ 176\ 53(14)\times10^{-19}$	C
里德伯常量	R	$109\ 737\ 31.534$	m^{-1}
电子质量	m_e	$9.109\ 382\ 6(16)\times10^{-31}$	kg
康普顿波长	λ_C	$2.426\ 310\ 238(16)\times10^{-12}$	m
质子质量	m_p	$1.672\ 621\ 71(29)\times10^{-27}$	kg
中子质量	m_n	$1.674\ 927\ 28(29)\times10^{-27}$	kg
阿伏伽德罗常量	N_A	$6.022\ 141\ 5(10)\times10^{23}$	mol^{-1}
摩尔气体常数	R	$8.314\ 472(15)$	$J \cdot mol^{-1} \cdot K^{-1}$
玻尔兹曼常量	k	$1.380\ 650\ 5(24)\times10^{-23}$	$J \cdot K^{-1}$
斯特藩-玻尔兹曼常量	σ	$5.670\ 400(40)\times10^{-8}$	$W \cdot m^{-2} \cdot K^{-4}$
原子质量常数	M_u	$1.660\ 538\ 86(28)\times10^{-27}$	kg
维恩位移定律常数	b	$2.897\ 768\ 5(51)\times10^{-3}$	$m \cdot K$
玻尔半径	a_0	$5.291\ 772\ 108(18)\times10^{-11}$	m
重力加速度	g	9.80665	$m \cdot s^{-2}$
地球质量		5.98×10^{24}	kg
地球平均半径		6.37×10^{6}	m
太阳质量		1.99×10^{30}	kg
太阳半径		6.960×10^{8}	m
地球中心到太阳中心距离		1.496×10^{11}	m

附录 C　数学基础

C.1　数学展开式

1. $\sqrt{1+x^2}=1+\dfrac{x}{2}-\dfrac{x^2}{8}+\dfrac{x^3}{16}-\cdots, -1<x<1$

2. $e^x=1+x+\dfrac{x^2}{2!}+\dfrac{x^3}{3!}+\cdots+\dfrac{x^m}{m!}+\cdots, -\infty<x<\infty$

3. $\sin x=x-\dfrac{x^3}{3!}+\dfrac{x^5}{5!}-\dfrac{x^7}{7!}+\cdots, -\infty<x<\infty$

4. $\cos x=1-\dfrac{x^2}{2!}+\dfrac{x^4}{4!}-\dfrac{x^6}{6!}+\cdots, -\infty<x<\infty$

5. $(x+y)^n=x^n+\dfrac{n}{1!}x^{n-1}y+\dfrac{n(n-1)}{2!}x^{n-2}y^2+\cdots$

C.2　二次方程式 $ax^2+bx+c=0(a\neq0)$ 的根

$$x=\frac{-b\pm\sqrt{b^2-4ac}}{2a}$$

C.3　三角恒定式

1. $\sin^2\theta+\cos^2\theta=1, \sec^2\theta=1+\tan^2\theta, \csc^2\theta=1+\cot^2\theta$

2. $\sin(\alpha\pm\beta)=\sin\alpha\cos\beta\pm\cos\alpha\sin\beta$

3. $\cos(\alpha\pm\beta)=\cos\alpha\cos\beta\mp\sin\alpha\sin\beta$

4. $\tan(\alpha\pm\beta)=\dfrac{\tan\alpha\pm\tan\beta}{1\mp\tan\alpha\tan\beta}$

5. $\sin2\theta=2\sin\theta\cos\theta$

6. $\cos2\theta=\cos^2\theta-\sin^2\theta=1-2\sin^2\theta=2\cos^2\theta-1$

7. $\tan\alpha=\dfrac{\sin\alpha}{\cos\alpha}, \tan\alpha \cdot \cot\alpha=1$

C.4　指数和对数运算

1. $a^0=1(a\neq0)$

2. $a^x a^y = a^{x+y}$, $\dfrac{a^x}{a^y} = a^{x-y}$, $(a^x)^y = a^{xy}$, $\sqrt[y]{a^x} = a^{\frac{x}{y}}$

3. $\lg(a \cdot b) = \lg a + \lg b$, $\lg \dfrac{a}{b} = \lg a - \lg b$

4. $\lg a^n = n \lg a$, $\lg \sqrt[m]{a^n} = \dfrac{n}{m} \lg a$

5. $e \doteq 2.7183$

6. $\lg e \doteq 0.4343$, $\ln 10 \doteq 2.3026$

C.5   导数基本公式

1. $\dfrac{d}{dx} x^n = n x^{n-1}$ 2. $\dfrac{d}{dx} \sin x = \cos x$

3. $\dfrac{d}{dx} \cos x = -\sin x$ 4. $\dfrac{d}{dx} e^x = e^x$

5. $\dfrac{d}{dx} \ln x = \dfrac{1}{x}$, $x \neq 0$ 6. $\dfrac{d}{dx} \sqrt[n]{x} = \dfrac{1}{n \sqrt[n]{x^{n-1}}}$

7. $\dfrac{d}{dx} \tan x = \sec^2 x$ 8. $\dfrac{d}{dx} \cot x = -\csc^2 x$

9. $\dfrac{d}{dx} a^x = a^x \ln a$ 10. $\dfrac{d}{dx} e^x = e^x$

C.6   积分公式

1. $\displaystyle\int x^n dx = \dfrac{x^{n-1}}{n+1}$, $n \neq -1$ 2. $\displaystyle\int e^x dx = e^x$

3. $\displaystyle\int \sin x \, dx = -\cos x$ 4. $\displaystyle\int \cos x \, dx = \sin x$

5. $\displaystyle\int a^x dx = \dfrac{a^x}{\ln a}$ 6. $\displaystyle\int \dfrac{dx}{x} = \ln x$

C.7   矢量

在物理学中常常遇到两种不同性质的量:标量和矢量.仅用数值即可作出充分描述的量叫做标量.如路程、质量、时间、密度、电量、电压、能量等物理量都是标量.

具有一定大小和方向且加法遵从平行四边形法则的量叫做矢量.力、速度、加速度、电场强度等均为矢量.

在数学上,某一矢量通常用带箭头的字母(例如 $\vec{A}$)或黑体字母(例如 $\boldsymbol{A}$)来表示,其大小称为矢量的模,记作 $A=|\boldsymbol{A}|$.e_A 称为矢量 $\boldsymbol{A}$ 的单位矢量,是一个方向与 $\boldsymbol{A}$ 相同、模为 1 的矢量,它还可以表示为 $\boldsymbol{A}^0$.引进了单位矢量之后,矢量 $\boldsymbol{A}$ 可以表示为 $\boldsymbol{A}=A e_A$.在作图时,我们可以在空间用一个有向线段来表示,如图 C-1 所示.线段的长度表示矢量的大小,而箭头的指向则表示矢量的方向.

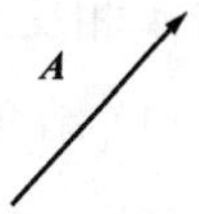

图 C-1

1.矢量的加法

设有两个矢量 $\boldsymbol{A}$ 和 $\boldsymbol{B}$,则

$$C = A + B$$

$\boldsymbol{C}$ 称为合矢量,$\boldsymbol{A}$ 和 $\boldsymbol{B}$ 称为 $\boldsymbol{C}$ 的分量.这三个矢量之间满足平行四边形法则或三角形法则,如图 C-2 所示.

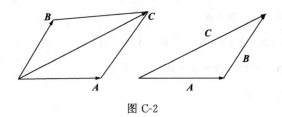

图 C-2

容易证明,矢量的加法满足如下运算规律:

(1) 交换律 $\boldsymbol{B}+\boldsymbol{A}=\boldsymbol{A}+\boldsymbol{B}$

(2) 结合律 $(\boldsymbol{A}+\boldsymbol{B})+\boldsymbol{C}=\boldsymbol{A}+(\boldsymbol{B}+\boldsymbol{C})$

2.矢量的减法

若矢量 $\boldsymbol{A}$ 和 $\boldsymbol{B}$ 的和为 $\boldsymbol{C}$ 矢量,即 $\boldsymbol{A}+\boldsymbol{B}=\boldsymbol{C}$,则矢量 $\boldsymbol{B}$ 可称作矢量 $\boldsymbol{C}$ 与 $\boldsymbol{A}$ 的矢量差,记作

$$B = C - A$$

矢量减法 $\boldsymbol{B}=\boldsymbol{C}-\boldsymbol{A}$ 是矢量加法 $\boldsymbol{A}+\boldsymbol{B}=\boldsymbol{C}$ 的逆运算.在图 C-2 中利用三角形法则,同样可由 $\boldsymbol{C}$ 和 $\boldsymbol{A}$ 画出矢量差 $\boldsymbol{B}$.

3.矢量的数乘

矢量 A 与实数 k 的乘积记作

$$kA = C$$

它的模 $|kA| = |C|$，它的方向当 $k>0$ 时，C 的方向与 A 相同，当 $k<0$ 时，C 的方向与 A 相反.矢量的数乘满足如下运算规律：

(1) 结合律 $k(\mu A) = \mu(kA) = (k\mu)A$

(2) 分配律 $(k+\mu)A = kA + \mu A$；$k(A+B) = kA + kB$

4.矢量的点乘（标积）

矢量 A 和 B 的点乘是一个标量，它等于 A 和 B 的模与其夹角余弦的乘积，记作 $A \cdot B$，运算符号用"·"表示.由上面的定义可得

$$A \cdot B = AB\cos\theta$$

其中 A、B 分别是 A、B 的模，θ 是 A、B 间的夹角.两矢量的标积也称为一个矢量在另一个矢量上的投影.矢量的点乘满足如下运算规律：

(1) 交换律 $A \cdot B = B \cdot A$

(2) 结合律 $k(A \cdot B) = (kA) \cdot B = A \cdot (kB)$

(3) 分配律 $A \cdot (B+C) = A \cdot B + A \cdot C$

5.矢量的叉乘（矢积）

矢量 A 和 B 的叉乘记作

$$A \times B = C$$

其中，$|C| = AB\sin\theta$，θ 是 A、B 间的夹角.矢量 C 的方向满足右手螺旋定则，即从 A 经由小于 $180°$ 的角转向 B 时大拇指伸直所指的方向决定.

矢量的叉积满足如下运算规律：

(1) $A \times B = -B \times A$

(2) 结合律 $k(A \times B) = (kA) \times B = A \times (kB)$

(3) 分配律 $A \times (B+C) = A \times B + A \times C$

6.矢量的导数

(1) $\dfrac{\mathrm{d}}{\mathrm{d}t}(A+B) = \dfrac{\mathrm{d}A}{\mathrm{d}t} + \dfrac{\mathrm{d}B}{\mathrm{d}t}$

（2）$\dfrac{\mathrm{d}}{\mathrm{d}t}(k\boldsymbol{A})=k\,\dfrac{\mathrm{d}\boldsymbol{A}}{\mathrm{d}t}$，$k=$恒量

（3）$\dfrac{\mathrm{d}}{\mathrm{d}t}(\boldsymbol{A}\cdot\boldsymbol{B})=\boldsymbol{A}\cdot\dfrac{\mathrm{d}\boldsymbol{B}}{\mathrm{d}t}+\dfrac{\mathrm{d}\boldsymbol{A}}{\mathrm{d}t}\cdot\boldsymbol{B}$

（4）$\dfrac{\mathrm{d}}{\mathrm{d}t}(\boldsymbol{A}\times\boldsymbol{B})=\boldsymbol{A}\times\dfrac{\mathrm{d}\boldsymbol{B}}{\mathrm{d}t}+\dfrac{\mathrm{d}\boldsymbol{A}}{\mathrm{d}t}\times\boldsymbol{B}$

习题参考答案

第 1 章　真空中的静电场

1-1　(1) 不一定

　　(2) 当 $r \to 0$ 时,带电体本身的线度不能忽略,点电荷公式已失效,不能推论 $E \to \infty$

1-2　这两种说法都不对.$+q$ 和 $-q$ 间作用力大小为 $f = \int_0^q E \mathrm{d}q = \dfrac{q^2}{2\varepsilon_0 S}$

1-3　略

1-4　(B)

1-5　(1)(2)(3)(4)说法均不一定正确

1-6　(D)

1-7　略

1-8　(1) $\boldsymbol{E} = \dfrac{\lambda}{2\pi\varepsilon_0} \dfrac{r_0}{x(r_0 - x)} \boldsymbol{i}$

　　(2) $\boldsymbol{F}_+ = \lambda \boldsymbol{E}_- = \dfrac{\lambda^2}{2\pi\varepsilon_0 r_0} \boldsymbol{i}$, $\boldsymbol{F}_- = -\lambda \boldsymbol{E}_+ = -\dfrac{\lambda^2}{2\pi\varepsilon_0 r_0} \boldsymbol{i}$

1-9　$x = 4.14 \times 10^{-2} \mathrm{m}$

1-10　$\boldsymbol{\Phi} = \pi R^2 E$

1-11　$\boldsymbol{E}(r) = \dfrac{kR^4}{4\varepsilon_0 r^2} \boldsymbol{e}_r$

1-12　$E_1 = 0 \, (r < R_1)$

　　$E_2 = \dfrac{Q_1(r^3 - R_1^3)}{4\pi\varepsilon_0(R_2^3 - R_1^3)r^2}(R_1 < r < R_2)$

　　$E_3 = \dfrac{Q_1}{4\pi\varepsilon_0 r^2}(R_2 < r < R_3)$

　　$E_4 = \dfrac{Q_1 + Q_2}{4\pi\varepsilon_0 r^2}(r > R_3)$

1-13　(1) $E_1 = 0$

(2) $E_2 = \dfrac{\lambda}{2\pi\varepsilon_0 r}$

(3) $E_3 = 0$

1-14　$\dfrac{Q^2}{8\pi\varepsilon_0 d}$

1-15　(1) $U_{12} = \dfrac{\lambda}{2\pi\varepsilon_0}\ln\dfrac{r_2}{r_1}$

(2) 不能.因为电场强度 $E = \dfrac{\lambda}{2\pi\varepsilon_0 r}e_r$ 只适用于无限长的均匀带电直线,而此时电荷分布

在无限空间,$r \to \infty$ 处的电势应与直线上的电势相等

1-16　$V = \displaystyle\int_x^0 \boldsymbol{E} \cdot \mathrm{d}\boldsymbol{l} = -\dfrac{\sigma}{\varepsilon_0}x \quad (-a < x < a)$

$V = \displaystyle\int_x^{-a} \boldsymbol{E} \cdot \mathrm{d}\boldsymbol{l} + \int_{-a}^0 \boldsymbol{E} \cdot \mathrm{d}\boldsymbol{l} = \dfrac{\sigma}{\varepsilon_0}a \quad (x < -a)$

$V = \displaystyle\int_x^a \boldsymbol{E} \cdot \mathrm{d}\boldsymbol{l} + \int_{-a}^0 \boldsymbol{E} \cdot \mathrm{d}\boldsymbol{l} = -\dfrac{\sigma}{\varepsilon_0}a \quad (x > a)$

电势变化曲线略

1-17　(1) $r \leqslant R_1$ 时,$V_1 = \dfrac{Q_1}{4\pi\varepsilon_0 R_1} + \dfrac{Q_2}{4\pi\varepsilon_0 R_2}$

$R_1 \leqslant r \leqslant R_2$ 时,$V_2 = \dfrac{Q_1}{4\pi\varepsilon_0 r} + \dfrac{Q_2}{4\pi\varepsilon_0 R_2}$

$r \geqslant R_2$ 时,$V_3 = \dfrac{Q_1 + Q_2}{4\pi\varepsilon_0 r}$

(2) $U_{12} = \dfrac{Q_1}{4\pi\varepsilon_0}\left(\dfrac{1}{R_1} - \dfrac{1}{R_2}\right)$

1-18　当 $r \leqslant R$ 时,$V(r) = \dfrac{\rho}{4\varepsilon_0}(R^2 - r^2)$

当 $r \geqslant R$ 时,$V(r) = \dfrac{\rho R^2}{2\varepsilon_0}\ln\dfrac{R}{r}$

1-19　(1) $\lambda = 2.1 \times 10^{-8}\,\mathrm{C} \cdot \mathrm{m}^{-1}$

(2) $E = 7475\,\mathrm{V} \cdot \mathrm{m}^{-1}$

1-20　(1) $W_{OD} = \dfrac{q}{6\pi\varepsilon_0 l}$

(2) $W_{D\infty} = \dfrac{q}{6\pi\varepsilon_0 l}$

1-21　$E = \dfrac{R_1 R_2 U}{(R_2 - R_1)r^2}$

第 2 章　静电场中的导体与电介质

2-1　$\dfrac{F}{q_0}$ 比 P 点的场强小

2-2　（1）对

　　（2）不对

　　（3）不对

　　（4）不一定正确

2-3　略

2-4　略

2-5　极板上所带电荷 Q 增大,电场强度 E 增大,电容器的电容 C 增大,电场能量增加

2-6　（A）

2-7　（A）

2-8　（E）

2-9　$r<R_1$ 时,　$E_1=0;U_1=U_0$

　　$R_1<r<R_2$ 时,$E_2=\dfrac{R_1V_0}{r^2}-\dfrac{R_1Q}{4\pi\varepsilon_0R_2r^2};U_2=\dfrac{R_1U_0}{r}-\dfrac{(r-R_1)Q}{4\pi\varepsilon_0R_2r}$

　　$r>R_2$ 时,$E_3=\dfrac{R_1U_0}{r^2}-\dfrac{(R_2-R_1)Q}{4\pi\varepsilon_0R_2r^2};U_3=\dfrac{R_1U_0}{r}-\dfrac{(R_2-R_1)Q}{4\pi\varepsilon_0R_2r}$

2-10　略

2-11　$U=\dfrac{q}{4\pi\varepsilon_0r}-\dfrac{q}{4\pi\varepsilon_0a}+\dfrac{q+Q}{4\pi\varepsilon_0b}$

2-12　$q'=-\dfrac{R}{r}q$

2-13　$q_1=2\times10^{-8}\mathrm{C},q_2=4\times10^{-8}\mathrm{C}$

2-14　$\dfrac{16}{25}$倍

2-15　（1）$\dfrac{3\varepsilon_r}{1+2\varepsilon_r}$倍

　　（2）$\dfrac{3}{2}$倍

2-16　$C=\dfrac{\varepsilon_0S}{\dfrac{d_1}{\varepsilon_{r1}}+\dfrac{d_2}{\varepsilon_{r2}}}$

2-17 $W = \dfrac{3Q^2}{20\pi\varepsilon_0 R}$

2-18 (1) 190V

(2) $9.03 \times 10^{-3} \mathrm{J}$

2-19 (1) $\Delta W_e = \dfrac{Q^2 d}{2\varepsilon_0 S}$

(2) $W = \dfrac{Q^2 d}{2\varepsilon_0 S}$

2-20 (1) $2.66 \times 10^{-5} \mathrm{C \cdot m^{-2}}$

(2) $5.76 \times 10^{-4} \mathrm{J \cdot m^{-1}}$

第 3 章 恒 定 磁 场

3-1 不能,因为作用于运动电荷上磁力的方向随运动电荷速度方向不同而不同

3-2 不一定.因为在同一根磁感线附近各点的磁感线密度是可以各不相同的,即 B 可以不同

3-3 长直电流线也是一个理想模型,当 a 与载流导线的直径相比拟时,此载流导线就不能再看成线电流了,原公式也就不适用了

3-4 (1) 电子不发生运动

(2) 电子同时受电场力和磁场力作用

3-5 不一定

3-6 (D)

3-7 (A)

3-8 (C)

3-9 (B)

3-10 (D)

3-11 (B)

3-12 (C)

3-13 (D)

3-14 (B)

3-15 (C)

3-16 $B = 0$

3-17 (a) $B_0 = \dfrac{\mu_0 I}{8R}$，$\boldsymbol{B}_0$ 的方向垂直纸面向外

(b) $B_0=\dfrac{\mu_0 I}{2R}-\dfrac{\mu_0 I}{2\pi R}$，$\boldsymbol{B}_0$ 的方向垂直纸面向里

(c) $B_0=\dfrac{\mu_0 I}{2\pi R}+\dfrac{\mu_0 I}{4R}$，$\boldsymbol{B}_0$ 的方向垂直纸面向外

3-18　$B=B_x=\dfrac{\mu_0 I}{\pi^2 R}$，$\boldsymbol{B}$ 的方向指向 Ox 轴负向

3-19　$\Phi=\dfrac{\mu_0 Il}{2\pi}\ln\dfrac{d_2}{d_1}$

3-20　(1) $B_1=\dfrac{\mu_0 Ir}{2\pi R_1^2}$

　　　(2) $B_2=\dfrac{\mu_0 I}{2\pi r}$

　　　(3) $B_3=\dfrac{\mu_0 I}{2\pi r}\dfrac{R_3^2-r^2}{R_3^2-R_2^2}$

　　　(4) $B_4=0$

3-21　$r<R_1$，$B_1=0$

　　　$R_2>r>R_1$，$B_2=\dfrac{\mu_0 NI}{2\pi r}$

　　　$r>R_2$，$B_3=0$

3-22　(1) 略

　　　(2) $F_L=3.2\times10^{-16}$N，洛伦兹力远大于重力

3-23　$p=1.12\times10^{-21}$kg·m/s，$E_k=2.35$keV

3-24　$F=1.28\times10^{-3}$N，合力的方向朝左，指向直导线

3-25　(1) $m=1.56\times10^{-7}$A·m^2

　　　(2) $I=2.0\times10^{-3}$A

3-26　$B=\dfrac{\mu_0\sigma\omega}{2}\left[\dfrac{R^2+2x^2}{\sqrt{x^2+R^2}}-2x\right]$，$m=\dfrac{1}{4}\sigma\omega\pi R^4$，$\boldsymbol{B}$ 和 $\boldsymbol{m}$ 的方向都沿 Ox 轴正向

3-27　略

第 4 章　电磁感应　电磁场

4-1　$\boldsymbol{B}$ 大小变、S 大小变或者 $\boldsymbol{B}$ 与 d$\boldsymbol{S}$ 之间的夹角变都能使穿过回路的磁通量发生变化

4-2　突然断电时，电路中会产生很强的感应电动势，在闸刀两端形成很高的电压，以致击穿空气，出现火花放电现象

4-3　在内半径附近

4-4　略

4-5　不对

4-6　(C)

4-7　(B)

4-8　(A)

4-9　(D)

4-10　(A)

4-11　(B)

4-12　$\varepsilon = 2.51\text{V}$

4-13　$\varepsilon = -\left(\dfrac{\mu_0 d}{2\pi}\ln\dfrac{3}{4}\right)\dfrac{\mathrm{d}I}{\mathrm{d}t}$

4-14　$\varepsilon = 2RvB$，端点 P 的电势较高

4-15　$\varepsilon_{AB} = -\dfrac{1}{2}\omega BL\,(L-2r)$

4-16　$\varepsilon_{OP} = \dfrac{1}{2}\omega B\,(L\sin\theta)^2$

4-17　$\varepsilon_{AB} = -3.84\times10^{-5}\,\text{V}$，点 A 电势较高

4-18　$\varepsilon = \dfrac{\mu_0 I v l_2 l_1}{2\pi d\,(d+l_1)}$，线框中电动势方向为顺时针方向

4-19　略

4-20　略

4-21　$j_d = 15.9\text{A}\cdot\text{m}^{-2}$

第 5 章　机 械 振 动

5-1　略

5-2　略

5-3　$x = 5.0\times10^{-2}\cos\left(\pi t+\dfrac{\pi}{4}\right)$ (SI)

5-4　(B)

5-5　(B)

5-6　(C)

5-7　(B)

5-8　(D)

5-9 (D)

5-10 (B)

5-11 (B)

5-12 (D)

5-13 (B)

5-14 (C)

5-15 (D)

5-16 $x = 2.0 \times 10^{-2} \cos(2\pi t + 0.75\pi)$ (m)，图略

5-17 (1) $A = 0.10$m，$\nu = \dfrac{1}{T}$ Hz，$\omega = 20\pi$s^{-1}，$T = 0.1$s，$\varphi = 0.25\pi$

(2) $x = 7.07 \times 10^{-2}$ m，$v = -4.44$m · s^{-1}，$a = -2.79 \times 10^{2}$ m · s^{-2}

5-18 (1) $x = 2.0 \times 10^{-2} \cos 4\pi t$ (m)

(2) $x = 2.0 \times 10^{-2} \cos\left(4\pi t + \dfrac{\pi}{2}\right)$ (m)

(3) $x = 2.0 \times 10^{-2} \cos\left(4\pi t + \dfrac{\pi}{3}\right)$ (m)

(4) $x = 2.0 \times 10^{-2} \cos\left(4\pi t + \dfrac{4\pi}{3}\right)$ (m)

5-19 (1) $x = 0.10 \cos\left(\dfrac{5\pi}{24}t - \dfrac{\pi}{3}\right)$ (m)

(2) $\varphi_p = 2\pi$

(3) $t_p = 1.6$s

5-20 (1) $\Delta t_1 = \dfrac{T}{4}$

(2) $\Delta t_2 = \dfrac{T}{12}$

(3) $\Delta t_3 = \dfrac{T}{6}$

5-21 $x_2 = A \cos\left(\omega t + \varphi - \dfrac{\pi}{2}\right)$，$\Delta \varphi = \dfrac{\pi}{2}$

5-22 (1) $T = 4.2$s

(2) $a_{max} = 4.5 \times 10^{-2}$m · s^{-2}

(3) $x = 2\cos\left(1.5t - \dfrac{5\pi}{6}\right)$ (cm)

5-23 (1) $T = 0.314$s

(2) $E=E_k=2.0\times10^{-3}$ J

(3) $x_0=\pm7.07\times10^{-3}$ m

(4) $E_P=\dfrac{E}{4}$, $E_K=\dfrac{3E}{4}$

5-24 略

第6章 机 械 波

6-1 略

6-2 略

6-3 略

6-4 (A)

6-5 (D)

6-6 (A)

6-7 (D)

6-8 (C)

6-9 (A,C)

6-10 (D)

6-11 (D)

6-12 (C)

6-13 (D)

6-14 (B)

6-15 (1) $\lambda=uT=0.25$ m

(2) $y=4.0\times10^{-3}\cos(240\pi t-8\pi x)$ (m)

6-16 (1) $\nu=\omega/2\pi=5.0$ Hz, $T=1/\nu=0.2s$, $\lambda=uT=3.14$ m

(2) $x=0$ 时,方程 $y=0.05\cos(10\pi t-\pi/2)$ (m) 表示位于坐标原点的质点的运动方程,图略

6-17 (1) (a) 情况下: $y=A\cos[\omega(t-x/u)+\varphi]$

(b) 情况下: $y=A\cos[\omega(t+x/u)+\varphi]$

(c) 情况下: $y=A\cos\left[\omega(t-x/u)+\varphi+\dfrac{\omega l}{u}\right]$

(2) 三种情况下均有:

$$y_P=A\cos[\omega(t-b/u)+\varphi]$$

6-18　(1) $y=0.04\cos\left[\dfrac{2\pi}{5}\left(t-\dfrac{x}{0.08}\right)-\dfrac{\pi}{2}\right]$ (m)

　　　(2) $y=0.04\cos\left[\dfrac{2\pi}{5}t+\dfrac{\pi}{2}\right]$ (m)

6-19　$y=0.04\cos\left[\dfrac{\pi}{6}(t+x)-\dfrac{\pi}{2}\right]$ (m)

6-20　(1) $\varphi_1=8.4\pi,\varphi_2=8.2\pi$

　　　(2) $\Delta\varphi=2\pi\cdot\Delta x/\lambda=\pi$

6-21　(1) $\Delta\varphi=3\pi$

　　　(2) $A=\sqrt{A_1^2+A_2^2+2A_1A_2\cos3\pi}=\left|A_1-A_2\right|$

第 7 章　波 动 光 学

7-1　略

7-2　不对

7-3　整个衍射图样作向下或向上的移动,但光强分布规律仍保持不变

7-4　(1) 衍射条纹的间距增大,零级亮纹的中心位置不变

　　　(2) 衍射图样的没有变化

　　　(3) 衍射图样不会变化

7-5　如果在光的传播过程中,其光矢量的振动总是平行于某一过传播方向的固定平面,则这种光称为线偏振光,线偏振光不一定是单色光

7-6　(B)

7-7　(D)

7-8　(C)

7-9　(D)

7-10　(C)

7-11　(A)

7-12　(D)

7-13　(B)

7-14　(B)

7-15　(B)

7-16　(B)

7-17　(B)

7-18　(C)

7-19　(B)

7-20　(D)

7-21　(C)

7-22　(B)

7-23　$\lambda = 632.8\text{nm}$，为红光

7-24　$d = 1.34 \times 10^{-4}\text{m}$

7-25　(1) $\theta_1 = 24°$

　　　(2) $v_n = 2.44 \times 10^8 \text{m} \cdot \text{s}^{-1}$，$\lambda_n = 4.88 \times 10^{-7}\text{m} = 488\text{nm}$，$\nu = 5.0 \times 10^{14}\text{Hz}$

　　　(3) S 到 C 几何路程：$SC = 0.111\text{m}$

　　　　　S 到 C 的光程为：$\sum n_i D_i = 0.114\text{m}$

7-26　$d = 8.0\mu\text{m}$

7-27　正面呈红紫色，背面呈绿色

7-28　$d_{\min} = 99.6\text{nm}$

7-29　$d = 5.75 \times 10^{-5}\text{m}$

7-30　$e = 1.4 \times 10^{-6}\text{m}$

7-31　$\theta = 1.71 \times 10^{-4}\text{rad}$

7-32　$\lambda' = 546\text{nm}$

7-33　$n_2 = 1.22$

7-34　(1) 油膜周边是明环

　　　(2) 油膜上出现的完整暗环共有 4 个

7-35　$d = 5.154 \times 10^{-6}\text{m}$

7-36　(1) $\lambda_2 = 466.7\text{nm}$ 和 $\lambda_1 = 600\text{nm}$

　　　(2) 当 $\lambda_1 = 600\text{nm}$ 时，$k=3$；当 $\lambda_2 = 466.7\text{nm}$ 时，$k=4$

　　　(3) 当 $\lambda_1 = 600\text{nm}$ 时，$k=3$，半波带数目为 $(2k+1)=7$；当 $\lambda_2 = 466.7\text{nm}$ 时，$k=4$，半波带数目为 9

7-37　(1) $x_1 = 1.47 \times 10^{-3}\text{m}$

　　　(2) $x_2 = 3.68 \times 10^{-3}\text{m}$

7-38　$\lambda_1 = 428.6\text{nm}$

7-39　(1) $x_1 = 3.0 \times 10^{-3}\text{m}$，$x_2 = 5.7 \times 10^{-3}\text{m}$，$\Delta x = 2.7 \times 10^{-3}\text{m}$

　　　(2) $x_1' = 2.0 \times 10^{-2}\text{m}$，$x_2' = 3.8 \times 10^{-2}\text{m}$，$\Delta x' = 2.7 \times 10^{-3}\text{m}$

7-40　$d = 4918\text{m}$

7-41　$d=3.05\mu m$

7-42　(1) 最多能看到第 3 级光谱

　　　(2) 5 级和 1 级

　　　(3) $\Delta x=0.21m$

7-43　(1) $d=6\times10^{-6}m=6\mu m$

　　　(2) $1.5\mu m$ 或者 $4.5\mu m$

　　　(3) 实际屏上呈现的级数为:$0,\pm1,\pm2,\pm3,\pm5,\pm6,\pm7,\pm9$,共 15 条

7-44　$\theta=36.9°$

7-45　$I_2=2.25I_1$

7-46　线偏振光占总入射光强的 2/3,自然光占 1/3

第 8 章　狭义相对论

8-1　光速 c

8-2　光子是以光速运动的粒子,$E=Pc$

8-3　不存在

8-4　(A)

8-5　(C)

8-6　(C)

8-7　(B)

8-8　(D)

8-9　A 列车先开,提前 5×10^{-8}s

8-10　(1)$v=-1.5\times10^8$m·s^{-1}

　　　(2)$x_2'-x_1'=5.2\times10^4$m

8-11　$|t_2'-t_1'|=5.77\times10^{-6}$s

8-12　(1) 能,两坐标系的相对速度:$v=1.50\times10^8$m·s^{-1}

　　　(2) $t_2'-t_1'=1.73\times10^{-6}$s

8-13　9.1%

8-14　(1) $\Delta t_1=2.25\times10^{-7}$s,(2) $\Delta t_2=3.75\times10^{-7}$s

8-15　$v=0.6c$

8-16　$\Delta t'-3\times10^{-6}$s

8-17　$v=0.9998c$

8-18 $\dfrac{m}{m_0}=1.36, v=0.678c$

第 9 章　量子物理基础

9-1　不能。因为在可见光中,紫光光子能量最大,因为

$$\frac{hc}{\lambda}=\frac{6.63\times10^{-34}\times3\times10^{8}}{400\times10^{-9}}=3.1\text{eV}$$

该能量小于铝金属的逸出功 4.2eV,所以不能产生光电效应现象

9-2　略

9-3　略

9-4　略

9-5　(C)

9-6　(B)

9-7　(A)

9-8　(C)

9-9　(B)

9-10　(B)

9-11　2.5V,3.97×10¹⁴ Hz

9-12　$\dfrac{hc}{\lambda},\dfrac{h}{\lambda},\dfrac{h}{c\lambda}$

9-13　(1) 粒子 t 时刻在 r 附近单位体积中处出现的概率

(2) 单值、连续、有限

(3) $\iiint\Psi(\boldsymbol{r},t)\Psi*(\boldsymbol{r},t)\mathrm{d}V=1$

9-14　$L=0,\sqrt{2}\hbar,\sqrt{6}\hbar$

9-15　$2,2l+1,2(2l+1),2n^2$

9-16　钨的截止频率　$\nu_{01}=1.09\times10^{15}$ Hz

钡的截止频率　$\nu_{02}=0.603\times10^{15}$ Hz

钡可以用于可见光范围内的光电管材料

9-17　(1) $E_{k\max}=2.0$eV

(2) $U_a=2.0$V

(3) $\lambda_0=2.96\times10^{-7}m=0.296\mu$m

9-18　$\lambda = \dfrac{\lambda_1 \lambda_2}{\lambda_1 - \lambda_2}$

9-19　$E_2 = -3.4\text{eV}, E_3 = -1.5\text{eV}$

9-20　3.4eV

9-21　657.3nm, 487.2nm, 3.08×10^{15} Hz

9-22　$\Delta x = 4 \times 10^5$ m

9-23　$\dfrac{1}{2a}$, 极大值为 $\dfrac{1}{4}a, \dfrac{3}{4}a$

9-24　$E_k = 1.6 \times 10^{-14}$ J, $p = 1.79 \times 10^{-22}$ kg · m/s